Bruno Santurio Hernández

Donde las montañas tocan el cielo

(Geografía literaria de la cordillera Cantábrica)

TÍTULO: Donde las montañas tocan el cielo (Geografía literaria de la cordillera Cantábrica)
AUTOR: Bruno Santurio Hernández

COORDINADOR EDITORIAL: Ramón Villegas López
EDICIÓN: Librucos/Ramón Villegas López

© De los textos: Bruno Santurio Hernández
© De la edición: Librucos/Ramón Villegas López

MAQUETACIÓN: Génesis Composición (Santander) / www.genesisdigital.es
IMPRESIÓN: Artes Gráficas Quinzaños (Torrelavega) / www.quinzanosag.com
DISEÑO DE LA PORTADA: Quálea (Torrelavega)

INFORMACIÓN SOBRE DISTRIBUIDORES: Ramón Villegas López (Torrelavega)
Teléf.: 942 08 64 06
E-mail: rvillegaslibros@gmail.com

EN INTERNET: www.temasdecantabria.com (librería on line)
www.librucos.com (web de la editorial)

1ª edición, agosto de 2024

ISBN: 978-84-127298-9-4
DL: SA-297-2024

Imagen de la portada: José Ramón Lueje Sánchez. Grupo de Hórreos asturianos. Año 1969 (Muséu del Pueblu d'Asturies).
Imagen contraportada: José Ramón Lueje Sánchez. Ante los Picos de Europa. Abril de 1944 (Muséu del Pueblu d'Asturies).

A la memoria de Eduardo,
en homenaje a todo lo que aprendimos
de él y esperamos recordar.

ÍNDICE

Donde las montañas tocan el cielo

(Geografía literaria de la cordillera Cantábrica)

PREÁMBULO

*Montañero no es sólo el que vence la montaña,
sino el que la ama.*

José Ramón Lueje

SIEMPRE hemos esperado —y así no lo ha mostrado el cine y la literatu-ra— que las grandes aventuras sucedieran en paisajes grandiosos, tan abrup-tos y salvajes como inexplorados, incapaces de sospechar, seguramente, que en nuestras propias montañas hubieran existido historias como las que se cuentan en este libro.

Un libro que si hubiera que clasificar no estaría en la categoría de monta-ñismo, pues no aporta nada, ni es su intención hacerlo, al mundo de la conquista de las cumbres. Tampoco es un ensayo, pues, aunque hay reflexiones personales acerca de la relación del hombre con la naturaleza, no justifican la profundidad que se le confiere al género. En realidad es una suerte de libro de viaje escrito a lo largo de más de doscientos años por geógrafos, geólogos, exploradores, re-ligiosos, pastores, botánicos, aristócratas, novelistas, mineros, ornitólogos, histo-riadores, cazadores, ingenieros… en un territorio, la cordillera Cantábrica, por el que alguna vez transitaron, además de todos los anteriores, príncipes soñado-res, alpinistas de leyenda y otras vocaciones hoy olvidadas como olvidados han sido sus actores: buscadores de tesoros, tramperos, cazadores de osos, pastores te-merarios, transportistas de nieve, escaladores fracasados, gloriosos discutidos, na-vegantes de hórreos…

Un libro en el que caben observaciones y aventuras entrelazadas por un hilo transversal que bien puede ser una búsqueda de una especie de carnívoro que ya no existe, un empeño inexplicable por superar los límites físicos de la naturaleza, una mirada romántica hacia el pasado de la exploración de nuestras cumbres o un homenaje hacia las hombres y mujeres que tuvieron que relacionarse con la mon-taña de una forma mucho más áspera y descarnada que la actual.

Como escribe Bill Bryson en su ya merecido clásico *Una breve historia de casi todo*, si convertimos la edad de la Tierra en un reloj de 24 horas, la especie humana lleva apenas un minuto sobre ella. Pero su poder de transformación ha superado con mucho cualquier otro fenómeno físico conocido. La cordillera Cantábrica es precisamente eso, una topografía antiquísima intervenida por un relámpago humano de apenas un puñado de milenios. De los resultados de esa interacción, especialmente los recolectados por toda clase de personas que por alguna u otra razón escribieron sobre la montaña cantábrica en el pasado, es de lo que va precisamente este libro.

Habiendo pasado una parte de mi vida en las montañas y con los hombres de la naturaleza, á lo menos con los que se hallan más cerca de ella que los de las ciudades, los he mirado siempre con afección y aun con respeto, y entre ellos he viajado siempre desarmado y sin temor alguno. En su trato y comunicación se adquiere grande enseñanza: menos tendencia á la ambición desatentada y otras malas pasiones, la paz del alma, la templanza. He salido siempre de Madrid con mi brújula y mi martillo, ufano y lleno de alegría: á la vuelta no entré nunca por sus puertas sin un vago sentimiento de tristeza.

CASIANO DE PRADO Y VALLO
Descripción física y geológica de la provincia de Madrid, 1864

Capítulo I

PIONEROS DE LO INEXPLORADO

1. Una hoja perdida en las montañas: Casiano de Prado

> Mientras en otras naciones difícilmente se podrá señalar una sola comarca que no haya sido visitada o explorada con diferentes objetos, hay todavía muchas en nuestra Península donde ningún hombre consagrado a las ciencias o ningún curioso ha penetrado todavía, y de este número es aquella en que se hallan los picos llamados de Europa, los más altos de nuestro territorio después de Sierra Nevada y los Pirineos de Aragón, nombre que se les dio por ser los primeros que los navegantes descubren, viniendo por la parte del Norte a tomar tierra en Asturias, Santander o Vizcaya[1].

Fue encarcelado por la Inquisición por proponer la lectura de libros prohibidos cuando apenas tenía 20 años; y cuando tenía casi 59 (la edad de un anciano en aquella época) ascendió los 2.642 metros de altura de la Torre del Llambrión, el segundo pico más alto de la cordillera Cantábrica y por ende de los Picos de Europa. Estos dos hechos en una misma biografía reflejan de una sola pasada la transición española del siglo XVIII al XX, y sirven para introducir a un hombre de cultura, polifacético, científico y decente, quizá los requisitos más innecesarios para alcanzar la fama en España.

Casiano de Prado y Vallo es una de esas figuras tan española que, de haber nacido en otro país de Europa, gozaría de todos los honores, razón por la cual aquí apenas alcanza ninguna consideración. Sin duda son muy pocas las personas que pueden reconocer su nombre, siquiera por haberlo leído en la placa de alguna calle —la forma más común por otra parte de conocer a nuestros hombres de ciencia—, pues sólo existe una a la que se le haya concedido tal honor, que yo haya encontrado, y está en Vallecas.

Aun así, dejó larga memoria, al menos entre los ilustrados de la montaña, gracias a una actividad deportiva que en su tiempo no existía. Es por eso que a Casiano de Prado algunos lo consideran el precursor del alpinismo. Sin embargo, podría decirse que esa apreciación es un tanto excesiva, pues el ilustre geólogo no subió a la segunda cumbre de los Picos de Europa por el mero hecho de su dis-

---

[1] Casiano de Prado. *Valdeón, Caín y la Canal de Trea; Altura de los Picos de Europa*, 1985.

frute, o por vencer un desafío: lo hizo desde un punto de vista científico, pues pretendía delimitar las alturas de las principales cumbres del macizo. Lo que sin duda puede hacer pensar en él como un pionero del alpinismo es que hizo algo extraordinario para entonces: subió a una montaña de altísima exigencia física sin que mediaran intereses bélicos o cinegéticos por el medio, y además disfrutando plenamente de ello.

Y es que Casiano de Prado tuvo casi que disculparse por experimentar unas sensaciones que ahora pueden ser comprendidas y aceptadas, pero que en aquel tiempo resultaban verdaderamente insólitas, cuando no casi sospechosas, en una época donde todavía los paisajes no se concebían como un concepto estético, sino como un espacio susceptible de albergar subsuelo donde extraer minerales, bosques para talar maderas, pastizales para alimentar ganados o animales salvajes para la caza. En cierto modo es razonable, el montañismo nace entre las élites desahogadas, que gozan del tiempo libre necesario para disfrutar de la belleza de los paisajes, no entre quienes los habitan, que apuran cada minuto de su vida extrayendo de ellos lo imprescindible para sobrevivir. No le pasó desapercibido a Casiano de Prado, que se exculpó con una pequeña introducción acerca de la figura del turista, incipiente en Europa por aquel entonces, pero casi desconocida en España.

> Nunca como en la soledad de aquel sitio y en el silencio que me rodeaba el espectáculo del cielo estrellado hizo en mi alma una impresión tan profunda, y durante algún tiempo permanecí como en un éxtasis. Volví luego á mi yaciga, pero ya no me fue posible cerrar los ojos.

De haber estado todavía vigente la Inquisición, lo hubieran vuelto a encarcelar. Casiano de Prado nació en Santiago de Compostela en 1797 y en su ciudad natal hizo los primeros estudios de Geología. Allí es apresado por el Santo Oficio cuando apenas tenía 20 años por proponer la lectura de libros prohibidos. Estuvo en la cárcel más de cuatrocientos días; así se las gastaba la España de la primera mitad del siglo XIX con los escasos hombres de ciencia del país (mujeres ni siquiera había).

Quizás huyendo de semejante entorno tan poco propicio para el saber se trasladó a estudiar Botánica a la Universidad Complutense de Madrid, donde cursó también estudios de Química y Mineralogía, más cinco años de estudios en la Academia de Minas de Almadén.

Ingresó en el cuerpo de Ingenieros de Minas ya mayor, con 35 años de la época, ocupando diversos cargos en la Administración, entre ellos la dirección de las Minas de Almadén en 1841. El mismo año inaugura la Escuela de Capataces de Minas, en cuyo discurso pronuncia una hermosa frase que define al personaje: «La veleidosa fortuna ha jugado con mi suerte como una hoja perdida en los campos…»[2].

En 1843 fue nombrado inspector de Minas de Galicia y Asturias, bajo las órdenes del ingeniero de minas alemán Guillermo Schulz, primer estudioso de la geología de los Picos. Con él pasaría poco tiempo, pues al año siguiente renunció al cargo para trabajar en las minas de Santiago Alonso Cordero, un antiguo arriero maragato convertido en especulador capitalista, que se movía como pez en el agua en los círculos políticos de la época por su relación con Mendizábal, Madoz y otros destacados liberales. Como se puede ver, la historia decimonónica resulta bastante actual.

Empleado en la Sociedad Palentina-Leonesa de Minas, que te-

Casiano de Prado. *El Museo Universal* (Madrid), 19 de agosto de 1866.

nía sus yacimientos en la zona de Sabero, en el noreste de León, ascendió un día a Peña Corada y desde allí vio un majestuoso macizo calizo que pronto atrajo su atención.

> En 1845 comencé en las montañas de León y Palencia una serie de viajes e investigaciones, aunque interrumpidas algún año, que no han concluido todavía. Desde lo alto de Peña Corada, la más meridional de ellas hacia la parte del Esla, he visto por la primera vez aquellos picos que me señalaban los pastores, y entré desde luego en deseos de subir á sus cimas[3].

En 1851 llevó a cabo su primer intento, frustrado por la lluvia y las nieblas que le sobrevinieron cuando ya se hallaba a cierta altura. Dos años después, regresó acompañado de dos franceses: el eminente geólogo Philippe Édouard de Verneuil y su colaborador Gustave de Lorière, con quienes se citó en Riaño. Desde allí as-

---

[2] Octavio Puche Riart. «Casiano de Prado». *Pioneros de la arqueología en España*, 2004.
[3] Casiano de Prado. *Valdeón, Caín y la Canal de Trea; altura de los Picos de Europa*, 1985.

cendieron por el valle de la Tierra de la Reina (que más veces veremos en este libro), siguiendo el curso alto del río Esla hasta llegar a Portilla, donde tomaron un guía que les conducirá hasta la Torre de Salinas, de 2.446 metros de altura, primera ascensión de una cumbre de los Picos de Europa de la que se tiene noticia.

A pesar de tan histórica efeméride, Casiano de Prado distaba mucho de estar satisfecho, pues pronto comprobó que aquella no era ni con mucho la cima más alta del macizo, a pesar de que el guía les había dicho que aquel pico era «el que dominaba a todos los demás». De hecho, el buen guía ignoraba cuál era realmente el más alto, el nombre incluso del que acababan de subir (y que Casiano de Prado averiguó después), y hasta el «camino que debiéramos haber seguido, según luego supimos, para vencerlo con la menor fatiga posible». El mundo de los guías, como se puede ver, estaba en mantillas. Y el primero del que tenemos conocimiento, aunque desgraciadamente no sepamos su nombre, resultó ser el pobre una auténtica calamidad.

> Habíamos hecho subir una botella de vino con que reparamos nuestras fuerzas [en la cumbre]. A Mrs. de Vernèuil se le ocurrió luego que podría servirnos para dejar allí, dentro de ella, nuestras tarjetas. Pero el guía, luego que se hizo cargo de lo que intentábamos, tomándolo acaso por una niñería, nos dijo y nos aseguró que por allí no iba nadie, y que sería lástima quedase en aquel sitio perdida una cosa que á él le vendría bien para el ajuar de su casa. Tal ocurrencia nos dejó parados. Al fin le dimos la razón: á lo menos el pobre montañés debió de creerlo así al verse complacido. Pero, ¡oh inestabilidad de las humanas satisfacciones! Al tomar la tal baratija, escurriósele dé entre las manos, y fue rodando por la nieve con más velocidad de la que él quisiera, á tiempo que, en la dirección que había tomado, un peñón la esperaba (a lo menos así lo parecía) para poner término a aquella escena. El descalabro no pudo ser más completo.

Las botellas de vino, tan vinculadas a la naturaleza cantábrica que hasta forman parte muchas veces de su propio suelo, han protagonizado grandes gestas montañeras, algunas verdaderamente famosas como veremos más adelante.

Al día siguiente de la ascensión franquearon el puerto de Pandetrave y pasaron al hermoso Valle de Valdeón. Siguiendo el curso del río Cares llegaron después a la remota aldea de Caín, que Casiano de Prado describe por primera vez para la posteridad:

> Una estacada de tres metros de altura con su puerta cierra la hoz y el río un poco más adelante. Allí comienza la tierra de Caín, que puede compararse á un redil. Los ganados andan allí sueltos por todas partes sin

pastores ni perros que los guarden; porque el río entra más abajo en una estrecha canal de paredes verticales por donde sólo un pájaro pudiera pasar; á los lados cierran el término peñas inaccesibles, y todo él se halla cerrado y formado de terreno tan fragoso, que los carros son allí muebles inútiles no menos que las caballerías: así es que hasta la recolección de la yerba [sic] se hace sin otros vehículos que las espaldas de los vecinos».

En Prada de Valdeón, sin embargo, es el alcalde quien le dice el nombre de la peña a la que había subido y quién le informa de que la cima más alta de todo el macizo es la Torre del Llambrión, «porque cuando se descomponía el tiempo, era allí donde se agarraba la primera nube y, en acercándose el invierno, allí era también donde aparecía la primera nieve».

A partir de entonces, Casiano de Prado puso todo su empeño en conquistar la cima del Llambrión. Lo intentó en 1855, pero lo consiguió finalmente al año siguiente, cuando estaba a punto de cumplir los 59 años, una edad próxima a la senectud por aquel entonces. De hecho, moriría 10 años después. Desde la cumbre volvió a advertir que, a pesar de los buenos informes del alcalde de Prada, aquella no era la cima más alta de los Picos de Europa, pues sus mediciones concedían a la Torre de Cerredo dos metros más de altura (en realidad son ocho). No parece que le importara mucho, sin embargo.

> En rigor, no había subido a lo más alto, que era lo que yo aspiraba; pero no por eso creía frustrada mi expedición. Y aun cuando la geología no tuviese ningún atractivo para mí y al encaramarme a aquellas cumbres no llevase otro objeto que contemplar el magnífico panorama que se ofrecía a mi vista, ¿pudiera no contar aquellas horas entre las más gratas de mi vida?

Para los que hacen del alpinismo un desafío constante, un reto deportivo y personal, un empeño por subir a lo más elevado, lo más difícil o lo más técnico, está claro que Casiano de Prado no pudo ser el precursor. Ascendió al Llambrión para comprobar que en realidad era la segunda cumbre más alta y, aun así, consideró aquello como las horas más gratas de su vida, sin mostrar el más mínimo interés de ir más allá hacia la conquista de lo más alto.

Algo semejante le sucedió a nuestro protagonista siguiente, aunque en este caso un peldaño por debajo, pues trató de subir a la segunda montaña más alta creyendo que era la primera y en realidad acabó recalando en la tercera. Y de tan extraordinario galimatías salió fracasado y dolido. Quizá por eso, por anteponer el objetivo al esfuerzo, a él si lo podríamos considerar el precursor del alpinismo —en su sentido más deportivo— en la cordillera Cantábrica.

2. El inglés que se equivocó de éxito: John Ormsby

A Casiano de Prado lo siguieron después casi todos los pioneros de la exploración de los Picos de Europa, uno de ellos incluso de forma literal: un hispanista inglés —sí, ya los había en el siglo XIX— llamado John Ormsby, traductor de *El Quijote*, aunque de profesión abogado, además de destacado montañero, que en uno de sus viajes a España se propuso conquistar la cima del Llambrión.

John Ormsby narró su odisea en un artículo titulado *The mountains of Spain*, escrito en 1872 y publicado en el boletín del club que había contribuido a fundar: *The Alpine Journal*.

Las noticias eran lentas por aquel entonces, o a John Ormsby no se las comunicaron bien, pues este aún tenía a la Torre del Llambrión por la más alta del macizo: «Los ingenieros del Gobierno, tras duros esfuerzos, ya habían descubierto que el punto más alto es la Torre del Llambrión»[4]. Y eso a pesar de que, como él mismo escribe, mirando a simple vista los Picos de Europa desde cualquier altura, «es tan difícil decir qué cumbre es la más alta como lo sería decidir qué espina del lomo de un erizo es la más larga».

Así que, puestos a subir a la torre más alta de los Picos de Europa, qué mejor que contratar a uno de los guías que había acompañado a Casiano de Prado 16 años atrás, un vecino de Valdeón llamado Eusebio. Pero el buen guía era 16 años mayor, o su memoria 16 años más pequeña, y a pesar de su esfuerzo e interés por encontrar el mojón que habían colocado en el pasado, fue incapaz de dar con el itinerario correcto. Parece imposible, si pensamos desde el siglo XXI, no identificar una cumbre en un paisaje de peñas, picos, agujas, horcadas y collados al que no le falta un nombre por poner. Pero en el siglo XIX, para los habitantes de los Picos, las cumbres eran innecesarias, superfluas, y, por esta razón, buena parte de ellas innominadas, salvo que albergaran un buen puesto para la caza del rebeco y poco más. Sólo la minería y después el montañismo las fueron nombrando una por una hasta no dejar ni el espacio de un risco. Los turistas y exploradores que se sirvieron de estos guías pocas veces comprendieron que por encima de todo eran pastores, y las cumbres territorios inútiles para ellos. Todos se quejaron y sufrieron su tardanza: antes estaba atender el ganado que presentarse a la hora convenida para emprender la ascensión. Los textos de los pioneros de la exploración están llenos de estas observaciones, como el que sigue del conde de Saint-Saud.

---

[4] John Ormsby (E. Villa y J. Longo. *Viajeros en los Picos de Europa III. Pioneros británicos*, 2010).

Un grupo de montañeros cargando con instrumental topográfico ascendiendo por unos escarpados riscos. Fotografía de John Ormsby extraída de su trabajo *The mountains of Spain*. *Alpine Journal* (1872).

Bernardo, uno de nuestros guías, parece sorprendido de ver que queremos más. Este hombre es buen montañero, pero, como todos los cazadores, su noción de las cimas se reduce a la de los puestos de caza; el punto culminante le es tan indiferente como para nosotros es deseado[5].

Así que en el siglo XIX los Picos no eran un espacio delimitado y nombrado hasta la saciedad, sino «un panal completamente desmoronado, un laberinto de cráteres separados entre sí por paredes erizadas de agujas, todas idénticas», como escribió John Ormsby. No es de extrañar que su guía Eusebio, «después de encaramarse a dos o tres crestas, y ante la multitud de cumbres que aparecían ante nuestra vista» comenzara a dudar y acabara reconociendo que se había «equivocado» —«un eufemismo español que significa estar completamente perdido»—, añade irónicamente John Ormsby. Sin embargo, el inglés no le regatea su valor ni su destreza para salvar algunos puntos, que, «sin llegar a ser verdaderamente peligrosos para cualquiera que esté bien provisto de cabeza, corazón y manos», fueron decididamente inquietantes.

En su ascensión pasan por algunas dificultades en las que Eusebio confiesa sentir miedo, algo que Ormsby reconoce haber escuchado por primera vez en boca de un montañés español, lo que da la medida de la dificultad del paso. Aun así, consiguen alcanzar finalmente la cumbre, sólo que para comprobar que estaban en el pico equivocado y que la verdadera Torre del Llambrión se alzaba frente a ellos, separada por «una imponente grieta de unos 1.500 pies de profundidad». Ormsby se siente desolado, a pesar de los ánimos que trata de infundirle Eusebio, que considera que pese a todo «prácticamente habían alcanzado la cumbre». No lo veía así el escalador, y es fácil pensar que el buen guía no comprendería del todo la desazón del inglés, que a simple vista podía constatar que el pico en el que estaban era unos «60 u 80 pies» inferior a la Torre del Llambrión, y que salvar la distancia entre ambos obligaría a pasar una noche entre las peñas, «un honor demasiado grande para una montaña que no llegaba a los 9.000 pies».

Muchos estudiosos del alpinismo en los Picos se han preguntado a qué cima subieron Ormsby y Eusebio, empezando por el siguiente de entre los pioneros, el conde de Saint-Saud, que le reprocha no ofrecer ningún dato que permita responder a tan llamativa cuestión.

[…] hubiera sido más interesante si no hubierais dado tan pocos detalles, no indicando ni vuestro punto de partida ni la vía de ascensión. ¿Ha escalado usted el Llambrión? ¿Sería el Cerredo el que usted trata con tal desdén?

---

[5] Conde de Saint-Saud. *Monografía de los Picos de Europa (Pirineos cantábricos y asturianos)*, 2011.

Rafael Suárez Rodríguez. El Tiro Tirso desde el Lambrión (*Muséu del Pueblu d'Asturies*).

La escasez de datos que, efectivamente, proporciona John Ormsby en su relato, así como la viva sensación de fracaso expresada por este, insuflándole, seguramente sin quererlo, un carácter de aventura menor, contribuyeron a dejar orillado este enigma por más de cien años. Algo sorprendente, tratándose del primer intento conocido de escalar una cima en la cordillera Cantábrica por exclusivo interés deportivo.

Elisa Villa, Alfredo Iñiguez y Jesús Longo, en un artículo publicado muy oportunamente en el mismo *Alpine Journal* en el año 2012, justo 140 años después de que publicara el suyo John Ormsby, afrontaron esta cuestión y llegaron a la conclusión de que ambos alpinistas habían subido al Tiro Tirso, la tercera cumbre más alta de los Picos de Europa, y curiosamente, bastante más exigente que la segunda a la que pretendían subir. Y es que el relato de Ormsby, si bien escasamente detallado, contiene una información al parecer clave: la existencia de una profunda separación («una imponente grieta») entre la cumbre desconocida a la que habían ascendido y la Torre del Llambrión, condición que sólo se cumple con el Tiro Tirso. La razón de que no se hubiera tenido en cuenta seriamente esta posibilidad es que el posible trazado que habían seguido en la ascensión no coincidía con ninguno de los más frecuentados por los montañeros que los siguieron. Pero uno de los coautores del artículo, Alfredo Iñiguez, reputado escalador asturiano, llevó a cabo una exploración exhaustiva de todos los ascensos posibles al Tiro Tirso y llegó a la conclusión de que sólo una ruta, la denominada «izquierda de la cara norte de la chimenea», coincidía plenamente con las dificultades técnicas descritas por John Ormsby, y con la vista de la imponente grieta existente entre el Tiro Tirso y la Torre del Llambrión.

Así que John Ormsby —y su guía Eusebio, al que es fácil imaginar que esta cuestión le podía importar un pepino— realizó la primera ascensión absoluta al Tiro Tirso, y sin embargo regresó de ella fracasado y zaherido, sin saber que su equivocación era en verdad un gran éxito, el primer ser humano que pisaba la tercera cumbre más alta de los Picos de Europa.

Al menos, Elisa Villa, Alfredo Iñiguez y Jesús Longo se encargaron en su artículo de reivindicar como se merece la figura de John Ormsby, el inglés que se equivocó de éxito, y al guía que se jugó la vida con él.

> For the time, it was a difficult piece of pioneer climbing and an achievement that warrants a place of honour in the history of the exploration of the Picos de Europa for John Ormsby and Eusebio[6].

---

[6] Elisa Villa Otero, Alfredo Iñiguez y Jesús Longo. *Unknown AC First in Picos de Europa*, 2012.

[En su momento, supuso un complicado reto en los inicios de la escalada, lo que garantiza un lugar de honor en la historia de la exploración de los Picos de Europa para John Ormsby y Eusebio].

3. El fracaso más bello jamás contado: Fontan de Negrin

Alfredo Íñiguez, el montañero que dibujó sobre el terreno del Tiro Tirso la escritura de John Ormsby, halló la muerte mientras escalaba en el año 2012. Amante de la literatura, en su blog, todavía visible en internet, figura escrito un párrafo insuperablemente hermoso, merecedor de introducir este libro si no fuera porque con ello hubiera parecido que pretendía darme por incluido, y nada más lejos de la realidad.

No se puede escribir lo que no se imagina —o se padece—, como no se encontrará jamás en las alturas lo que uno no lleve en el corazón. El folio en blanco y la pared virgen causan el mismo vértigo. Surcar sus vericuetos imprevisibles parecido gasto de adrenalina. Los folios inmaculados de los Picos de Europa tienen el mejor de los gramajes, siempre ha sido así y por esa razón se merecen las plumas más inspiradas[7].

Estoy seguro de que el malogrado montañero se refería entre otros a Ludovic Fontan de Negrin, para mí la pluma más inspirada de cuantos escribieron sobre los Picos de Europa, el autor que mejor y con mayor honradez escribió sobre el fracaso y la melancolía que queda tras el abandono de una montaña.

En 1905, este pirineísta de fama visitó los Picos de Europa en compañía del vizconde de Ussel, el conde Pierre de Naurois y el famoso guía Bernat Salles, con el objetivo de ascender al Naranjo de Bulnes y otras cimas importantes del macizo. El grupo no consiguió ninguna de las cumbres que se proponía, pero Fontan de Negrin nos legó a cambio un delicioso libro donde fue desgranando con chocante honradez el fracaso de todas aquellas ascensiones.

Me ha parecido inútil insistir sobre las dificultades e incluso sobre los peligros encontrados en los Picos de Europa, porque no hemos tenido el mérito de superarlos. Ello, que es legítimo cuando se ha vencido, se torna ridículo cuando no se ha logrado vencer[8].

---

[7] Alfredo Íñiguez. *www.cimbfred.blogspot.com*
[8] Ludovic Fontan de Negrin. *En los Picos de Europa,* 1986.

El viaje de este grupo por los Picos comprendió la obligada visita a Covadonga, el ascenso a los Lagos y al macizo de las Peñas Santas, la garganta y el pueblo de Caín, el macizo central de los Urrieles, Liébana y, finalmente, por el desfiladero de La Hermida hasta Santander. Esto es, unos quince días, de los que ocho los pasaron en la más alta montaña, estableciendo campamentos en alturas superiores a los 2.000 metros de altitud.

> … Es la «Mala Tierra» aquella a la que no se va, lo que constituye el objetivo de nuestra excursión.

Entre esos campamentos está el que establecen el 18 de julio junto a las minas de Buferrera, situadas en el Macizo occidental o del Cornión, lo que permite a Fontan de Negrin desplegar fragmentos de bellísima literatura.

> El escueto perfil de la joven luna creciente se acerca el horizonte. Su claridad nos permite percibir el dentado perfil de la Peña Santa de Enol. Poco a poco la luna se hunde tras la crestería, y todo se ahoga insensiblemente en una oscuridad cada vez más opaca. Alcanzamos nuestras tiendas. Algunos mineros dejan pasar el tiempo salmodiando una quejumbrosa melodía.

Acampar en las grandes alturas de los Picos bajo una noche despejada cualquiera, potencia sin duda la inspiración de los espíritus sensibles. Y a fe que Fontan de Negrin lo era. En las praderas subalpinas de Vega Huerta, al pie de una Peña Santa a la que su compatriota Saint-Saud ya había renombrado como «de Castilla», describe en un hermoso párrafo aquellos abrasivos paisajes cubiertos por la noche.

> En estas soledades calizas, el silencio nocturno es absoluto, y ni tan sólo se oye el ruido de una cascada o el murmullo de un arroyo. Bajo la luz de la luna, estas pálidas crestas tienen aspecto cadavérico.

«Un cúmulo de enojosas circunstancias», que Fontan de Negrin extrañamente nunca desgranó, hizo que no pudieran ascender a la emblemática Peña Santa, el techo del Macizo occidental, que tenían enfrente. Muchos se han preguntado desde entonces cuáles serían esas «enojosas circunstancias», pues si no fueron estrictamente climatológicas no se comprende qué pudo impedirles la ascensión, ya que les acompañaba precisamente el primero en conquistarla: François «Bernat» Salles. Este histórico guía pirenaico acompañó las primeras expediciones del conde de Saint-Saud, entre ellas la de 1892, cuando él mismo, Paul Labrouche y Vicente Marcos alcanzaron por primera vez la cumbre de Peña Santa, tenida por inaccesible, ya que, según la leyenda, de su cima manaba una fuente de la que nadie podría beber. Cuando Paul Labrouche fue informado por el vizconde d'Ussel del fallido intento, escribió en el *Bulletin Pyrénéen* un precioso elogio al guía de Gavarnie y su papel en la conquista de la sagrada Peña.

> Nada en este relato me ha sorprendido, ya que me recuerda singularmente los malos pasos de Peña Santa. Tengo todavía en mis ojos, clavados de miedo, el espectáculo de mi guía Salles, caminando descalzo sobre la oblicua llambria, tan pendiente que cualquier cosa en contacto con ella resbalaba como si fuese sobre barniz.
>
> El abismo a nuestros pies enmudecía en el silencio angustioso de aquellas ruinas, hostiles a la vida. El hombre avanzaba, serio y lento, arrastrando todo su cuerpo sobre el vacío, que tan extrañas atracciones ejerce. En esas escarpaduras calcáreas, donde no hay ni ruidos de pájaro, ni crujidos de glaciar, ni rumores de avalancha, ni murmullos de fuentes, parece que el silencio habla, que el monte celoso lanza una llamada terrorífica que no es percibida por nuestro oído, demasiado sordo, pero que grita, vocifera, truena, como un minotauro al acecho, dispuesto a devorar todo lo que no está muerto. Y cuando aquel hombre, retorciéndose como una serpiente sobre su busto tenso, logró pasar, me echó la cuerda, en la que yo me encordé; y, balanceándome magníficamente en el precipicio abierto, profundo, no sé cómo, me atrajo hacia él. En el descenso, ocurrió lo mismo[9].

Después de tan extraño fracaso, bajaron a Soto de Valdeón y de aquí se dirigieron a Caín, donde acamparon en la placita de la iglesia. El objeto de alcanzar la remota aldea no era otro que encontrarse con Gregorio Pérez Demaría, primer conquistador, junto con Pedro Pidal, del Naranjo de Bulnes o *Picu Urriellu*, la legendaria cresta vencida por aquellos dos audaces apenas un año antes. La cordada de Fontan de Negrin deseaba subir también a la mítica cumbre y necesitaba de los servicios de Gregorio.

> Un «buenos días señores», pronunciado con severa voz por encima de nosotros, nos hace levantar la cabeza: dos hombres descienden con paso rápido por los contrafuertes de la Peña Santa; uno con enorme sombrero, carga con un rebeco; el segundo, con una gran manta a cuadros en un hombro y un fusil en el otro, es Gregorio, el famoso cazador».

---

[9] Paul Labrouche. *Les Pics d'Europe*, 1905.

José Ramón Lueje Sánchez. Peña Santa desde el Burro (*Muséu del Pueblu d'Asturies*).

Al conde de Saint-Saud y a Gustavo Schulze debemos las dos únicas fotos en las que aparece Gregorio Pérez Demaría, pero es a Fontan de Negrin a quien debemos su descripción literaria:

> Gregorio es un hombre de unos 50 años, de rasgos enérgicos, bajito, y tallado como un orangután. Toda su fuerza está en sus anchas manos y en sus pantorrillas.

No fue del todo cordial este primer encuentro entre «el Cainejo» y los acompañantes de Negrin, como veremos en el capítulo siguiente. La condescendencia con la que los trató de inicio no debió de ayudar precisamente, todo hay que decirlo.

> Gregorio ha decidido que al ser d'Ussel el más ligero es quién tiene más posibilidades de ser izado a la cima. Me doy cuenta de que para él no somos más que simples fardos, de los que calcula el peso. Tratará de facilitarnos la escalada, pero está seguro de antemano de que ninguno de nosotros será capaz de subir solo. Después los hechos demostrarían cuánta razón tenía.

A pesar de todo, Fontan de Negrin acaba su relato con una muestra inesperada de comprensión y paciencia hacia el intrépido «Cainejo», rendido quizás a su valor más que a su inocente soberbia: «Su tono de voz es fuerte, pero sin fanfarronería. Ha logrado un gran éxito y eso es todo: está orgulloso de ello».

Con Gregorio abandonan Caín y suben por la canal de Amuesa a los puertos del mismo nombre, una extensa superficie de onduladas praderías que coronan por el este los abismos de la Garganta del Cares. Levantan el campamento en la inmensidad de aquellos pastos, donde no es difícil imaginar al montañero francés sentado sobre una estera y escribiendo en su cuaderno las impresiones de la subida. Si hay un espacio en los Picos de Europa que inspire una pluma dispuesta a acoger los mejores momentos de la vida, ese es sin duda el tapiz verdoso que se derrama sobre el murallón de Amuesa.

> Uno de nosotros entona un canto en dialecto del Languedoc. El estribillo es coreado por nuestros guías franceses. El ritmo melancólico de este viejo canto popular armoniza con cuanto nos rodea. Las sensaciones que experimentamos en la montaña están en general más veces impregnadas de tristeza que de alegría, y tan sólo por esto, son tanto más intensas. Permanecemos graves y silenciosos, viviendo momentos a solas con nuestros pensamientos. Esta melodía despierta todos los recuerdos

de juventud y quizás constituya un ideal largo tiempo perseguido que no alcanzaremos jamás. Así pues, poca cosa basta para evocar en nosotros un antiguo mundo de recuerdos adormecidos…

Cuando al día siguiente aparezca por primera vez ante sus ojos el Naranjo de Bulnes, le dedicará en su relato unas palabras acordes a su altura, nunca mejor dicho. Se queda fascinado por la mole calcárea que aparece ante sus ojos como tallada por el hacha inmensa de un gigante:

> Esta repentina aparición supera a todo lo que nuestra imaginación sobreexcitada hubiera podido soñar. Comprendemos que este monstruo rocoso haya fascinado a todos desde que fue contemplado por primera vez, y que desde el principio lo juzgasen inexpugnable.

Esa misma noche duermen cerca de la base del «Picu». A la mañana siguiente habrán de enfrentarse al coloso. Fontan de Negrin expresa el mismo respeto que otros dejaron después, a veces con palabras más escuetas, pero no menos bellas. En la historia de la literatura y de la montaña habrá que guardar siempre un espacio solemne para todas aquellas letras que, escritas a la sombra temible del «Urriellu», fueran luego publicadas en famosos libros o en pequeñas notas a punto de no ser leídas. «El silencio es absoluto. Bajo nuestra tienda pienso en la empresa de mañana. Me asomo fuera de la lona: el gran pico, pálido a la luz de la luna, parece presto a aplastarnos. De un solo impulso levanta su vertical de 500 metros».

El 23 de julio de 1905, sin embargo, no quedó registrado en la pequeña historia del alpinismo español. Ese día, una cordada de franceses fracasó en su intento de ser los segundos en la conquista del Naranjo de Bulnes, y, uno de ellos, Ludovic Fontan de Negrin, escribió para la posteridad:

> No lo hemos logrado. ¡Hemos fracasado! Pese a la osadía de Gregorio, que durante horas y horas nos ha izado, descalzo, pendientes de la cuerda, mientras nuestros pies buscaban vanamente un punto de apoyo, no nos hemos atrevido a continuar. La cuerda, recalentada y distendida a ultranza, rechinaba contra las cortantes aristas. Por todas partes el vacío a nuestro alrededor. He sido el primero en batirse en retirada. Por primera vez en mi vida he sentido la sensación del miedo… D'Ussel ha querido continuar un poco más, pero, vencidos, nos hemos visto obligados a regresar al campamento.

Pero el atrevido y después derrotado Jean D'Usell, vizconde de Francia e ingeniero forestal, escritor enamorado de la montaña, que hallaría la muerte al comienzo de la I Guerra Mundial, no quiso ir a la zaga de su compañero de corda-da y escribió no menos legendarias palabras acerca de su fracaso, en una carta que enviaría más tarde al conde de Saint-Saud:

> […] por lo que respecta al Naranjo, he hecho la mitad del pico, pe-ro he abandonado tras 200 metros, porque yo no era más que un simple fardo izado por una cuerda.

El fracaso es absoluto. La tristeza, inexorable. Fontan de Negrin transmite su desolación apelando a la dureza del paisaje.

> Las nubes se agrupan en masas compactas y ascienden desde el valle, espesándose la niebla cada vez más. Arriba, en lo alto, aún dorado por los rayos del sol que trata de alcanzar, altivo e inmutable, el Naranjo parece aún más inaccesible. Luego, nada…
> Descendemos por largas pendientes de nieve dura.

No son pocos los que creen que Gregorio pudo haberlos llevado por un lu-gar diferente al de su primera ascensión, más difícil aún. Sorprende que aquellos bravos, entrenados en las grandes cimas pirenaicas, entre ellos François «Bernat» Salles, se vieran reducidos a la condición de fardos izados por una cuerda. No se-ría nada descabellado. Hay que conocer la forma de ser de los montañeses, orgu-llosos de sus logros y suspicaces de compartirlos. No obstante, si fue verdad que Gregorio los llevó por un lugar más escabroso aún que el que había elegido para su primera ascensión, era él mismo quien iba a la vanguardia, y si para los de atrás resultaba peligroso hasta la retirada, para él lo hubiera sido hasta la muerte casi se-gura. Su mérito en este caso no hubiera sido la osadía, que tanto me confunde, sino el orgullo, que más me sorprende aun cuando de conservar la vida se trata.

> […] La noche es fría y húmeda. Mañana nos iremos, dejando aquí el coloso que desdeñó todos nuestros esfuerzos.

Derrotados por el Urriellu, descienden la interminable canal de Cambure-ro y alcanzan la collada de Pandébano, donde vuelven a encontrar «bosques y praderas, fuentes bienhechoras», acaso hastiados de la piedra lunar que cubre la parte más alta del macizo, preludio de un hartazgo que muy pronto se tornará añoranza.

> Dejamos tras nosotros, lejos, oculta por la muralla que acabamos de franquear, la «Tierra Maldita», por la que marchamos durante jornadas

Le Naranjo de Bulnes. Cliché de Fontan de Négrin. Imagen del libro *Les Pics d'Europe. Le Naranjo de Bulnes*, obra de Pedro Pidal traducida al francés por el propio Fontan de Négrin, año 1906.

enteras con el gaznate reseco, jadeantes bajo el sol, y en la que las rocas inhóspitas nos rechazaron con dureza.

[...] Ayer suspirábamos por regiones más hospitalarias, y hoy que todo nuestro alrededor se vuelve civilizado, lamentamos el final de las horas vividas allá arriba».

Fontan de Negrin termina su breve relato de la forma más sublime que se pueda concebir, a pesar del estereotipo tan español de su tiempo (¡ay, la Carmen de Bizet!). En ningún otro artículo de este libro aparecen tantos fragmentos reproducidos de un solo autor, pero es que ninguno alcanzó la altura literaria del montañero francés.

Pero durante largo tiempo recordaríamos las duras etapas, los pueblos pintorescos, y los horizontes lejanos del Océano, rojizos al sol poniente, y los grandes picos de Asturias divisados al alba, las soledades de Castilla, las ahumadas tabernas de Santander, donde las gitanas de ojos oscuros y labios de sangre ofrecían sus besos a los pescadores que las rodeaban [...]. Todas estas imágenes quedarán grabadas en la mente, sin que el tiempo pueda atenuar sus vivos colores.

> Y aunque hollados por el paso de los hombres, los Picos y el fiero
> Naranjo permanecerán durante largo tiempo aún en el reino de lo ma-
> ravilloso, allá abajo, en las lejanías azuladas que constituyen los límites de
> nuestra vieja Europa…

Hubiera sido un digno final para este artículo, pero me creo en el deber de cerrarlo a la inversa de como lo diseñó Fontan de Negrin. Y es que el prólogo de su obra lo escribió un famoso pirineísta, el conde Henry Russell, un original personaje que estuvo tres años viajando por el mundo tratando de olvidar a una joven con la que su padre no quería que se casase. Instalado después en Pau, se pasó toda su vida recorriendo los Pirineos, donde protagonizó no menos de treinta primeras ascensiones.

Henry Patrice Marie, conde de Russell-Killough, termina el breve prólogo que escribió para la obra más excelsa que se haya escrito sobre los Picos de Europa de la mejor manera posible: honrándolos sin ni siquiera haberlos pisado.

> ¡Gloria a estos Pirineos lejanos y misteriosos que así tienen el honor
> de ser los últimos en recibir los postreros adioses del Sol a Europa, como
> si sintiese por ellos un particular afecto! ¿Será esto lo que los hace enro-
> jecer cuando el Astro Rey los deja?[10]

4. Un gigante de la geografía: el conde de Saint-Saud

Se puede decir sin temor a exagerar que el fundador de los Picos de Europa en su sentido geográfico no es otro que Jean Marie Hippolyte Aymar d'Arlot, conde de Saint-Saud.

Si la geografía es la ciencia que estudia las características que conforman la realidad física y humana de un territorio, el conde de Saint-Saud la practicó con precisión y larqueza en su obra *Monographie des Picos de Europa*, reelaborada y ampliada a lo largo de los años, y conocida en español por la traducción que hizo otro gigante del montañismo patrio como fue José Antonio Odriozola Calvo.

Con él se completa el estudio topográfico iniciado por Casiano de Prado, el pionero en estas lides, a pesar de la sutil infravaloración a que lo sometió Saint-Saud, en lo que tal parece una acción combinada de los primeros exploradores franceses por orillar el nombre del ingeniero español. Édouard de Verneuil, colega y compañero de cordada (junto con Lorière) de Casiano de Prado en la primera ascensión conocida a los Picos, publicó en 1854 un informe en el *Boletín de*

---

[10] Henry Russell (Ludovic Fontan de Negrin. *En los Picos de Europa*, 1986).

la Sociedad Geológica de Francia, soslayando la presencia del geólogo español y hasta omitiendo su participación en la ascensión a la Torre de Salinas. Igualmente injusto (más bien desleal, podríamos decir para el caso anterior) fue Fontan de Negrin, al considerar que el trabajo de Casiano de Prado estaba «lleno de inexactitudes», cosa manifiestamente incierta. En puridad, Saint-Saud ni siquiera concedió que el geólogo español fuese el primero en haber publicado algo sobre los Picos, pues dicho honor se lo atribuyó a Édouard de Verneuil (que, efectivamente, escribió su escueto informe en 1854, un año antes), ni tampoco el primero estrictamente en subir a una de sus cumbres, pues allí estaban de nuevo los dos franceses que iban con él. Para Saint-Saud, en definitiva, siempre hubo un francés para adelantarlo o acompañarlo, según el caso, y Casiano de Prado más parece un porteador de la gloria de los franceses en la exploración del macizo que el primero que realmente lo recorrió con un cierto ánimo científico.

> No hay que perder de vista que sus cuatro campañas no han podido saldarse con éxito más que en dos ascensiones aisladas en el macizo: la torre de Salinas y la torre de Llambrión, y no me sorprendería si de estas observaciones hechas sobre un pequeño número de estaciones y sobre una red geodésica incompleta y particularmente calculada no le han permitido dar más que resultados imperfectos. El ingeniero español no ha aportado ninguna reseña orográfica sobre el sistema que había científicamente descubierto. Y parece incluso ignorar completamente la existencia de tres macizos que dividen la cadena»[11].

Esta rácana percepción del ingeniero español ya le había llamado la atención a José Antonio Odriozola, que la atribuye a un chovinismo extrañamente irrefrenable —por desproporcionado— en sendos hombres de cultura como eran Saint-Saud y Fontan de Negrin. Su patriotería llega a alcanzar, en este caso, cotas un tanto ridículas («¡Honor para la Francia! por haber, como para los Pirineos aragoneses y catalanes, hablado por primera vez de los picos [*sic*] de Europa en 1854»), y justifica la sobrada fama que los hijos de «La France» tienen en ponderar lo propio, echando a veces mucho descuido sobre lo ajeno. Pero lejos de todo esto, Saint-Saud fue ciertamente un gigante de la exploración y la cartografía; la importancia de su obra es inigualable. No hay ningún otro que haya escrito más y con mejor rigor sobre todo lo que concierne a este libro, al menos con anterioridad a la segunda mitad del siglo XX. El inmenso valor e interés de sus descripciones lo atraviesan por ello de parte a parte.

---

[11] Conde de Saint-Saud. *Monografía de los Picos de Europa (Pirineos cantábricos y asturianos)*, 2011.

Jean Marie Hippolyte Aymar d'Arlot, conde de Saint-Saud. Retrato de 1883.

> ¿Qué es esta mujer con un niño fajado y atado a la espalda? Senci-
> llamente una madre asturiana. Todo se lleva, aquí, a la espalda. Pasa un
> hombre cargado con haces de leña. Allí, otro con sacos llenos de flores
> de tila. Más allá, mujeres con una especie de odres inflados y llenos de le-
> che que se macea a medias durante las largas caminatas.

Jean Marie Hippolyte Aymar d'Arlot, conde de Saint-Saud, como fue más conocido, nació el 15 de febrero de 1853 en Coulanges-sur-l'Autize, en el departamento francés de Deux-Sèvres, al oeste del país, en el seno de una acomodada
familia de la aristocracia gala que le inculcó desde niño el amor por la naturaleza. Aunque se licenció en Derecho y ejerció como juez en Lourdes, pronto abandonó su carrera profesional para dedicarse en cuerpo y alma a recorrer las montañas que tanto le fascinaban, gracias en gran medida a la independencia económica que le permitía su posición. Debió de ser un portento físico, pues siguió ascendiendo montañas hasta el final de sus días, que no fueron pocos, pues murió
justo dos antes de cumplir los 98 años, el 13 de febrero de 1951.

Vivir tantos años entre dos siglos tan convulsos no le ahorró desventuras: la
Gran Guerra mató a muchos de sus amigos y a uno de sus yernos, y vivió lo suficiente para sufrir el saqueo de su castillo por los nazis en la II Guerra Mundial.
Entre medias perdió a su gran compañero de aventuras, Paul Labrouche, a su propia esposa, a un hijo, a un yerno y a un nieto (este último en un accidente de
montaña en el Vignemale). La longevidad, cuando no es compartida por los demás, tiene esta clase de penurias.

El primer viaje a los Picos de Europa lo realizó en 1890, si bien 9 años antes
ya había visto por primera vez el macizo durante una peregrinación a Santiago de
Compostela. Volvería ocho veces más, realizando numerosas mediciones y tomas
de datos que conducirían a la elaboración del primer mapa detallado de la región.

Hay que decir en este sentido que, al parecer, no fue el interés científico, deportivo o cultural —o al menos no lo fue estrictamente como motor de arran-
que— lo que acercó a Saint-Saud a los Picos de Europa, sino más bien el espionaje militar. Según defiende Luis Aurelio González Prieto en un artículo publicado en *La Nueva España* el 22 de mayo de 2013, la razón principal de los estudios cartográficos llevados a cabo por Saint-Saud, tanto en los Pirineos españoles
primero como en los Picos de Europa después, fue el interés del Ejército francés
por poseer mapas estratégicos del norte de la Península. Al parecer, el Estado Mayor francés, consciente de que una de las causas de su derrota en la guerra fran-
co-prusiana de 1870 había sido su deficiente cartografía, encargó al entonces capitán de Estado Mayor Ferdinand Prudent la realización de mapas, no sólo del territorio francés, sino de los países que lo rodeaban. Debido a la imposibilidad de

introducir a topógrafos del Ejército francés en territorios de soberanía española, el capitán Prudent encargó a los miembros del recién constituido «Club Alpino Francés» que tomaran los datos necesarios para poder llevar a cabo los pretendidos mapas durante sus excursiones por el territorio español. Saint-Saud, según el autor del artículo, se convirtió en uno de los más importantes colaboradores de Prudent, recorriendo durante doce años los Pirineos españoles recabando los datos necesarios para la elaboración de los mapas. Logrado este objetivo, centró sus esfuerzos en la parte más occidental de la Península, alcanzando los Picos de Europa. Con los datos, fotografías y mediciones que tomó durante sus cuatro primeras expediciones, el ya por entonces coronel Prudent realizaría finalmente su mapa.

Puede que el espionaje militar no sea la forma más honrosa de entrar en la historia de un país extranjero, pero Saint-Saud cumplió con su deber tal y como se entendía en su tiempo, y al cabo descubrió una región a la que amó sin reservas hasta el final, como demuestran sus tres últimos viajes, realizados cuando ya estaba levantado el mapa de la región. Si pretendía servir militarmente a su país, a la postre sirvió culturalmente mucho mejor a España gracias a su magnífica *Monographie des Picos de Europa*, una obra fundamental y de extraordinario valor para conocer la relación entre la montaña y sus habitantes en aquellos años.

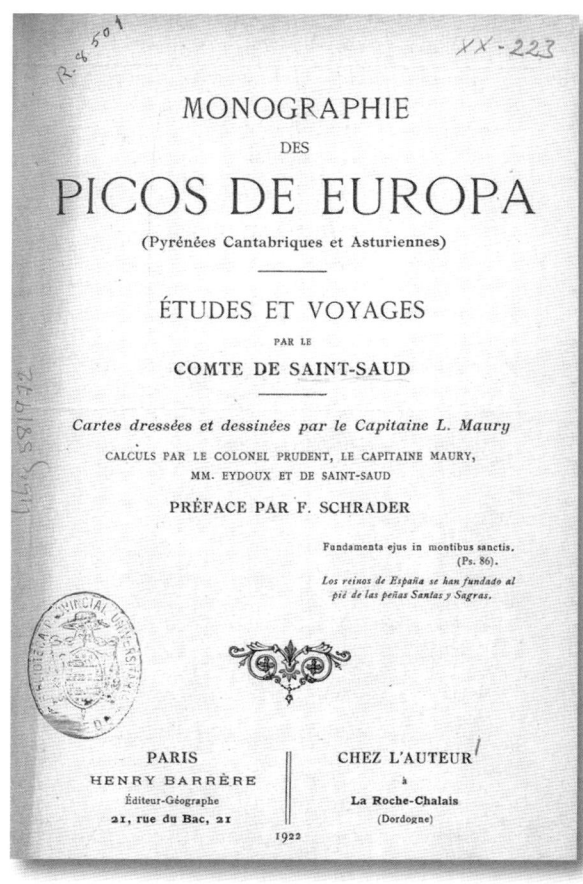

Portada de *Monographie des Picos de Europa*.

Su mapa, además, (o, mejor dicho, el mapa que elaboró a partir de sus datos el cartógrafo francés León Maury, publicado en 1922) superaba con creces a cualquiera conocido hasta entonces, incluido el del coronel Prudent, y serviría eficazmente a casi todos los que se acercaron después a los Picos de Europa.

Pero, además, fue un montañero excelente, protagonista de muchas de las primeras ascensiones conocidas a las grandes cumbres de los Picos de Europa, acompañado casi siempre de su fiel colaborador Paul Labrouche. Ascendió a la Tabla de Lechugales, el pico más alto del Macizo oriental o de Ándara, e hizo la primera absoluta conocida a Peña Vieja (octava cumbre en altura de los Picos y la más alta de Cantabria); también le corresponde la primera absoluta a la Torre de Cerredo (la más alta de todo el macizo y por ende de la cordillera Cantábrica) y la segunda absoluta al Llambrión (después de Casiano de Prado). No subió, sin embargo, el día que se produjo la primera escalada conocida a la Peña Santa (la más alta del Macizo occidental o del Cornión), honor destinado a Paul Labrouche, François «Bernat» Salles y el guía local Vicente Marcos, de Valdeón; razón por la que sólo se considera a Paul Labrouche como el primero en ascender a las tres cumbres más altas de cada macizo (a él le debemos precisamente identificar la división de los Picos en tres grandes bloques rasgados, respectivamente, por las profundas gargantas de los ríos Sella, Cares, Duje y Deva). No fue óbice para que, a propuesta de la Real Sociedad Española de Alpinismo Peñalara, se bautizase con el nombre de «Risco de Saint-Saud» a un peñasco situado entre la Torre de Cerrado y la Torre Labrouche, a la que el mismo conde había nominado así previamente. De esta manera, el nombre de estos dos grandes montañeros y amigos permanece hoy unido en la memoria topográfica de los Picos, una de las pocas veces en que la gratitud se transforma en un merecido bloque de piedra inmortal e inalterable.

Sus dos últimos viajes de carácter científico lo llevaron a reunirse con Gustavo Schulze y con Pedro Pidal, con los que forma la «Patrística» de los Picos; ellos son los padres fundadores del montañismo en la región. Así, en julio de 1907, recorre el sector oriental en compañía de Gustavo Schulze (primer escalador que ascendió en solitario a la cima del Naran-

Portada de *Les Picos de Europa. Étude Cartographique (1890-1893)*, realizado por Saint-Saud y Paul Labrouche, París 1894.

jo), reuniéndose para ello en la Fonda de Fidel Velarde, el *«rendez-vous»* del montañismo cantábrico. La histórica fonda situada en el pueblo de Bustio, en la margen izquierda del río Deva, ya cerca de su desembocadura, fue siempre el punto de llegada —en diligencia primero, y más tarde en ferrocarril— y de partida para todos los viajeros que, atravesando el desfiladero de La Hermida, abordaban los Picos de Europa por su zona sur. Saint-Saud la tuvo como centro de operaciones durante sus viajes a España, lo mismo que Schulze, y en ella, además, tuvo lugar el único e histórico encuentro del que se tiene noticia entre los tres primeros conquistadores de las grandes cumbres de los Picos; el conde de Saint-Saud, Pedro Pidal y Gustavo Schulze.

> Dios me perdone, pero con mis cincuenta años bien cumplidos, habría que haberme visto en la tarde del 17 de julio, el día de la fiesta local, bailando pasadas las doce de la noche en la calle del pueblo, con las señoritas de Velarde y sus amigas, que iniciaban a don Gustavo, tan conocido y apreciados por todos en la comarca, en las bellezas coreográficas de una jota más o menos aragonesa.

Hasta yo puedo sentir la nostalgia de unos recuerdos que no he vivido; me pregunto qué no sentiría el conde muchos años después desde su castillo de La Valouze, rememorando todos sus viajes por aquella tierra abrupta y aislada, que sin duda tantas satisfacciones le hubo de reportar (aunque también algún que otro pequeño disgusto, como dejaría escrito en la última edición de su *Monografía*, a cuenta de las miserias montañeras que ya entonces comenzaban).

> ¿Es porque es un español el primero que ha subido este pico, y que los franceses no vinieron a los Picos más que en segundo lugar, por lo que se ha dicho en España que la ascensión del Llambrión era la más peligrosa después de la del Naranjo? Tristes son las mezquinas alegrías en cuestiones de montañas.

Saint-Saud se sentía así víctima del mismo «chovinismo» (esa palabra francesa que se pronuncia igual en todos los países como muestra universal del sometimiento de la sabiduría a la tribu) que él también había practicado antes. Lo que quizá explique el orillamiento a que sometió a Casiano de Prado, pues el conde parecía sugerir que la peligrosidad del Llambrión se magnificaba por ser un español el primero en haberlo vencido. Lo que resulta llamativamente curioso, pues lo mismo había hecho él —consciente o no— minusvalorando la importancia del Naranjo cuando lo observó desde el collado de Ortiguero, un extraordinario punto de observación del Urriellu entre Cangas de Onís y Arenas de Cabrales: «Des-

Bustio hacia 1917. La famosa fonda de Fidel Velarde (*Muséu del Pueblu d'Asturies*).

de este punto solamente el Naranjo da la impresión de ser una montaña con una importancia superior a la realidad».

De nuevo, a Odriozola —que no se le escapaba nada— le llamó la atención el comentario del conde, quizás inadvertido, ¿quién lo sabe?, rebajando la importancia de la mítica cima, escalada ya entonces por Pedro Pidal y el Cainejo. «¿Fueron celos?», se pregunta Odriozola. No lo creo, contesto yo; probablemente un comentario sin más intención. Precisamente con quien se encuentra en 1908 es con uno de los conquistadores de la cima: Pedro Pidal. Con él asciende al pico Cotalba el día 29 de julio de 1908, y de aquella ascensión deja escritas las siguientes palabras:

Rafael Suárez Rodríguez. Torre Labrouche, Risco de Saint-Saud, Torre de Cerredo y Agujas y pico de Los Cabrones desde el Jou Lluengu. 1982 (*Muséu del Pueblu d'Asturies*).

Buen trabajo, buenas fotografías, inmensa alegría. Pasamos cuatro horas en este soberbio mirador, desde el que los escarpes vertiginosos y las áridas crestas con sus torres se pueden contemplar en toda su magnificencia. La vista se pierde a lo largo y ancho de Asturias.

No sabían entonces que los restos del marqués reposarían eternamente en el Mirador de Ordiales, en el mismo camino de acceso a la cima del Cotalba, una historia grabada en una piedra del camino y que será contada en el siguiente capítulo.

Saint-Saud volvería dos veces más a los Picos, pero ya sólo por mero interés turístico: el penúltimo en 1924 en compañía de sus hijas, y el último en 1935, recorriéndolos ahora con su vehículo por unas carreteras que no existían cuando él había llegado por primera vez.

Su inmortalidad está justificada, sea en el nombre de un risco o en la memoria de quien ama la montaña. Mi simpatía por él es inconmensurable, y de todos los fragmentos de su libro con los que terminar este artículo no puedo elegir más que el que sigue, tomado de la traducción que de su *Monographie* hacen Carmen Laguna Caviedes y Luis Bocos Arias en la edición de 2011.

En él está el temblor de los momentos eternos e imborrables, que sólo quien lo ha vivido lo sabe.

¡Qué encanto exquisito vivir solo, así, completamente solo, en una tierra extranjera, en el desierto, sin armas y a la aventura, a media legua de altura, entre peñascos y dos mares inmensos, uno es el océano, el otro la niebla; permanecer allí algunas horas para vivir por turnos la vida del bruto y la del soñador; cocinar buenas cosas para el animal y enseguida dejar que los ojos y el espíritu contemplen la naturaleza sublime, en el piadoso recogimiento de su grandeza!

5. Una ciencia perdida, una leyenda encontrada: Gustavo Schulze

Si el francés Saint-Saud es el gigante de la cartografía y la exploración geográfica de los Picos de Europa, el equivalente en lo geológico no es otro que un alemán nacionalizado mexicano llamado Gustavo Schulze. A lo largo de tres campañas científicas entre 1906 y 1908, llevó a cabo el gran estudio geológico sobre los Picos, y de paso logró la primera ascensión absoluta al Naranjo de Bulnes en solitario. El problema es que nada de lo que descubrió fue dado a conocer. Sus estudios se perdieron y su figura estuvo a punto de difuminarse, llegando hasta discutirse su ascensión, incluso mucho más allá del escepticismo inicial que recibió la de Pedro Pidal y el Cainejo. Hasta que dos montañeros del grupo «Peñalara» encontraron las clavijas utilizadas durante su ascensión, la primera en España en la que se emplearon técnicas de escalada moderna. Hasta que Enrique Martínez García y Jaime Truyols Santonja encontraron sus cuadernos de campo depositados en la Universidad de Tubinga. Así Gustavo Schulze fue cobrando su verdadera dimensión en varios tiempos. Ha tenido suerte, ¡cuántos habrán quedado olvidados por el camino! Pero su hazaña era demasiado grandiosa para ser olvidada.

Gustavo Schulze nació en México, donde su padre tenía por entonces diversos negocios, el 27 de septiembre de 1881, pero tres años después su familia se trasladó a Munich. Debido a que en el sistema universitario alemán de entonces —desconozco si también en el de ahora— para poder concurrir a una plaza de profesor era necesario, además del título de doctor, presentar un amplio trabajo de investigación inédito, el joven Gustav decidió venir a estudiar la geología de una región muy poco conocida entonces: los Picos de Europa.

Así, durante los veranos de 1906, 1907 y 1908, Schulze se convirtió en una figura familiar para los pastores de los Picos. No debía pasar desapercibido: por alemán, por grande y por sus bigotes y cabellos rubios. Tomó numerosas fotos, que vistas hoy son un auténtico tesoro histórico por su calidad, a diferencia de otras que se conservan de la época. Sus negativos se encontraron, como sus diarios, en una singladura detectivesca no exenta de esfuerzo, que sin duda la grandeza del personaje merecía.

Gustavo Schulze.

Porque Gustavo Schulze se fue de los Picos un 28 de agosto de 1908 y jamás volvería. Se trasladó a México en 1923 y allí hizo su vida hasta que le llegó la muerte en 1965. Su estudio geológico, que lo hubiera puesto sin duda a la cabeza de los científicos del ramo en aquel momento, quedó finalmente sin publicar, y el rastro de Schulze se fue difuminando como la niebla que tantas veces lo envolvió en los Picos.

> La inmensa cantidad de descubrimientos que Schulze realizó y que, además, interpretó correctamente, ha dejado asombrados a todos los geólogos actuales. Si sus estudios hubiesen visto la luz en su momento, un gran número de avances en tectónica, estratigrafia y paleontología de la cordillera Cantábrica llevarían hoy asociado el nombre de Gustav Schulze. Es de suponer que el que su obra quedase inédita tuvo que representar para él una gran frustración. A nosotros, casi 100 años más tarde, nos deja perplejos que se enfrentase al estudio de una zona tan amplia y con tantas dificultades orográficas y que, a pesar de ello, hubiese llegado a un grado tan profundo de conocimiento, pero creemos que el hecho de que Schulze además de geólogo fuese alpinista no fue en absoluto una circunstancia ajena a su eficacia como científico[12].

Esto lo escribió Elisa Villa Otero, geóloga de la Universidad de Oviedo, en diciembre de 2003, cuando ya Gustavo Schulze era una figura reconocida y admirada en el mundo del alpinismo, pero olvidada todavía en el de la geología.

Su recuperación para el montañismo se produjo a partir de 1965, cuando ese otro gigante llamado José Antonio Odriozola Calvo, omnipresente en todo lo que concierne a los Picos de Europa, lo «redescubre» en un artículo publicado en la revista *Peñalara*. En él cuenta sus intentos de localizar el paradero del escalador, siempre infructuosos hasta precisamente aquel año, justo cuando Gustavo Schulze acababa de morir en Ciudad de México. El delegado de la Federación Española de montañismo allí, Juan Santacana, había establecido contacto con los hijos de Schulze, que le proporcionarían a Odriozola la información que este insertó en su artículo, desde entonces convertido ya en la fuente canónica para la obtención de datos sobre el escalador y su ascensión al Urriellu en solitario, incluyendo la famosa anécdota de las botellas de vino que da título a una entrada del siguiente capítulo.

Su recuperación para la geología se produce sin embargo mucho más tarde, sobre todo a partir del esfuerzo de Enrique Martínez García y Jaime Truyols Santonja, que dieron a conocer un resumen de su trabajo en el *III Congreso geológico de Es-*

---

[12] Elisa Villa Otero. *Boletín del Grupo Montañero Vetusta*, n.° 68, 2003.

paña, celebrado en 1992. La incorporación posterior de Elisa Villa Otero y un nieto del propio Gustav, Peter Schulze Christalle, permitió transcribir sus 27 cuadernos de campo, cedidos a la Universidad de Oviedo por la de Tübingen. El resultado fue la publicación del libro *Gustav Schulze en los Picos de Europa (1906-1908)*, editado por Cajastur en 2006, y donde se incluyen las magníficas y extraordinariamente bien conservadas fotografías del geólogo y alpinista mexicano-alemán.

Elisa Villa, geóloga, amante y divulgadora de los Picos de Europa en particular y por ello protagonista inevitable de algunas menciones en este libro, no ahorra la emoción que le produjo tener en sus manos los cuadernos del escalador ni, sobre todo, encontrar los negativos de las fotos tomadas cien años atrás, sin duda el mejor testimonio gráfico que existe, por su calidad y estado de conservación, del paisaje, los pueblos y las gentes de los Picos de Europa a principios del siglo XX. Un legado, sin duda, que la posteridad —formada en este caso por un escasísimo conjunto de raros— le agradecerá eternamente como cabal resarcimiento al menos por lo injusto de su suerte científica.

> Es impresionante la intensidad de los estudios y las exploraciones llevadas a cabo por Gustav Schulze en estos 3 años de 1906 a 1908 y sin duda se habrá percatado de la abundancia de interpretaciones correctas que realizó, anticipándose muchos años al desarrollo del conocimiento de la geología cantábrica. Desgraciadamente para la ciencia y para el propio Schulze sus lúcidas ideas quedaron ocultas y nuestro geólogo nunca pudo tener la satisfacción de ver su nombre unido al de sus descubrimientos, puesto que, como es sabido, el mundo científico solo reconoce como formuladas las hipótesis que han sido publicadas a través de medios adecuados. La publicación en su momento de los estudios hubiera adelantado muchos años y favorecido el trabajo de otros investigadores que podrían haber cabalgado a lomos de un gigante. 100 años más tarde, tras haber conocido sus estudios, creemos justo reivindicar aquí, aunque ya no tenga más que un valor testimonial, que Schulze fue el primero en ver y entender un gran número de aspectos esenciales de la geología de la cordillera Cantábrica, y enfatizar que la mayoría de los descubrimientos los realizó con una anticipación superior a 50 años y, en ocasiones, cercana al siglo[13].

No sé si a Gustavo Schulze le hubiera gustado saber en 1906 que pasaría a la historia de esta pequeña región no por sus aportaciones geológicas, sino por algo tan espurio en su tiempo como era el ejercicio del montañismo. Probablemente

---

[13] Elisa Villa, Enrique Martínez, Jaime Truyols y Peter Schulze. *Gustav Schulze en los Picos de Europa,* 2006.

no le hubiera disgustado del todo, pero no creo que se hubiera sentido satisfecho. Era un científico por encima de todo, y eso se advierte en sus cuadernos de campo, cada vez más centrados en su trabajo, hasta el punto de que los correspondientes a la última campaña ya no incluyen una sola mención que no sea pura geología.

Lo cierto es que a raíz del artículo de Odriozola, su figura como escalador y montañero se fue haciendo cada vez más grande hasta encaramarlo al Olimpo de los primeros que desafiaron al vértigo, capítulo donde tiene una entrada por derecho propio. Al fin y al cabo, con él perdimos una ciencia que llevó mucho tiempo reconstruir. A cambio, nos entregó una leyenda que ya nadie volverá a protagonizar.

Capítulo II

LOS PRIMEROS QUE DESAFIARON AL VÉRTIGO

1. La gesta de los audaces (Ascensión de Pedro Pidal y Gregorio Pérez «el Cainejo»)

> De todas estas peñas la única que en aquel país se tiene por inaccesible al hombre y aun a los rebecos es el Naranjo de Bulnes, magnífica pirámide cuya forma, vista desde la Torre de Llambrión, se parece mucho á la de un cono truncado, que es casi un cilindro[14].

Nos fascinan las historias de los hombres audaces. Nadie se para a pensar que con frecuencia confundimos audacia con éxito, y que son muchos los hombres (y las mujeres) que a cambio de su audacia sólo encontraron la muerte, o, en el mejor de los casos, el olvido. Es cierto que nadie recuerda tampoco al hombre prudente que conservó la vida, la hacienda y la familia en circunstancias a veces más difíciles que las que tuvieron que afrontar los audaces.

La audacia nos fascina, no cabe duda; quizá porque la mayoría carecemos de ella. La audacia, en algunos campos como la ciencia o la investigación, ha permitido dar importantes saltos hacia adelante, pero es luego la templanza del juicioso la que consigue consolidar ese avance.

Es evidente que este elogio del prudente muestra a las claras mis carencias, pero también lo incomprensible que me resulta poner en riesgo la vida, y con ella la de los que de ti dependen, a cambio de conceptos tan vagos como la fama, la gloria, el patriotismo y cosas de ese tipo. Los que tenemos hijos y miedo al vacío lo comprendemos bien.

Si Pedro Pidal o Gregorio Pérez se hubieran despeñado (no digo retirado), la conquista del Naranjo se hubiera demorado unos cuantos años. No fue así, y alcanzaron la fama, incluida la de los inmediatos que los siguieron. Pero Víctor Martínez, el tercero en escalar el «cono truncado», murió pobre mirando el objeto de su gloria desde un mísero ventanuco; y la gesta del «Cainejo» no le dejó mayor ganancia que la misma muerte temprana de la mayoría de sus contemporáneos.

Y es que trato de escribir un libro sobre las primeras hazañas gloriosas del alpinismo moderno y al final acabo siempre poseído por la vulgaridad terrena del que no le sobra más gloria que para meterla bajo un trozo de pan seco y comér-

---

[14] Casiano de Prado y Vallo. *Valdeón, Caín y la Canal de Trea. Altura de los Picos de Europa*, 1985.

Pedro Pidal y Bernaldo de Quirós, marqués de Villaviciosa de Asturias.
Licencia Wikimedia Commons.

sela. Aun así, en la primera ascensión al Naranjo de Bulnes (el «Picu» por excelencia) he de reconocer que se produjo una transferencia en ese sentido semejante (salvando ciertas distancias, claro) a la que tuvo lugar entre Alonso Quijano y Sancho Panza; tan evidente, es cierto, que ya fue apuntada por otros antes que yo.

Pedro Pidal fue una suerte de aristócrata visionario y contradictorio empeñado en una empresa inútil y arriesgada en extremo, para la que contó con la colaboración leal de un hombre del pueblo, sensato y cabal, al que, como en la inmortal novela de Cervantes, acabó contagiando de su entusiasmo, hasta el punto de enorgullecerlo a extremos ligeramente ofensivos. Cuando la expedición de Fontan de Negrin, a quien ya nos referimos en el capítulo anterior, encuentra a Gregorio Pérez en Caín, la conversación fue registrada en estos términos:

> —¿Es usted Gregorio, el primero que subió al peligroso Naranjo, con el marqués de Villaviciosa?
> —Yo soy, responde con tono orgulloso, es verdad. Nadie más que don Pedro y yo ha osado atacar el Naranjo. Busqué durante mucho tiempo, por fin encontré un paso y el año pasado logramos la escalada. ¡Ah! Don Pedro se había empeñado en realizar. Es un trepador con toda la barba, ¿saben ustedes? No quería que el honor de esta conquista fuera para gentes extranjeras […] La Torre Santa, Cerredo, Llambrión… todo eso es fácil. Vengan a ver el Naranjo. Allá lejos, en las montañas en las que al parecer hay grandes glaciares, se habla de picos peligrosos, pero ninguno puede rivalizar con nuestro Naranjo: ya lo verán. Pero ¡oh! aún no están en la cima[15].

No se puede decir que Gregorio hiciera mucho por no ofender a los escaladores que tenía enfrente. Entre ellos iba un tal «Bernat» Salles, primer conquistador de la Peña Santa y del Torrecerredo (junto con Labrouche y Saint-Saud), y de cuya habilidad en la peña ya hemos leído algo en el capítulo anterior.

> Salles, el primero que ha puesto su planta en las grandes cimas de Asturias, está un poco humillado. Nos preguntamos si en todo lo escuchado no habrá mucho de exageración. Excitado, Gregorio nos cuenta cómo fue la escalada: apoyándose mucho en los hombros de don Pedro, consiguió remontar las chimeneas más abruptas. Y luego, al ver nuestras cuerdas: «bueno, bueno, os ataré y luego os subiré uno tras otro».

De cualquier modo, además de no poder reprocharle nada por haber calculado bien (ninguno de aquella expedición fue efectivamente capaz de vencer al Na-

---

[15] Ludovic Fontan de Négrin. *En los Picos de Europa*, 1986.

ranjo), los días pasados con aquel personaje sirvieron para apreciarlo profundamente. Al fin y al cabo, la fanfarronería es muy propia de todos los pueblos en general y de los montañeses en particular, acostumbrados a la humillación secular con que han sido tratados. Cuando se despiden de él, Fontan de Negrin escribe las siguientes palabras:

> En Tresviso nos deja Gregorio: estrechamos su ruda mano, y no sin un poco de emoción vemos desaparecer, tras una revuelta del camino, a este bravo con quien acabamos de pasar inolvidables jornadas.

Así pues, es verdad que los primeros conquistadores del Naranjo semejan un trasunto de los personajes de *El Quijote*. Pedro Pidal es Alonso Quijano con un sólo sueño, alcanzar la cumbre sobre cualquier otra cosa, y que esta no fuera hollada antes por extranjeros; mientras que Gregorio Pérez es un Sancho Panza preocupado por hacerlo sin dejar la vida en ello. Y no es que Pedro Pidal fuera un descerebrado irresponsable; en absoluto, dominaba la escalada y se había preparado convenientemente ascendiendo a diversas cumbres de Los Alpes, sólo que le faltaba el instinto de supervivencia de Gregorio/Sancho, acostumbrado a buscarse la vida y las cabras entre precipicios de roca y muerte. Y así, mientras Pedro Pidal ascendía con la mirada puesta en la posteridad, Gregorio Pérez iba fijando en su memoria el corredor abisal por el que ascendían. Uno pisaba las rocas mirando hacia la gloria y el otro mirando hacia los excrementos, podría decirse; de la misma manera llana y expresiva con que tantas veces se ha caricaturizado la dicotomía entre ambos tipos humanos: los Sanchos y los Quijanos, los Pidales y los Gregorios. Y viene esto a cuento porque en el momento del descenso, mucho más peligroso que la subida, como se puede imaginar cualquiera que conozca la ley de la gravedad, se vieron atrapados por la temida niebla justo cuando estaban a punto de alcanzar la zona de la «Llambrialina», una piedra inclinada tendida hacia el vacío y extraordinariamente pulida por la erosión, mortal de necesidad en caso de resbalón. Cuando ya se iban haciendo a la penosa idea de tener que pasar la noche en vela atados a una roca, Gregorio encuentra por fin el paso: «Se había orientado por el estiércol de un vencejo de montaña que vio a la subida. ¡Qué hombre!», escribiría Pedro Pidal. Gregorio, que también escribió un original relato sobre aquella ascensión, simplemente anotó: «Vi una cagada de pájaro».

Y este libro, que habla de literatura, de seres humanos, de montañas y animales, sobre todo, no puede encontrar compendio mejor de todo ello que la cagada de un pájaro guiando a un trasunto de los personajes del *Quijote* a una de las más atrevidas gestas del alpinismo español.

El Pico Urriellu —o Naranjo de Bulnes— desde el Collado Vallejo. Macizo Central de los Picos de Europa. Fotografía M. Felicísimo. Licencia Wikimedia Commons.

2. Una despedida esculpida en la piedra

De todo lo relativo a la ascensión y posterior descenso del Naranjo de Bulnes se puede encontrar cumplida información en numerosos libros y páginas de internet. Es entretenido hasta para los que no disfrutan del alpinismo y pavoroso en extremo para los que, careciendo de audacia como yo, y exceso de vértigo como casi todos, seguimos sin entender el placer de exponer la vida al vacío de los abismos, a cambio del llenado de la gloria.

Porque, a diferencia de lo que suele suceder cuando un hombre sin estudios ni condición social relevante resulta crucial para el éxito de una empresa, el recuerdo y la fama de Gregorio Pérez Demaría, «el Cainejo», se mantuvo más o menos constante en el tiempo, sin que pudiera ser borrado por la potente personalidad de Pedro Pidal. Aunque, eso sí, siempre ligeramente por detrás de tan augusto personaje, del mismo modo que sucede con el sherpa Tenzing Norgay en la primera ascensión al Everest, y no digamos nada de todos los demás de los que no ha quedado ni el recuerdo de su nombre. Como si el mérito de estos hombres fuera menor en la consecución de ambas hazañas; una suerte de elitismo imposible de vencer incluso para los mismos que las protagonizaron. Así, el 15 de octubre de 1933 se inaugura el llamado «Mirador del Pozo de la Oración», entre los pueblos de Carreña y Poo de Cabrales, en la margen izquierda del río Casaño, un espléndido punto de contemplación de la vertiente nornoroeste del Naranjo de Bulnes. Como consecuencia de este acontecimiento se organiza un homenaje al vencedor del «Picu Urriellu», y se coloca una placa con la siguiente inscripción:

> «A Pedro Pidal y Bernaldo de Quirós, primer conquistador
> del Naranjo de Bulnes el 5 de agosto de 1904».

Es un día de fiesta, luce un sol espléndido y asisten centenares de personas; suenan gaitas y panderetas, y muchachas ataviadas con trajes regionales bailan danzas antiguas bajo la mirada impávida del Naranjo, que preside el horizonte.

Pedro José Pidal y Bernaldo de Quirós, marqués de Villaviciosa de Asturias, amigo personal del rey Alfonso XIII, diputado a Cortes, Senador vitalicio, director de la Real Academia Española, vicepresidente del Consejo de Administración de Fábrica de Mieres y Comisario General de Parques Nacionales, entre otros cargos, toma la palabra y se dirige a los asistentes, embargado por una emoción que apenas puede contener y dice, o mejor dicho, escribe con palabras de aire, uno de los más hermosos homenajes proferidos por un hombre de condición social superior hacia otro inferior. No es Alonso Quijano despidiéndose de su fiel Sancho («Perdóname, amigo, de la ocasión que te he dado de parecer loco como yo...»),

Rafael Suárez Rodríguez. La tumba de Pedro Pidal en el mirador de Ordiales. 1983
(*Muséu del Pueblu d'Asturies*).

pero casi: «… Pedro Pidal no hizo más que colocar sus pies y manos donde había puesto Gregorio antes los suyos […], la conquistó él primero […], el nombre de Gregorio Pérez y no el de Pedro Pidal es el que debería figurar en esta lápida»[16].

Y así fue. Su insistencia hizo que, finalmente, se grabara en el monolito otra placa con el siguiente texto: «y a Gregorio Pérez, el Cainejo, su fiel colaborador».

Gregorio Pérez no llegó a presenciar este homenaje, pues llevaba muerto 20 años. En 1941 fallecerá Pedro Pidal en su domicilio de Madrid, y casi 8 años después, sus restos mortales serán transportados a hombros de los veteranos montañeros asturianos a su emplazamiento actual: el Mirador de Ordiales, a 1.691 metros de altitud; una mirada de águila sobre el espectacular valle de Angón, en el Macizo occidental de los Picos de Europa.

En la misma roca donde se depositaron sus huesos, se esculpieron unas palabras suyas tomadas del prólogo que había escrito para un libro de Julián Delgado Úbeda sobre el Parque Nacional de la Montaña de Covadonga, seguramente la creación de la que estaba más orgulloso:

---

[16] Joaquín Fernández Sánchez. *El hombre de los Picos de Europa*, 1999.

Enamorado del Parque Nacional de la Montaña de Covadonga, en él desearíamos vivir, morir y reposar eternamente, pero, esto último, en Ordiales, en el reino encantado de los rebecos y las águilas, allí donde conocí la felicidad de los Cielos y de la Tierra, allí donde pasé horas de admiración, emoción, ensueño y transporte inolvidables, allí donde adoré a Dios en sus obras como Supremo Artífice, allí donde la Naturaleza se me apareció verdaderamente como un templo.

El texto del prólogo continuaba con una frase que por alguna razón, quizá de espacio, no fue grabada en la roca. Y no se comprende, pues hubiera merecido la misma inmortalidad:

Debajo de esos húmedos helechos, que reciben el agua de los Picos, y arrimada a esa roca enmohecida por los vientos fríos, dejaré que mis huesos se deshagan a través de los siglos[17].

3. Las botellas que el marqués de Villaviciosa no dejó en la cima del Urriellu (Ascensión de Gustavo Schulze).

¡Qué de vocaciones trajo a mi mente la vista del Urriello! El año anterior, en agosto del 1906, le vi por vez primera desde la humilde aldea de Camarmeña. La impresión que me produjo sobresaliendo por encima de la garganta de Bulnes fue tan poderosa, que desde aquel momento resolví en mi interior hacer una tentativa para escalarle. Entonces me contaron que don Pedro Pidal ya había subido a este coloso, pero nadie sabía por dónde. Con mis anteojos de larga vista pude comprobar en la misma cumbre las piedras amontonadas, huella de los primeros conquistadores[18].

Gustavo Schulze fue el tercer hombre que pisó la cumbre del Urriellu y lo hizo en 1906, sólo dos años después que Pedro Pidal y Gregorio Pérez. Aunque había venido a los Picos de Europa por motivos científicos, como vimos en el capítulo anterior, no pudo sustraerse tampoco al magnetismo de la gran cumbre, que resolvió abordar desde el mismo pueblo que le da nombre.

De Bulnes partió en solitario aquel alemán rubicundo que no sabía —o tal vez sí— que los senderos por los que transitaba lo conducían hacia la gloria o hacia la muerte, pues pasados más de cien años es fácil discriminar, pero en el mo-

---

[17] Pedro Pidal (Julián Delgado Úbeda: *El parque nacional de la montaña de Covadonga* (1932).
[18] G. Schulze (E. Villa, E. Martínez, J. Truyols y P. Schulze. *G. Schulze en los Picos de Europa* (2006).

Vista general del Naranjo de Bulnes hacia 1920. Anónimo. Licencia Wikimedia Commons.

mento en que se construye esta historia los límites no estaban nada claros, como veremos en el capítulo siguiente.

No es extraño que experimentara, con más razón que cualquiera de los muchos que también la hemos percibido, la angustiosa sensación que transmiten algunos lugares de los Picos de Europa, dominados por un paisaje lunar de bloques desgarrados y aristas calizas que parecen cortar hasta el hielo de las sombras.

> El silencio aquí reinante no era el del Vallecillo Pacífico que reposa
> en la armonía de la vida: era el silencio forzado que sigue a la destrucción.
> [...] Algo de ferocidad había en estas rocas lisas y lúgubres, que me pro-
> dujeron un sentimiento casi de horror en la soledad que me rodeaba[19].

Es precisamente este paisaje feroz, acrecentado por la soledad y el frío de aquellas altitudes, «el silencio helado que se posa sobre la tierra», o tal vez la tensión por lo que le espera al día siguiente, lo que no deja dormir a Gustavo Schulze. Es entonces cuando dispara al coloso con su pistola, en un gesto más que simbólico, quizá con el fin de alejar todos los temores.

---

[19] G. Schulze (E. Villa, E. Martínez, J. Truyols y P. Schulze. *G. Schulze en los Picos de Europa* (2006).

Oscurecía ya, cuando estaba terminando de limpiar un lugar para dormir, el que acondicione convenientemente con una pared de piedra para protegerme contra el viento. La neblina estaba desagregándose a las 8 de la tarde, y sus trozos desgarrados relucían con la luna, caminando en las sombras profundas de las peñas del Naranjo. Un silencio helado se echó de pronto sobre toda la tierra, y era tan imponente que casi llegó a sobrecogerme; para romperle saqué mi pistola y empecé a disparar hacia las murallas amenazadoras, que a cada balazo respondían con una eco retumbante. Aquella noche no pude dormir a causa del frío; no sé cuántas veces cambié de postura entre las duras peñas, y para entrar en reacción subí a la Collada y bajé de nuevo para calentarme con el ejercicio.

Se comprende su desasosiego. A partir de su ascensión, el Naranjo de Bulnes se tragará la vida de al menos doce personas, entre ellas alguien que pasó también una mala noche y dejaría para la posteridad no los disparos sordos de una pistola, sino unas sencillas palabras anotadas en una hoja de papel. Es, al fin y al cabo, el todo o la nada. Si Gustavo Schulze se hubiera despeñado, quizá hubiesen pasado varios meses hasta que se hubieran descubierto siquiera sus restos y hoy sería probablemente un nombre tan olvidado como el de Luis Martínez «el Cuco», la primera víctima del Urriellu. Cómo no disparar a ese presagio. Puedo imaginar el sonido de aquellos disparos absurdos, ahogados en la inmensidad lunar de los Picos, que sin duda harían girar las orejas de todos los rebecos de las inmediaciones.

Pero el 1 de octubre de 1906, después de un primer intento fallido a causa de un extraplomo imposible de franquear, Gustavo Schulze abre una nueva vía para la conquista de la reina de las cumbres, aquella que atrae a todas las miradas de los alpinistas, como acertadamente escribió en su cuaderno al recordar lo que sintió cuando alcanzó la cima.

> … saludé a todas mis amigas, las cumbres soberbias que emergían a mi alrededor bajo el sol radiante la Peña Vieja, el Llambrión, el Cerredo, la Peña Santa, aunque más altos que el Pico, me aparecieron como sus vasallos, porque el rey es aquel a quien la naturaleza distingue.

Isidoro Rodríguez Cubillas traza en su libro *Naranjo de Bulnes. Un siglo de escaladas* la verdadera dimensión de su logro, extendido a otras emblemáticas cumbres del macizo.

> La ascensión en solitario del Naranjo de Bulnes por Schulze no deja de ser un hecho extraordinariamente insólito para aquel tiempo, muy a pesar de que el alemán fuera conocedor de las nuevas técnicas de esca-

lada que se estaban desarrollando en aquellos años por la escuela alemana y austriaca. El 8 de octubre de 1906 ascendió también al Torrecerredo, la cumbre más alta de los Picos de Europa, siendo posiblemente la tercera persona que ascendía dicho pico. Al año siguiente emprendió otra campaña de ascensiones por los Picos de Europa ascendiendo a las cumbres de la Morra de Lechugales, Pica del Jierro, Tiro Tirso, la Peña Vieja y los Horcados Rojos, entre otras[20].

Sin embargo, ya desde el principio se sembraron dudas sobre la ascensión. El propio Schulze lo consignó en su cuaderno de campo: «Les parecía que no era posible que subiese y menos con esta facha». Hay que decir que esto no sólo le ocurrió a él, pues el propio Gregorio Pérez respiró por la misma herida, como refleja el conde de Saint-Saud cuando ambos observaron, desde el collado de Ortiguero, las torrecitas de piedras que habían levantado en la cumbre.

> Un día tuvimos la suerte de disfrutar de esta vista. El cielo era tan puro, preludio de chaparrones al día siguiente, que con los anteojos pudimos ver perfectamente la torreta sobre su cima. ¡Y decir que se duda! —exclamó el Cainejo, que estaba con nosotros[21].

Curiosamente lo que más llama la atención es que Saint-Saud pudiera ver con los prismáticos una torreta de piedras sobre una cumbre situada a 15 km de distancia en la visual. Parece ser que «el Cainejo» y Pedro Pidal se esforzaron en hacerla elevada, pero ¿tanto? Lo cierto es que el geógrafo francés plasmó en el comentario de «el Cainejo» la sombra de la duda que oscureció por un breve tiempo a la primera ascensión al Naranjo, prontamente disipadas en cuanto Víctor Martínez, el tercero en subir, encontró el trozo de cuerda dejado allí por Pedro Pidal y Gregorio Pérez.

Pero en el caso de Gustav Schulze las suspicacias se prolongaron más en el tiempo. Supongo que no ayudaba mucho el hecho de ser extranjero y haber realizado la ascensión en solitario. Lo cierto es que el haber utilizado clavijas en el descenso hizo que el encontrarlas se convirtiera en la principal prueba de su escalada, razón por la cual Víctor Martínez insistió en su búsqueda sin encontrarlas nunca. Al decir de un experto como Francisco Ballesteros Villar, porque al desconocer las técnicas de rápel modernas las buscaba en el lugar inadecuado.

Hay que decir, sin embargo, que este inicial escepticismo habitó más entre los lugareños —siempre extrañamente oscilantes entre una credulidad ciega a la fa-

[20] Isidoro Rodríguez Cubillas. *Naranjo de Bulnes. Un siglo de escaladas*, 2000.
[21] Conde de Saint-Saud. *Monografía de los Picos de Europa (Pirineos cantábricos y asturianos)*, 2011.

bulación y una suspicacia terca hacia los hechos más evidentes— que entre los medios, digamos, más especializados, pues ni el propio Pedro Pidal llegó a dudar nunca… Y no porque Gustavo Schulze le mostrara una de las botellas de vino que el marqués supuestamente había dejado en la cumbre.

Es conocido por los amantes del alpinismo este episodio que refleja innecesariamente el carácter atrevido y un tanto jactancioso (sin serlo, realmente) del marqués de Villaviciosa: el de las botellas de vino que dejó en la cumbre para que bebiera de ellas el siguiente en alcanzarla. La anécdota se ha repetido innumerables veces en los libros y artículos que se refieren a estas primeras y legendarias ascensiones al Naranjo.

Siempre se creyó que la historia provenía del conde de Saint-Saud, cuya lectura en castellano se conoció por la traducción que hizo José Antonio Odriozola de su libro *Monographie des Picos de Europa*. Sin embargo, posteriormente se comprobó que dicho episodio no era exactamente una traducción literal, sino una interpolación de Odriozola incorporada a la edición en castellano, y que se cree introdujo por haber escuchado esta anécdota a Delfina Velarde, una de las hijas del dueño de la posada de Bustio donde los tres primeros grandes alpinistas de los Picos se reunieron por única vez el 17 de julio de 1907. Quizá Odriozola pensaba que con ello confería mayor grandiosidad a la hazaña.

El acceso a los diarios de Schulze confirmó lo que ya era una sospecha para muchos: que tal episodio jamás había tenido lugar, pues de otra manera hubiera sido muy raro que el alpinista alemán no hubiera consignado una anécdota como ésa. Por otro lado ya había elementos de juicio para dudar de ella, pues en las narraciones de la primera ascensión tanto de Pedro Pidal como de «el Cainejo» no se citaba tal circunstancia, y además había en ellas datos relevantes que la invalidaban por completo. Uno de estos era la terrible sed que pasaron durante la subida, acrecentada por la tensión, sin duda, y que intentaron mitigar con unos caramelos que llevaban, según cuenta en su relato Gregorio Pérez. Sorprendía, pues, que no fuera saciada por alguna de las dos botellas de vino aludidas. Otro dato fue que, según lo relatado por Pedro Pidal, llegaron a un punto tan expuesto que tuvieron que dejar «los morrales, los anteojos y los palos, todo, menos la cuerda, para marchar con el mayor desembarazo posible». Eran tipos hechos de otra pasta, valientes hasta la temeridad, pero no tan estúpidos como para acelerar un riesgo ya de por sí elevadísimo cargando con unas botellas de vino absurdamente inútiles. Parecía evidente que el episodio de las botellas era falso, pero la autoridad de Odriozola casi impedía proclamarlo. Al fin y al cabo no era necesario dotarlos de características sobrehumanas; supongo que eso es lo que disgusta a Francisco Ballesteros Villar, cuando escribe en su libro *La vía Pidal del Naranjo de Bulnes*:

Lo correcto hubiera sido que Odriozola recogiera esta anecdótica versión añadiendo su origen o procedencia, sin adjudicársela, con total falta del exigible rigor, al conde[22].

Es conocido que los tres primeros padres del montañismo en los Picos (Pidal, Schulze y Saint-Saud) sólo se vieron juntos una sola vez, circunstancia de la que derivó tal vez la famosa anécdota. Sin embargo, lo que no se sabía muy bien era que también lo habían hecho los tres únicos hombres que habían pisado la cima del Urriellu hasta ese momento: Pedro Pidal, Gregorio Pérez y Gustavo Schulze. Tan histórica circunstancia —conocida sólo ahora gracias al descubrimiento del archivo fotográfico de Schulze— se produjo durante los días 17 y 18 de septiembre de 1907 en el Macizo occidental. El primero de esos dos días Pedro Pidal había coronado en solitario la Torre de Santa María y, al descender por lo que entonces era un nevero permanente llamado Cemba Vieya, resbala, deslizándose por la pendiente helada durante más de doscientos metros, salvándose de morir estrellado contra las rocas al estar la nieve del final reblandecida por los rayos del sol.

Herido, con la piel levantada y la ropa hecha jirones —quien cayó por nieve helada sabe bien de su poder abrasivo—, el marqués trataba de llegar a su campamento cuando se encontró con Gustavo Schulze, inmerso en sus afloramientos y en sus filones. Provisto de botas de clavos y piolet, el alemán se ofreció a recoger las pertenencias que el malherido escalador (reloj, sombrero y rifle) había dejado desperdigadas por la nieve.

El propio Pedro Pidal narró este incidente en el mismo opúsculo donde daba cuenta de su histórica ascensión al Naranjo de Bulnes. En él escribió que cuando vio llegar al alemán con sus pertenencias le dio un abrazo, y, sintiéndose inmensamente agradecido, le ofreció su propia cama en el campamento.

Yo dormí al sereno, metido en un saco de piel de oveja y contemplando las estrellas[23].

Así fue como en el mismo día el primer conquistador del Urriellu no perdió la vida en aquel pasillo helado al que bautizó involuntariamente como «Corredor del Marqués», como se le conoce ahora, y Gustavo Schulze tomó una fotografía histórica hasta hace poco desconocida, donde se puede ver a Pedro Pidal con otros tres cazadores —seguramente sus hermanos— y en una esquina, en un discreto segundo plano, a Gregorio Pérez Demaría «el Cainejo». Simbólicamente Gustavo Schulze se halla presente en la imagen, pues aparece su pio-

---

[22] Francisco Ballesteros Villar. *La vía Pidal del Naranjo de Bulnes*, 2008.
[23] P. Pidal y José F. Zabala. *Picos de Europa: contribución al estudio de las montañas españolas*, 1918.

Histórica fotografía tomada el 18 de agosto de 1917 en Llagu de Cebolleda. Aquí se encontraban las tres únicas personas que hasta ese momento habían hecho cima en el Urriellu: Pedro Pidal, Gustavo Schulze (autor de la foto) y Gregorio Pérez Demaría. Fuente: *Gustav Schulze en los Picos de Europa (1906-1908)*, Cajastur 2006.

let en primer término clavado en el suelo. No puede existir sin duda mejor foto para enmarcar este capítulo.

Por suerte para Gustavo Schulze, su leyenda montañera no acabó perdida como la ciencia que lo trajo a los Picos. El 22 de julio de 1933, dos alpinistas del Club Peñalara encontraron al fin las clavijas que había ensartado en la roca para poder rapelar en el descenso. Clavijas históricas, no solo por demostrar la segunda conquista del Naranjo, sino porque fueron las primeras que se utilizaron en España, ya que hasta ese momento se desconocía la técnica del rápel.

En 1970, dos descendientes de Gustavo Schulze (su hijo y su nieto) visitaron los Picos de Europa e incluso ascendieron al Torrecerredo, 64 años después de que lo hiciera su antepasado. Después se dirigieron a Camarmeña y desde allí contemplaron el Picu Urriellu, muy cerca de la mísera casa desde donde Víctor Martínez salió tantas veces hacia su conquista.

Hubiera sido de justicia que allí mismo, en el mirador que se erigió algo apartado de las casas, donde varias placas recuerdan a los pioneros, alguien hubiera grabado en una piedra las palabras que Schulze escribió cuando coronó el techo simbólico de los Picos:

… me sentí solo y abandonado y lejos de la tierra, como siempre suele pasar cuando se pierde el contacto sedante con ella para elevarse a las regiones más allá. Y en verdad, un mundo entero me separaba de ella, un mundo que valía la pena de vivir, aunque sólo saben apreciarlo aquellos que comprenden la vida y prefieren ganarla y vencerla luchando[24].

4. *Lignum Chorda* (Ascensión de Víctor Martínez)

Los dos grandes santuarios religiosos de los Picos de Europa son el Real Sitio de Covadonga, al norte, y el monasterio de Santo Toribio de Liébana, al sur. El primero es más reciente, de mediados del siglo XIX, mientras que el segundo es mucho más antiguo, del siglo VIII y con mayor trasfondo religioso, pues en él se conserva uno de las reliquias más importantes de la Cristiandad: el trozo de la cruz de Cristo más grande que se conoce, llamado «Lignun Crucis» —literalmente «cruz de madera».

Ambos santuarios tienen presencia en esta historia, uno de forma física y el otro de forma simbólica; y que me perdonen las gentes de profundo sentido religioso por la comparación que voy a hacer. Y es que en el hotel construido junto al Real Sitio estaba alojado el santo patrón del alpinismo español el mismo día que recibió la que hubiera sido la reliquia más sagrada de este deporte: el trozo de cuerda que Pedro Pidal y Gregorio Pérez dejaron en el descenso del Naranjo de Bulnes.

Es bastante conocido que durante la peligrosa bajada los dos es-

Víctor Martínez. Autor de la tercera ascensión absoluta al Urriellu y segunda en solitario.

---

[24] G. Schulze (E. Villa, E. Martínez, J. Truyols y P. Schulze. *G. Schulze en los Picos de Europa*. 2006).

caladores pasaron por un par de situaciones muy apuradas, en las que en una de ellas tuvieron que cortar un trozo de cuerda para solventarla.

> Hubo un paso en que no podía ya dar otro, y yo le oí murmurar [a Gregorio]: «¡Dios mío, Dios mío! ¿Cómo subí yo por aquí?».
>
> «¿No habría por ahí, le dije, algún pedazo de roca inseguro, de esos que desprendía la cuerda a la subida, al cual pueda usted atar la cuerda que rodea su cintura? Una vez atada esa piedra por el medio, la mete usted en el fondo de la grieta, tirando luego para cerciorarse de que este bien segura, y no tiene usted otra cosa que hacer sino descolgarse por ella hasta mis hombros. En cuanto usted llegue a ellos, la cortamos, y que ese pedazo se quede ahí para que lo utilicen otros»[25].

Y así fue como se vieron forzados a dejar un trozo de cuerda en aquella pared caliza, agarrada al fondo de una grieta, como solución urgente y asidero futuro para otros. «Allí quedó (…) bamboleándose en el espacio, es de pita y quizás tarde algunos años en pudrirse», escribiría el marqués.

No se equivocó en su predicción, pues doce años después fue recuperada por Víctor Martínez, el autor de la tercera ascensión absoluta al Urriellu y segunda en solitario, sin emplear clavijas ni técnica de escalada alguna, sólo con sus pies y sus manos, sin nadie que lo fuera izando, sin el apoyo de una voz humana que fuera templando su ánimo. Y esto último, que escrito así puede parecer una simple anécdota o una trivial estadística, visto desde una cumbre que jamás pisaré o desde cualquier lugar donde haya una pared horizontal de 250 metros, es simplemente algo prodigioso.

Víctor Martínez Campillo era natural de Bulnes, pero por motivos de matrimonio se trasladó a vivir a Camarmeña, donde, como todos en la «Mala Tierra», se dedicaba al pastoreo. Según cuenta Francisco Ballesteros Villar en su libro *La vía Pidal*, José Fernández Zabala, miembro de la recientemente constituida «Sociedad Montañera Peñalara» encomendó a Severino López Díaz, un conocido guía de Sotres, que estudiara con detenimiento todas las paredes del Urriellu por si hubiera alguna otra vía de más fácil acceso que la cara norte. El «tío Severo», como era conocido, encargó a su vez esta tarea a «un muchacho muy inteligente en trepar por la Peña, llamado Víctor Martínez, de Camarmeña».

Y así, el 31 de agosto de 1916, Víctor Martínez, acompañado de un vecino suyo llamado Gumersindo Martínez Mier, se dirigió hacia el Naranjo y consiguió la segunda ascensión absoluta en solitario, ante la atónita mirada de su compañero, se supone que mientras exploraba sobre el terreno otra posible vía de ascensión.

---

[25] P. Pidal y José F. Zabala. *Picos de Europa: contribución al estudio de las montañas españolas*, 1918.

Casa de Víctor Martínez en Camarmeña. Fotografía del autor.

Severino López Díaz envío una carta a José Fernández Zabala comunicándole este éxito, publicada después en el número 34 de la revista *Peñalara*.

> El 31 de agosto, Víctor Martínez consiguió subir al Naranjo de Bulnes, solo y sin ayuda de cuerdas ni hierros; y bajó el pedazo de cuerda abandonado por don Pedro Pidal el 5 de agosto de 1904, y la conserva en su poder como prueba de su ascensión. Arriba encontró 3 castillejos de piedra, que hicieron don Pedro Pidal y su guía, Gregorio el Cainejo. Del que no ha encontrado rastro ha sido del alpinista señor Schulze, que subió el 1 de octubre de 1906[26].

Fue en el descenso cuando Víctor Martínez encontró efectivamente el trozo de cuerda que habían dejado los dos pioneros, en aquel dificultoso paso donde Gregorio Pérez Demaría había exclamado: «¡Dios mío, Dios mío! ¿Cómo subí yo por aquí?». ¡¿Cómo se las arregló Víctor Martínez para salvar aquel paso solo y sin ayuda, con ganas y tiempo además para recuperar el trozo de cuerda?! Esa no es en verdad la pregunta, sino la exclamación que yo me hago.

---

[26] Francisco Ballesteros. *La vía Pidal del Naranjo de Bulnes*, 2008.

A los pocos días, el propio Víctor Martínez se dirigió al Hotel Pelayo, en el Real Sitio de Covadonga, donde Pedro Pidal se hallaba alojado, y le entregó aquel testigo de su ascensión y reliquia del primer intento. El marqués de Villaviciosa, cuenta la leyenda —y conociendo al personaje, seguro que también la verdad más rigurosa—, abrazó emocionado a Víctor Martínez y le entregó la nada despreciable suma de mil pesetas de la época.

Aquel trozo de cuerda de pita, esa extraña planta de enormes dimensiones que muere una vez marchitada su única flor, desapareció para siempre cuando la casa del marqués fue saqueada en Madrid durante la Guerra Civil. No cuesta imaginar a un miliciano cualquiera arrojando al suelo con desdén aquel fragmento de cuerda sin aparente valor, ignorando que quizá en el futuro algún adinerado caprichoso y enamorado de la montaña hubiera pagado mucho dinero por aquel miserable trozo.

El «*Lignum Chorda*» del alpinismo español, ni más ni menos.

Capítulo III

BANDERAS DE NUESTROS ABUELOS

1. En el principio fue una bandera

Se puede decir que todo empezó gracias a una bandera. En concreto, para evitar que otro la pusiera.

> ¿Qué idea me formaría de mí mismo y de mis compatriotas si un día llegara a mis oídos la noticia de que unos alpinistas extranjeros habían tremolado con sus personas la bandera de su patria sobre la cumbre virgen del Naranjo de Bulnes, en España, en Asturias y en mi cazadero favorito de robezos?[27].

Pedro Pidal, obsesionado con esa gran mole pétrea que a menudo veía durante sus cacerías —«el único pico cerrado al hombre y al rebeco», como lo había descrito Casiano de Prado—, se sentía empujado a impedir que tal cosa sucediera. El desafío nacionalista no sería muy superior al deportivo, pero en aquellos tiempos no hubiera sido motivo de orgullo confesarlo. Lo cierto es que Pedro Pidal no andaba muy errado, pues al menos un francés, Fontan de Negrin, ya le tenía echado un ojo a tan insigne cumbre, aunque al final no pudiera vencerla.

> ¿Qué responder, sino que mucho nos hubiera gustado el ver los colores franceses flotar en la cima del Naranjo y mezclar sus pliegues con los del estandarte victorioso de la nación amiga?…[28].

Lo de la bandera, como suele suceder, tenía más un tono simbólico que otra cosa, porque no entraba precisamente en los planes de Pedro Pidal el jugarse la vida con más útiles de los necesarios, por lo que alcanzaron la cumbre desprovistos de todo, incluidas las famosas botellas de vino que ya vimos.

Sin embargo, Fontan de Negrin recogió en su libro lo que parece fue un intento por parte de los pioneros de escalar de nuevo el Naranjo con el único fin de colocar en la cima una gran bandera de España que fuera vista por el rey Alfonso XIII, que tenía previsto acudir a cazar rebecos.

---

[27] P. Pidal y José F. Zabala. *Picos de Europa: contribución al estudio de las montañas españolas*, 1918.
[28] Ludovic Fontan de Negrin. *En los Picos de Europa*, 1986.

«¿Dudan ustedes de nuestra ascensión?», nos dice Gregorio, «cuando venga el Rey a cazar rebecos, subiré otra vez para poner una bandera allá arriba, y don Pedro dirá al Rey que fue Gregorio el de Caín el primero que venció al Naranjo».

No era la primera vez que un monarca visitaba los Picos, pues ya su padre Alfonso XII había estado por dos veces en 1881 y 1882, acompañado de su hermana la infanta Isabel, también para cazar rebecos. Visitas reales que, por cierto, dejaron para la historia un rastro todavía no borrado, pues además de una gran inscripción grabada en una piedra, ascendieron a una cima sin nombre de 2.598 metros, a la que después el conde de Saint-Saud bautizó con el elocuente nombre de «Los Tiros del Rey». De la visita de Alfonso XIII, sin embargo, no parece que quedara más recuerdo que un buen puñado de fotografías que refleja la nutrida comitiva real que lo acompañó por aquellos pagos, en los que al parecer se cobraron bastantes rebecos.

Lo cierto es que el rey no pudo ver ondear la bandera de España sobre la cima del Urriellu porque su llegada sorprendió al «Cainejo» y al marqués esperando una mejoría de las condiciones meteorológicas que finalmente no llegó, por lo que tuvieron que abandonar los preparativos de lo que habría sido su segunda ascensión, que todos los estudiosos admiten que jamás se llevó a cabo, a pesar de que algunas fuentes sugieren lo contrario. Incluso se llegó a decir exageradamente que la frustración causada por este fracaso llevó al «Cainejo» a la tumba. Como final hubiera venido de maravilla para el propósito de este libro, pero Gregorio Pérez murió en realidad a consecuencia de las lesiones causadas por las acometidas de un macho cabrío de su propiedad.

La intención de la bandera, sin embargo, no cayó en saco roto, aunque hubo de esperar unos cuantos años para que un ilustre prócer pusiera los medios para ello, no cargando con el mástil y el paño por aquellas peligrosas aristas, sino proporcionando el dinero necesario para que otro lo hiciera en su lugar. No tiene nada de extraño, eran tiempos de redenciones y pagos en metálico a cambio de la muerte de otros, como sucedía con el servicio militar en las guerras de África.

El prócer en cuestión era Aurelio de Llano y Roza de Ampudia, que ostentaba entonces un cargo acorde a su apellido: delegado regio de Bellas Artes. Era ingeniero de Minas, profesión a la que se dedicaba realmente, pero también arqueólogo, historiador y folclorista; y autor además de una de las primeras guías turísticas de Asturias: *Bellezas de Asturias de oriente a occidente*. No era desconocedor, pues, de los Picos de Europa ni de sus peligrosos caminos, de cuyas angustias pasadas por ellos dejó constancia en el libro antes citado.

D. Aurelio de Llano —sentado y apoyado sobre la mesa a la izquierda del señor de barba blanca—, presidente de la Asociación de Capataces Facultativos de Minas, Hornos y Máquinas de Asturias, en un acto celebrado en Mieres en 1913. *Ingeniería* (Madrid), 10 de febrero de 1913.

Aurelio de Llano ofreció 200 pesetas de la época por afrontar el reto (desconozco si la cantidad cubría el valor del riesgo, un peón de minas cobraba en 1923 unas 4 o 4,5 pesetas diarias, para hacerse una idea). Y el hombre a quien hizo el encargo de transportar la bandera hasta la cumbre no era otro que Víctor Martínez Campillo. ¿Quién si no? Muerto «el Cainejo» 10 años antes, envejecido Pedro Pidal y lejos de España Gustavo Schulze, no quedaba nadie más que hubiera hollado con sus pies la mítica cima, ya no «cerrada al hombre», como la había definido Casiano de Prado (y en puridad, tampoco «al rebeco», pues, según escribiría Víctor Martínez más tarde, entre la grava de la cumbre había muchos huesos de los rebecos que llevaban allí las águilas para comérselos tranquilamente).

Son estos dos personajes quienes conseguirán el 22 de agosto de 1923 lo que los pioneros no lograron en 1905. En realidad lo consiguió Víctor Martínez, quien ascendió las paredes verticales del «Picu» con una vara de fresno de 3,5 metros de altura, pero fue Aurelio de Llano quien lo inmortalizó en su libro, donde transcribe el relato que le hace Víctor de la ascensión.

Pues bien, llegué a la canal de la Celada y comencé a trepar por el Naranjo; seguí el mismo camino que siguieron el señor Marqués y el Cainejo: Subí por la llambrialina, panza de burra, y hala, hala, iba poniendo el palo en las grietas y subiéndolo delante de mí; la bandera la llevaba envuelta en la cintura. Yo subo sin más ayuda que los pies y las manos.

Cuando iba unos cuatrocientos metros de altura, subiendo como sube una mosca por las paredes, noté que no tenía los nervios como cuando subí la primera vez. Entonces dije contra mí: es posible que no suba más al Naranjo; tengo seis hijos. ¿Por qué no quiso V. ir a verme trepar por el peñasco arriba?

Por fin me vi sobre la cumbre. Tardé poco más de una hora en subir. Descansé un rato y luego puse la bandera en el palo y lo sujeté derecha en una grieta. Eran las once de la mañana.

Bueno: pues la niebla tapaba la montaña; pero sobre el Naranjo hacía sol, su cumbre es casi plana y está cubierta de grava. No he podido medirla exactamente como V. me mandó; pero puede calcularse que tiene como unos setenta metros de lado.

Al descender me perdí; si subo otra vez, he de hacer señales sobre la roca por donde pase. ¿Desde dónde va V. a ver la bandera? ¡Allí está guapa de verdad! ¿Cuándo va V. a verla?[29].

En realidad, Aurelio de Llano vio ondear la bandera con sus prismáticos desde Camarmeña, a dónde llevó días después a otras personas para que comprobaran su existencia, y a cuyos efectos se levantó un acta.

… con el objeto de dar pública fe de que en la cima del Naranjo de Bulnes ondea la bandera española, puesta allí por Víctor Martínez, vecino de Camarmeña, el día 22 de agosto último, empresa que de hazaña puede calificarse, llevada a cabo por iniciativa y cooperación del delegado regio de Bellas Artes en la provincia de Oviedo, don Aurelio de Llano Roza de Ampudia.

«Hazaña» igual es una palabra de significado demasiado corto para esta historia. Víctor Martínez ascendió a la cumbre en poco más de una hora empleando la «sencilla» técnica de ir colocando el largo mástil en las repisas y fisuras superiores que se iba encontrando, para después subir a recogerlo y repetir de nuevo la operación. «Hazaña» es una palabra que pierde aquí toda su potente resonancia, al menos para los que amamos la montaña pero aborrecemos sus abismos. Por eso no podemos dejar de pensar como lo hace Francisco Ballesteros Villar, de cuyo libro *Las historias del Naranjo de Bulnes*, extraigo buena parte de estas informaciones.

---

[29] Aurelio de Llano Roza de Ampudia. *Bellezas de Asturias de oriente a occidente*, 1928.

Tarjeta postal de época. Ed. B. Porrero. Fototipia Castañeira, Álvarez y Lavenfeld. Madrid (*Muséu del Pueblu d'Asturies*).

> «… es absolutamente increíble imaginar los peligros añadidos que supone la subida porteando una rama rígida de esa longitud. Si cualquiera de los difíciles pasos que tuvieron que afrontar sus predecesores, y más si se realiza en solitario sin sujeción o seguro alguno, ¿cómo habría de ser además si se lleva un palo de esas características en una mano?[30].

La resistencia del mástil hizo honor a la gesta y todavía se conservaba cinco años después, inmortalizado en una fotografía realizada por el montañero Ignacio Corujo en la que aparece su compañero de subida Ricardo Urgoiti y el mismo Víctor Martínez como guía.

La segunda subida de Víctor Martínez puede decirse que puso el broche final al alpinismo incipiente, imberbe y romántico de los primeros años. Después vendrían las ascensiones cada vez más frecuentes y profesionalizadas, encabezadas al principio por el propio Víctor y después gran parte de ellas por sus hijos, especialmente Juan Tomás y Alfonso, aprovechando la vía que su padre abrió en la cara sur, más corta, rápida y sencilla que la de los pioneros.

Ya se sabe que lo épico tiende a hacerse legendario, y en este sentido se cuenta que la primera ascensión que hizo Alfonso la hizo a espaldas de su padre y asegurándose a sí mismo que daría la vuelta «en cuanto llegase a lo malo» y que lo malo nunca apareció (El concepto de «malo» en términos de montañismo es muy relativo, y su contrario mucho más aún, lo que debe ser tenido en cuenta por quienes, como yo, padecen de vértigo).

Al parecer no fue así como lo cuenta la leyenda, y su primera cumbre la hizo en realidad acompañado de su padre, según el propio Víctor Martínez contó a Julián Delgado Úbeda. No resta un ápice al valor extraordinario de Alfonso, el guía por excelencia del Naranjo, a cuya cima subió más de 250 veces a lo largo de su vida. Y como lo legendario también acostumbra a convertirse en épico, José Antonio Odriozola lo representa avezándose al vacío mientras corta leña de los árboles colgados sobre las paredes verticales de Camarmeña, luchando a brazo partido con los buitres que lo acosan, así literalmente. Por eso Alfonso Martínez es el último de los pioneros o quizá el primero de los mortales, no lo sé. Habrá que esperar 50 años para que las construcciones épicas de la segunda mitad del siglo XX se tornen legendarias.

Pero de lo que no cabe duda es que su padre, Víctor Martínez, es el último de los grandes, de los míticos, de los que su figura se funde aún entre la historia y la leyenda. Una difícil cumbre de 2.422 metros lleva hoy su apellido y el de sus hijos («La Aguja de los Martínez»), los cuales totalizarán cerca de trescientas ascen-

[30] Francisco Ballesteros Villar. *Las historias del Naranjo de Bulnes,* 2004.

José Ramón Lueje. Alfonso Martínez, hijo de Víctor Martínez, de Camarmeña, en la cumbre de La Párdida; al fondo, el Llambrión (*Muséu del Pueblu d'Asturies*).

siones al Naranjo de Bulnes, además de trazar la llamada «vía directa de los Martínez», una variante inferior al itinerario abierto por su padre, más segura, y que es la utilizada desde entonces por casi todos los que suben a la cima del Urriellu.

De lo aquí descrito puede desprenderse una idea de prosperidad de la que no gozó en absoluto (basta ver su casa en Camarmeña, donde una sencilla placa recuerda sólo a su hijo Alfonso) y una vida de reconocimientos que en realidad apenas percibió. Víctor Martínez vivió pobre como casi todos en la «Mala Tierra», aunque los esporádicos ingresos de su labor como guía algo aliviarían la economía familiar, integrada por no menos de 11 hijos, uno de los cuales falleció despeñado intentando recuperar unas cabras que no eran suyas.

Cuando Víctor Martínez murió a los 48 años de edad el 23 de enero de 1930, Ignacio Corujo López Villamil, destacado montañero de la Real Sociedad Española de Alpinismo Peñalara y autor de la fotografía que le muestra junto al mástil de fresno en la cumbre del Urriellu, publicó un artículo necrológico que termina de la siguiente manera:

> ¡!Pobre Víctor¡! Ha muerto en su cabaña de Camarmeña, contemplando a través de un mísero ventanuco, allá lejos, al final de la pavorosa canal de Camburero, la esbelta silueta del picacho de sus amores, tocado ya con la albura de las primeras nieves.

Descanse en paz el buen amigo y el mejor trepador de aquel país
donde los hombres despeñan a los rebecos[31].

Quien haya visto la casa de Víctor en Camarmeña y su mísero ventanuco comprenderá en seguida la extraña —y quizá por eso fascinante para mí— discordancia entre la grandeza y la miseria, mi admiración por un aldeano eterno de valor y coraje extraordinario; un hombre que me conmueve profundamente más
que ningún otro de vida tan ajustada como la suya, quizá también por estas palabras que un día él le escribió a Julián Delgado Úbeda:

He tenido miedo al empezar la escalada, no sé qué me pasó, llevaba
los prismáticos, el buzón y la cuerda un poco larga, los hijos que tengo,
10, un pobre con salud y poco dinero[32].

Quizá porque eso lo convierte, para mí, en el más mortal entre los inmortales.

2. La bandera que no pudo ser (La muerte de Luis Martínez «el Cuco»)

Desde el punto donde empieza el segundo largo, antes de realizar la
travesía oblicua para la derecha, Víctor divisó un cuerpo en el fondo del
jou. Descendieron y se encontraron con un cadáver en incipiente estado de descomposición y con la cabeza destrozada. «Estaba tumbado boca arriba con las piernas un poco encogidas, y no llevaba calcetines ni alpargatas». Cerca había un hilo de gran longitud y un gran paño rojo con
una anilla[33].

Lo más seguro es que el nombre de Luis Agustín Martínez González no le diga nada. Incluso aunque usted fuese amante del alpinismo y, más concretamente,
de los Picos de Europa. Aparece en una placa inserta en el muro del cementerio
de Bulnes, donde está enterrado, lo cual ya dice a las claras que su consideración
social no es gloriosa precisamente.
Había nacido en Luanco en 1901, donde su padre era carabinero (antigua po-
licía fiscal de aduanas) pero residió después en Oviedo, donde poco a poco se fue
abriendo camino como escultor. Gran amante de la naturaleza y del deporte (practicaba el fútbol, el boxeo, la gimnasia y la caza), formó parte del recién nacido movimiento «Scout» en Oviedo.

---

[31] Ignacio Corujo López Villamil. *Club alpino español*, Anuario 1929-1930.
[32] Isidoro Rodríguez Cubillas. *Naranjo de Bulnes. Un siglo de escaladas*, 2000.
[33] Francisco Ballesteros Villar. *La vía Pidal del Naranjo de Bulnes*, 2008.

Se supone que por esta razón, o por una conjunción de todas ellas, se propuso subir el Naranjo de Bulnes en solitario, con el fin añadido, además, de medir su altura con un hilo de bramante y poner en su cima una bandera roja… O al menos eso se supone.

El relato de su itinerario es confuso, al igual que sus motivaciones. Es seguro que durmió en una cuadra junto al cementerio de Bulnes, donde sostiene una conversación con una niña llamada Guillermina Mier, que se fija en un pañuelo rojo que lleva anudado en torno al cuello. Sube por la canal de Valcosín, llega al Jou Bajo y asciende la empinada canal de Camburero hasta llegar a la majada del mismo nombre, donde se detiene en el refugio que allí existe. Construido en 1923 por un empresario cabraliego, aprovechando la fama que había adquirido el Naranjo, es el primero que se levanta en los Picos por motivos exclusivamente «montañeros». Se arruinaría poco después, pero para entonces estaba perfectamente acondicionado; daba comida y albergue y tenía hasta una bolera en el exterior. A pesar de que no pernocta, firma en el libro de

Luis Agustín Martínez González, «El Cuco». *Estampa* (Madrid), 3 de octubre de 1928.

registro de visitantes, equivocando al parecer la fecha y poniendo 1 de agosto en vez de 1 de septiembre de 1928, y deja una nota indicando que si no regresa en ocho días se dé aviso a su familia.

Allí habla con Prudencia Mier, hermana de Guillermina, la niña pequeña con la que había departido en Bulnes, que cuida del ganado en la majada, y a la que, según Francisco Ballesteros Villar, «comunicó su intención de subir, colocar una bandera roja y medir el Naranjo con un bramante que llevaba».

Una bandera roja… En 1928, durante la dictadura de Primo de Rivera, no podía ser otra cosa que una bandera comunista. Algunos creen que esa fue una de las motivaciones que llevaron a Luis Agustín Martínez a intentar llegar a la cima del Urriellu. Ramón Sordo Sotres, en un artículo publicado en *La Nueva España* el 20 de junio de 2012, sugería que la prensa de la dictadura había ocultado lo de la bandera. Sin embargo, J. J. Mateos, en su página web *https://sites.google.com/si-*

te/filosofiaencandas, afirma que la ausencia de referencias en algunas publicaciones no parece que se debiera a motivaciones políticas sino más bien a las dificultades lógicas de obtener la información, pues la bandera se cita incluso en *La Estampa*, una revista semanal de carácter ligeramente monárquico, pero sin claros compromisos políticos.

> Luis Martínez no llevaba tarjeta. Llevaba una bandera roja. Era su única compañía…[34].

Tampoco la posteridad se molestó al parecer en ocultar lo de la bandera, pues J. J. Mateos incluso cita un artículo escrito en 1956 por José María Pellanes, periodista y montañero, publicado en el periódico *Voluntad*, autodefinido como «Diario de la Falange Española Tradicionalista y de las J.O.N.S.».

> Una ligera plomada y una bandera roja fueron los únicos accesorios que llevaba en tan importante ascensión, además de la cuerda de escalada[35].

J. J. Mateos, que no sé realmente por qué estudia este caso en un blog sobre filosofía, llegó a entrevistarse con Guillermina Mier —una de las últimas personas que lo vio con vida—, que sin embargo seguía afirmando rotundamente que Luis Martínez no le habló nada de una bandera roja y lo que sí llevaba era un pañuelo rojo anudado al cuello, a la manera de los *Boy scouts*.

Así que no sabemos si Luis Martínez llevaba o no con seguridad una bandera roja y si esta era la bandera comunista. No lo sabremos nunca, probablemente.

Como tampoco sabemos qué fue lo que le sucedió después de dejar atrás el refugio de Camburero. Se supone que cruzaría el Jou Lluengu y llegaría a la Vega de Urriellu, donde encararía la canal de la Celada para acceder a la base del pico, vivaqueando probablemente en un refugio de piedra acondicionado junto al collado superior de la canal.

La prensa de la época proporcionó la errónea información de que había realizado en él una inscripción, que Francisco Ballesteros sin embargo localizó en la canal de Balcosín, donde seguramente había parado a descansar, aprovechando para grabar en una piedra su nombre, una estrella polar y el lema «La estrella Polar siempre adelante», significación vinculada a los *Boy scouts*.

La implacable erosión borró finalmente esta inscripción, que fue vista durante muchos años por los vecinos de Bulnes. Pero sin embargo no pudo borrar su

---

[34] J. J. Mateos. *www.sites.google.com/site/filosofiaencandas*
[35] Ídem.

memoria, escrita en un pequeño papel que dejó en el improvisado refugio junto con el morral, la gabardina y un hacha, antes de acometer la peligrosa subida.

He pasado muy mala noche a causa del frío pero mirando las estrellas.

Decididamente, Luis Martínez debía de ser un tipo fuera de lo común. Un joven de 28 años en una tierra áspera y abrupta como ninguna otra en la península ibérica, decidido a acometer la ascensión más peligrosa posible, en solitario y sin conocimiento de técnicas de escalada, por vías totalmente ignotas, pues nadie le habría podido informar de las tres emprendidas por entonces (la norte del Cainejo y Pidal, la noreste de Schulze y la sur de Víctor Martínez), sin apoyo ni auxilio alguno ni posibilidad de obtenerlo, consciente del riesgo serio de perder la vida en un desafío innecesario y pueril salvo para uno mismo… Y escribe en un papel algo tan sencillo y parvo de solemnidad, pero a la vez tan lleno de poesía…; un contraste emocional tan grande como la piedra fría que lo envuelve y la calurosa gloria que le espera; el pequeño espacio que existe entre la vida con que fue escrito y la muerte con que fue hallado.

La última escalada al Naranjo de Bulnes que hizo como guía Víctor Martínez tuvo lugar el 9 de septiembre de 1928, acompañando a un cliente con el que pretendía subir por la «vía Pidal». Al llegar al collado superior de la canal de la Celada encontraron las pertenencias que Luis Agustín Martínez había dejado en su improvisado refugio. Llamaron a voces por si su propietario estaba cerca y, al no obtener respuesta, comenzaron a subir. Al coger altura fue cuando vieron el cadáver en el fondo del «Jou tras el Picu», con la cabeza destrozada por el golpe.

Víctor Martínez dedujo enseguida que el accidente se había producido al intentar escalar por un techo superior, situado a la izquierda de la vía que él había abierto, despeñándose en el intento. Sin embargo, según cuenta Francisco Ballesteros Villar en su libro *La vía Pidal del Naranjo de Bulnes,* su primo Manuel Martínez Campillo, a quien conoceremos más adelante, sostuvo que «el

Placa en el cementerio de Bulnes recordando a Luis Martínez. Fotografía del autor.

Cuco» había caído desde la cumbre, creando así una controversia que disgustó a Víctor hasta el punto de que, a pesar de sus reticencias hacia una escalada que cada vez percibía más peligrosa, volvió a subir por la «vía Pidal» en busca de alguna prueba que confirmara la hipótesis de la cumbre alcanzada. Prueba que al parecer no encontró. A este respecto escribió una carta a Ricardo Urgoiti (con quien aparece en la foto del mástil de fresno en la cumbre, realizada el 24 de julio de ese mismo año):

> He subido por la cuerda que dejó el marqués, por si el cuco había dejado señales porque desmienten a uno, y no ha subido. Diga que no subió[36].

Pobre Luis Martínez, a quien el destino le hurtó la gloria de convertirse en la quinta persona en escalar el Naranjo de Bulnes en solitario; hoy sólo es una placa en el humilde cementerio de Bulnes, pero al menos una presencia indiscutible en toda historia del alpinismo español que se precie; al fin y al cabo, el primer cadáver escupido por el Naranjo, dudoso panteón al que desgraciadamente se incorporaron después otros. Pero él lo hizo con unas palabras desprovistas de toda gloria, desnudas de artificio y cargadas de sencillez; tan repetidas aquí por expresar mejor que ninguna otra la inquietud que acompaña siempre a la emoción de los grandes retos.

> He pasado muy mala noche a causa del frío, pero mirando las estrellas.

Luis Martínez «el Cuco» merece sin duda la inmortalidad que trató de borrarle el viento.

3. Una bandera hecha por mujeres (O la bandera republicana que más alto llegó)

La bandera que Pedro Pidal y el Cainejo hubieran querido poner en la cima del Naranjo y la que Víctor Martínez hizo flamear en 1923 atada a un sencillo mástil de madera era la bandera rojigualda de la Restauración borbónica, como no podía ser de otra manera. Después, los vientos de la historia cambiaron, y el 14 de abril de 1931 un nuevo régimen se impuso en España y con él una nueva bandera. Y acorde con ella llegaron también nuevos tiempos y una, callada aún, pero ligeramente audible, mayor presencia femenina en la sociedad.

---

[36] Francisco Ballesteros Villar. *La vía Pidal del Naranjo de Bulnes*, 2008.

El Naranjo no fue una excepción. Por eso no es raro que la primera persona que colocase una bandera republicana en su cima fuese también la primera mujer en alcanzarla.

Pero en esta pequeña historia hay también otras mujeres y una sencilla metáfora de nuestro siglo XX, además de un origen común que no por casualidad tiene que ver con Gregorio Pérez Demaría, el primer hombre —o segundo, eso no importa ahora— en hollar con sus pies la cima del Naranjo. Pues nietas suyas fueron también las dos primeras mujeres en hacerlo: María Isabel Pérez y Teófila Gao, a la edad de 18 y 15 años respectivamente. Parece ser que ambas primas habían pactado subir juntas a la cima del Naranjo, pero la irrupción de una mujer no menos extraordinaria que ellas motivó que María Isabel se adelantara. Es de suponer, como se ha escrito, que para disgusto de Teófila.

Si preguntamos a alguien medianamente informado en el deporte y aún en la vida si conoce alguna mujer deportista española anterior a los años 80 del pasado siglo, le dirá, en el mejor de los casos, un sólo nombre: Lilí Álvarez, tres veces finalista del torneo de tenis de Wimbledon. Pero no es esta la mujer que aceleró la ascensión de María Isabel hacia la cumbre; sólo es una digresión para presentar a Margot Moles Piña, considerada la atleta más completa del siglo XX español (fue campeona de España en cuatro disciplinas tan distintas como el atletismo, el hockey, la natación y el esquí). Esta mujer practicaba también el montañismo, razón por la cual se planteó escalar el Naranjo de Bulnes y ser la primera mujer en hacerlo. La noticia de esta intención fue divulgada por la prensa y llegó a oídos de María Isabel, nieta del «Cainejo», que no podía permitir que esto sucediera, teórica razón por la que adelantó su ascensión a la cumbre y rompió el pacto que tenía con su prima Teófila para subir juntas.

Como testimonio de su ascensión, ató una bandera republicana al mástil colocado por Víctor Martínez, impertérrita vara de madera tan dura y resistente a los elementos como tenaz por mantenerse en pie frente a ellos. Eran tiempos de efervescencia política y la colocación de la bandera republicana fue muy comentada en la prensa de entonces.

Su prima Teófila Gao subiría sólo 6 días después; tenía 15 años y la acompañaba, entre otros, su padre, Domingo Gao Sadia, de cuyo triste final hablaremos más adelante. Subieron y bajaron por la cara sur, en alpargatas y sin cuerdas. Estoy seguro de que si hubiera tenido que llevar un cesto de ropa en la cabeza a la manera de las mujeres de entonces lo hubiera hecho sin mayores problemas.

Margot Moles Piña, incluida aquí como elemento acelerador de la empresa que se narra y contraste entre mujeres muy distintas en la cuna —su padre era ministro de la Gobernación en la fecha del alzamiento— pero iguales en su condición, pasó al ostracismo después de la Guerra Civil. El nuevo régimen se encargó de borrar sus logros, como de dar muerte a su marido, Manuel Pina Picazo, campeón de España de esquí y miembro del Club Alpino Peñalara, fusilado en 1942 por su participación en el bando republicano. Ella murió en Madrid el 19 de agosto de 1987, olvidada por todos los que se sabrían de memoria el equipo titular del Valencia CF, campeón de la segunda división de fútbol de aquel año.

La otra protagonista, Teófila Gao Pérez, murió el 24 de julio de 2016 en Benalmádena, a los 96 años de edad, en el tiempo en que yo escribía este libro, cuando todavía podía imaginármela cargando con una bolsa de la compra y parándose a charlar con una vecina: «Buenos días, Teófila, cómo va todo, qué tal sus nietos», «pues ya ve, aquí andamos, tirando… A ver si hago la comida» y cosas de ese estilo; desconocida del mundo, pequeña mujer hecha de la misma pasta que una madera de fresno impertérrita, tenaz y desapercibida, la última entre el escasísimo grupo de mujeres —contadas literalmente con los dedos de una mano— que alguna vez escaló, en alpargatas y sin cuerdas, una de las cumbres más peligrosas y difíciles de toda Europa.

Capítulo IV

EL ESÓFAGO DE LA MONTAÑA

1. Águilas trepadoras, hombres despeñados

El 8 de agosto de 1928, Manuel Martínez Campillo, vecino de Bulnes, inicia la escalada del Naranjo por el mismo itinerario que había intentado Gustavo Schulze y en el cual había tenido que abandonar al llegar a un extraplomo infranqueable. Sin embargo, el de Bulnes no se amedrenta y al llegar al saliente de roca emprende una travesía horizontal muy expuesta, que le lleva a entroncar con el itinerario que normalmente utiliza en sus ascensiones su primo Víctor, alcanzando ya entonces la cima sin novedad. De esta forma Manuel Martínez abre la que será la cuarta vía de ascensión al Naranjo de Bulnes, llamada «vía del paso horizontal», y consigue así el objetivo que se había propuesto de que por fin un vecino de Bulnes pisara la cumbre del Pico que lleva su nombre. Entendiendo, claro está, que a su primo Víctor, aun habiendo nacido en Bulnes, se lo consideraba de Camarmeña por haberse casado y residir allí. Cosas del localismo patrio.

Lo cierto es que para amargura de Manuel nadie lo creyó, por lo que, herido en su orgullo, subió de nuevo ese mismo día por la tarde, esta vez en compañía de otro Manuel, de apellido Mier Campillo. Y como prueba irrefutable de su logro, bajaron el libro de cumbres que los miembros del club montañero Peñalara habían depositado en la cima para que sirviera de testigo y acta de las ascensiones, venciendo de esta forma el escepticismo de sus vecinos. A la mañana siguiente, Manuel Martínez Campillo subió de nuevo al Naranjo a depositar el libro de cumbres, logrando así tres ascensiones en apenas dos días, no sin antes escribir en él unas palabras legendarias:

> Sin ayuda de cuerda, para que no digan que Bulnes no da Águilas trepadoras. Al llegar a la cumbre hemos sentido una alegría como si hubiéramos tenido en las manos el premio mayor de Navidad[37].

La habilidad trepadora de los de Bulnes quedaba bien a salvo, aunque no creo que hubiese de ser demostrada; todos en la «Mala Tierra» nacían con pezuñas de rebeco, lo cual no quitaba que se produjeran con frecuencia despeñamientos mortales, como dejó registrado Casiano de Prado.

---

[37] Isidoro Rodríguez Cubillas. *Naranjo de Bulnes. Un siglo de escaladas*, 2000.

Los lobos mismos miran con respeto aquellos pasos y no se aventuran á salvarlos, según ya dije: no es preciso más para venir en conocimiento de lo que pueden ser. El ganado lo salva, porque se halla enseñado, porque se le obliga á ello si es preciso. Como las yerbas por otra parte, cuanto á mayor altura vegetan son más sabrosas, tiene que trepar de continuo por aquellos derrocaderos para buscarlas, adquiriendo así toda la destreza que pudiera necesitar. Sin embargo, con bastante frecuencia se despeñan los pobres animales, sobre todo, las vacas. A los hombres les sucede otro tanto, y se cuentan allí las catástrofes más lastimosas. Ocupándose mucho en la caza de rebecos, discurren por las peñas con la mayor agilidad y confianza, pero esa confianza es la que los pierde. Por eso siempre se ha dicho que, «el mejor nadador es del agua», refrán que por aquellos pueblos se halla sustituido con este otro más tristemente espresivo [*sic*]: «los de Caín no mueren sino se despeñan»[38].

«Los de Caín no mueren sino se despeñan».

Si fuera profesor de gramática utilizaría esta frase para hacer comprender a mis alumnos la diferencia entre la conjunción adversativa «sino» y la conjunción «si», más el adverbio negativo «no», confusión por otra parte bastante frecuente. Como no lo soy, acudo a ella para ilustrar de la manera más rica y expresiva posible la compleja y difícil relación entre el hombre (cainejo, bulniego, no importa la patria) y la naturaleza hostil que lo rodea.

Casiano de Prado, hombre ilustrado donde los hubiera, quizá no escribió conforme a las reglas de la gramática moderna y sí a las de su tiempo, pero lo cierto es que, a nuestros ojos, o le falta una coma o le sobra una conjunción. Probablemente sólo pretendía una alternativa posible: escribir que «los cainejos no mueren, sino [que] se despeñan», dando a entender, con exageración harto expresiva, que la topografía criminal donde desarrollaban sus vidas aquellas gentes nada más permitía una única forma posible de extinción: el despeñamiento. O quizá quería dar a entender algo más evocador y poético, una forma de sugerir una suerte de inmortalidad que sólo puede ser quebrada por la verticalidad de la peña (en otra exageración igualmente hermosa por elocuente): «los cainejos no mueren (*sino*) [a no ser que] se despeñen». Si uno es capaz de obviar por un momento las leyes de la biología no me negará que es mucho más hermosa y sugerente esta segunda alternativa. La gramática puesta al servicio de la especulación literaria: he ahí el oficio de escritor.

En cualquier caso no es descabellada esta segunda interpretación, pues al menos uno de entre los hijos de Caín alcanzó la inmortalidad de la que a menudo ha-

---

[38] Casiano de Prado y Vallo. *Valdeón, Caín y la Canal de Trea*; *Altura de los Picos de Europa*, 1985.

bla este libro, si es que alcanzar la inmortalidad consiste en que alguien como yo, varón blanco de 45 años, hipoteca, esposa, tres hijos y apenas tiempo libre, dedique el poco que le queda a escribir sobre alguien pasados 100 años después de su muerte. Si es así, Gregorio Pérez Demaría, admirado por todos aquellos que aman la etnografía, la montaña, y los Picos de Europa, consiguió hacer verdad la oración ambigua de Casiano de Prado y alcanzó de lleno, si no la eternidad imborrable para unos pocos, el raro privilegio de encarnar el gentilicio de todo un pueblo. Porque, en realidad, Gregorio no era llamado por ninguno de sus convecinos «el Cainejo», pues cainejos eran todos ellos, como es natural. A Gregorio Pérez le llamaban en realidad, según Fontan de Negrin, «el Atrevido», que puesto así por los mismos vecinos de Caín provoca escalofrío. Basta para entenderlo con leer este pequeño párrafo de Aurelio de Llano, que sufrió en su propia carne los caminos y senderos que los cainejos debían seguir a diario en sus afanes y trabajos.

En las paredes del Naranjo (*Sur les flancs du Naranjo*). El escalador que aparece en la imagen es probablemente El Cainejo. Imagen extraída del libro *Les Pics d'Europe. Le Naranjo de Bulnes*, obra de Pedro Pidal traducida al francés por el propio Fontan de Négrin, año 1906. Cliché de Fontan de Négrin.

Salimos de este sendero para entrar en otro peor: en las malditas graveras; sus pedruscos deslizantes bajo nuestros pies llevándonos hacia el río, que ruge en el fondo del abismo y se encarga de arrastrar hasta Arenas a los «cainejos» que se despeñan por aquí con bastante frecuencia.

El guía Lorenzo, que tiene cuarenta y tres años, ha conocido, sólo de Caín, catorce despeñados: él mismo perdió en tres meses a su madre y dos tíos, y conserva en la parte alta del frontal una enorme cicatriz, causada por una de sus temeridades en aquellas rocas que tanto quiere…[39].

La leyenda de los hijos de Caín, en este sentido, es extensa, favorecida por el más famoso de entre todos ellos. Y de sus habitantes, junto con los de Bulnes y Camarmeña, es de donde más información podemos extraer siguiendo a los «clá-

[39] Aurelio de Llano Roza de Ampudia. *Bellezas de Asturias de oriente a occidente*, 1928.

sicos», pero está claro que en todos los demás pueblos de los Picos, y aun en cualquier otro de la geografía española que se halle cobijado entre paredes verticales de piedra, sus vecinos han sabido acostumbrarse a los malos pasos, a los abismos y al vértigo. De hecho, los primeros guías que acompañaron a Casiano de Prado, a Saint-Saud y a otros exploradores foráneos no eran de Caín, de Bulnes o de Camarmeña, sino de Santa Marina de Valdeón (Eusebio Díez), de Sotres (Severino López) o de Espinama (Juan Suárez). Pero es evidente que por su ubicación en el eje axial del Macizo central, con sus desniveles bestiales, sus abismos profundos y sus canales de nieve asesina, son los tres pueblos que más han llamado la atención por su habilidad para desempeñarse en la «Mala Tierra». Y también para perder la vida en ella.

Sólo de entre la propia familia del más famoso de los cainejos, Gregorio Pérez, se cuentan 5 miembros: uno de sus hijos, dos de sus nietos, una nuera y uno de sus yernos; todos ellos despeñados por una u otra razón. Otro de sus hijos murió también en el corazón de la Peña, pero no a causa de su relieve, como se suele escribir, sino por el mayor enemigo de la especie humana, habite esta en la montaña o en el llano. En el invierno de 1937, en plena Guerra Civil, después de una dura jornada en la que había ido y regresado de Poncebos por el peligrosísimo sendero abierto en la garganta del Cares por la Electra de Viesgo —anterior a la hoy cómoda pista que transcurre paralela al canal—, al llegar a Caín fue obligado por un soldado republicano a subir pertrechos a los que estaban fortificando las alturas; pero fuera a causa del cansancio, de la edad o de las bajas temperaturas, se derrumbó agotado al llegar al Jou Santu. Allí mismo, sin que el mismo topónimo llevara a piedad, un miliciano le descerrajó un tiro en la cabeza.

Su esposa lo sobrevivió 29 años, pero no pudo finalmente escapar a la maldición de la montaña, despeñándose mientras trataba de coger tila en la canal de Trea. Una causa de muerte, esta de la recogida de la tila, muy frecuente en su tiempo debido a que los tilos muchas veces nacen sobre paredes verticales y su flor daba buenos dividendos en aquellos magros tiempos. Felipe Portolá Puyols, que escribió una *Topografía médica del concejo de Ponga* en 1915, lo describió para aquellas abruptas montañas de igual modo que podría haberlo hecho para las fronterizas de los Picos de Europa.

> De tila se exportan también todos los años algunos centenares de arrobas, porque hay muchos tilos en los montes, y por lo general en sitios escabrosos, lo que da lugar á que ocurra alguna desgracia á los que se dedican á recolectarla[40].

---

[40] Felipe Portolá Puyols. *Topografía médica del concejo de Ponga*, 1915.

José Ramón Lueje Sánchez. Pueblo de Caín. Mayo de 1950 (*Muséu del Pueblu d'Asturies*).

Siguiendo con los hombres despeñados, Agustín, el cuarto hijo del «Cainejo», moriría así en 1934 tratando de sacar una cabra del lugar en el que se había enriscado. No es nada infrecuente que las cabras, andando por las peñas en busca de alimento, lleguen a un punto del que no son capaces de salir. Y si las cabras, animales adaptados por excelencia a las alturas y a las paredes verticales, no son capaces de liberarse por sí solas, no cuesta mucho esfuerzo imaginar cómo será de inverosímil el lugar donde se han «atascado». Agustín trató de ayudarla y acabó precipitándose al Cares. Y es curioso, porque a menudo se habla de la posibilidad de que se produzcan muertes causadas por carnívoros salvajes como los osos o los lobos, sin tener en cuenta que la especie que, con gran diferencia, más muertes ha causado en la montaña es, sin duda, la cabra, seguida a bastante distancia por la vaca. Y es que no son pocos los pastores que han muerto despeñados intentando sacar al ganado caprino de los arriesgados lugares en los que se enriscan (y aún mueren, pues mientras escribía este libro, entre finales de 2016 y primeros de 2017 dos cabreros murieron todavía por esta causa); por no citar las patadas o las embestidas del ganado vacuno, que, aún hoy —y solo en Asturias— se llevan por delante uno o dos ganaderos cada cierto tiempo. El mismo Gregorio Pérez murió por las que le ocasionó un macho cabrío de su propiedad, nueve años después de su mítica ascensión.

Lo cierto es que la cabra causante de la muerte de Agustín, leemos en el extraordinario libro *Las historias del Naranjo de Bulnes*, de Francisco Ballesteros Villar, de donde obtengo muchas de estas informaciones, pudo salir finalmente del atolladero donde se había enriscado y sobrevivir a la muerte de su dueño; no sabemos por cuánto tiempo, pues según parece, las cabras —como sucede con otras especies—, no aprenden mucho de sus errores.

La muerte de Agustín, por esas extrañas conexiones que sólo se dan en el ojo de quien las escruta, desencadenó el conflicto que provocó el final de Pedro Pidal como presidente-comisario de Parques Nacionales, debido a las discrepancias entre este y la Junta de Parques acerca del nombramiento del nuevo guarda forestal que debería sustituir al fallecido Agustín, que había heredado de su padre el puesto. Pedro Pidal nombró a la sazón a Domingo Gao Sadia, casado con una hija del «Cainejo», pero la Junta de Parques Nacionales anularía posteriormente este nombramiento por no ser de la competencia del presidente-comisario el otorgarlo. El conflicto entre ambos órganos, enmarcado en un contexto de diferentes sensibilidades políticas y personales, finalizaría en 1935 con el cese del marqués.

Con la pérdida de su puesto de trabajo como guarda del Parque Nacional, donde se había distinguido por su valor y arrojo, Domingo Gao Sadia entró a trabajar en las obras de construcción del canal del Cares. Una infección en una herida de la mano provocada por el uso de la maza se le extendió después a todo el

José Ramón Lueje Sánchez. Unas cabras sobre la senda del Cares (*Muséu del Pueblu d'Asturies*).

brazo, por lo que tuvo que ser amputado, circunstancia que no le ayudó sin duda cuando el 29 de diciembre de 1955, al pasar con su ganado por un lugar arriesgado, resbaló y se precipitó al vacío. La maldición de la peña se cebó con su linaje: su padre y un hermano habían muerto también despeñados, y dos de sus hijos lo harían después, tratando en ambos casos de rescatar cabras enriscadas.

El hombre al que la Junta de Parques Nacionales nombró finalmente para el puesto de guarda del Parque en representación de Caín se llamaba Bonifacio Sadia, cuyo sobrenombre no puede ser más revelador de sus aptitudes: «el Demonio —otros dicen Diablo— de la Peña».Y como no podía ser menos en esta historia (y en una aldea tan pequeña como Caín, todo hay que decirlo), dos de los tres protagonistas de este conflicto llevaron a cabo una hazaña memorable digna de formar parte de un capítulo anterior («La gesta de los audaces») y no de este, si no fuera porque he decidido unirlos más por la muerte que por la leyenda, que por ambas cosas al fin y al cabo serán recordados.

Así, el 26 de septiembre de 1926, Agustín Pérez, hijo del Cainejo, y Bonifacio Sadia, «el Demonio de la Peña», ascendieron a la cumbre del Naranjo de Bulnes en un tiempo extraordinario de 12 minutos, registrados y cronometrados por trabajadores de la Electra de Viesgo, constructora del canal del Cares, que se encontraban como testigos. No obstante, la hazaña fue muy discutida, como se pueden imaginar, y cuando el 24 de julio de 1928 Ignacio Corujo y Ricardo Urgoiti (los de la fotografía de la bandera colocada por Víctor Martínez, ¿recuerdan?) alcanzaron la cima del Urriellu, escribieron en el libro de cumbres, con evidente sorna, lo siguiente:

> Hemos subido en compañía del bravo Víctor, lo único que no hemos encontrado es el ascensor que debieron utilizar los que subieron en 12 minutos, ¿no se les pararía el reloj?[41].

La familia del otro grande del Urriellu, Víctor Martínez, tampoco escapó al esófago de la montaña. Uno de sus 11 hijos moriría a causa de un alud en las Traviesas de Ostón, en este caso tratando de recuperar unas cabras ajenas. Y uno de sus sobrinos moriría despeñado en Las Salidas de Bulnes, en el sendero que comunica la aldea con Poncebos por la canal del Tejo.

Peor aún fue la suerte de Inocencio Mier, a quien el marqués de Villaviciosa mandó venir a reunirse con él en Camburero con el fin de acometer la histórica ascensión al Urriellu, y cuyo aviso le llegó demasiado tarde, perdiendo así la inmortalidad ganada por aquella cordada de la que estaba llamado a formar parte. De la amargura que al parecer le produjo aquella oportunidad perdida no pudo librarse hasta encontrar la muerte en compañía de su hija, arrastrados ambos por un alud de nieve en la garganta del Cares. Que no puede haber nada más horrible en la «Mala Tierra» que un padre y una hija caídos bajo la misma muerte.

O sí.

En 1951, cuando arrancaba el proceso inexorable del abandono de las comunidades rurales hacia las minas y la industria del centro de Asturias, se produjo un accidente fatal no en los Picos de Europa, gran protagonista de este libro, sino en otro macizo muy semejante a él, hasta el punto de que parece una pequeña réplica, y que constituye el segundo mayor grupo de alturas de la cordillera Cantábrica: el macizo de Peña Ubiña.

Allí nacen las fuentes del río Huerna, que en su descenso se encajona y deja a la derecha una ladera de fuerte desnivel poblada de prados, bosques de hayas, camperas inclinadas y finalmente una pequeña sucesión de crestas calizas (La Tesa, La Mesa y La Almagrera) que la separan de los vastos pastizales del puerto de La Bachota. Para acceder a estos riquísimos pastos, los ganaderos de Riospaso subían por alguna de las canales abiertas entre las crestas citadas, estrechas y muy inclinadas, algunas verdaderamente peligrosas, como la del Seltu (¡llamado así porque hay que dar un salto sobre el vacío para superar un paso aéreo!).

---

[41] Isidoro Rodríguez Cubillas. *Naranjo de Bulnes. Un siglo de escaladas*, 2000.

Una tarde de julio de 1951, decíamos, un joven pastor llamado Juanito Delgado, que estaba con su tía en una majada del Puerto, salió a «tornar» unas cabras (evitar que entren a donde no deben) al ver que se presentaba la niebla, y ya no volvió más. Su tía bajó al pueblo, alarmada por su ausencia, y en seguida parientes y vecinos organizaron una búsqueda por las canales más peligrosas que dan al norte, sin encontrarlo. Su hermano «Milio», que tenía 18 años por entonces, y de quien un día obtuve esta información, reconoció todas y cada una de aquellas canales buscando lo que ya sólo esperaba un pequeño cadáver, a veces descolgándose por ellas atado con una cuerda, sin conseguir ningún resultado.

Pasaron los meses. Veinticinco, concretamente. Dos años y un mes sin encontrar un solo rastro de Juanito Delgado. Y eso que entonces no era como hoy; centenares de personas transitaban por aquellos montes y caminos, cuando Riospaso, por ejemplo, tenía 200 habitantes y no 20 como tiene ahora.

Pero el 28 agosto de 1953 un vaquero que transitaba con su ganado por la zona alta del monte, bajo las crestas calizas que coronan el valle, se encontró con una calavera en el suelo. Era de pequeño tamaño y el hombre comprendió en seguida. Avisó a la familia de Juanito, y su hermano Milio resolvió trepar ladera arriba desde el mismo punto donde estaba la calavera, acompañado por un primo. Ascendieron por aquellas laderas herbosas con los pies descalzos, para no resbalar debido a su inclinación, encontrando lo que buscaban en una especie de pequeña hondonada: los huesos y lo que quedaba de sus ropas. Estaba al final de una de las canales que dos años antes Milio había reconocido, pero un poco apartado de ella, lo justo para ocultarlo a la vista.

Su hermano suponía que se había desorientado por la niebla, no pudo volver a la cabaña donde estaba su tía y se dirigió hacia el «Sendón», el peligroso —aunque frecuentado— sendero que conducía hacia el pueblo. No lo encontró y se precipitó por una canal estrecha que termina en un embudo. Al llegar al final debió pegar un salto y el cuerpo quedó recogido en una pequeña hondonada, separado de la canal. Con el paso del tiempo, la calavera se desprendió del cuerpo y se precipitó ladera abajo hasta el suelo, donde fue encontrada por el pastor.

Milio y su primo recogieron los huesos y lo que quedaba de la ropa, hicieron un hato y lo bajaron al pueblo. Avisada la Guardia Civil, les ordenaron que lo depositaran de nuevo en el sitio donde lo habían encontrado, para hacer una inspección sobre el terreno. No se atrevieron a decir, o ellos no quisieron escuchar, que aquello era una temeridad absurda e innecesaria. Era la Guardia Civil y los años 50, así que Milio cargó de nuevo con los huesos de su hermano dispuesto a trepar otra vez y dejarlos en el cuenco natural donde los había encontrado. Un anciano vaquero que lo encontró mientras subía, informado de lo que iba a hacer, lo detuvo y le conminó a que no lo hiciera: ju-

Peña Ubiña cubierta de niebla. Licencia Wikimedia Commons.

garse la vida de nuevo tan inútilmente era una estupidez. No lo hizo, y cuando los guardias civiles llevaban recorrido medio camino concedieron que, efectivamente, aquello estaba muy malo de andar y que podían bajar de nuevo aquellos huesos y enterrarlos.

La vida de los niños en aquel tiempo, cuando desde muy pequeños ya pasaban sus días en los puertos y majadas, o cuidaban del ganado menor en los turnos de la vecería, es una vida desconocida y más ajena a los niños de hoy que el universo «Star Wars» podría serlo para nuestros abuelos. Afortunadamente ellos viven una España diferente y su inconsciencia los protege de ponerse en el lugar de llorar una muerte tan temprana, pero cuando Emilio Delgado nos desgranaba esta historia a mí y a mi compañero, hubo un momento en que le rogamos que se detuviese. Con hijos pequeños ambos, no resultaba difícil imaginarlos desorientados entre la niebla, tal vez llamando a voces una ayuda sin respuesta, bajando por inclinadas laderas de hierba resbaladiza, visiblemente ya inquietos, con las delgadas piernas enflaquecidas e inseguras, a punto de ocupar antes de tiempo el lugar reservado para los hombres despeñados.

2. Cruz de caminos

> Sepa Dios de qué desgracias son recuerdo aquellas crucecitas de ma-
> dera (dos o tres) que en la parte superior del camino [a Sotres] se levan-
> tan clavadas entre peñascos. Cuando nosotros las vimos, todas ellas esta-
> ban coronadas por ramitos de siemprevivas: que el corazón es siempre
> amoroso y tierno aún hecho a vivir en tierra áspera y fragosa[42].

Como se puede comprobar, la costumbre tan frecuente en nuestros tiempos
de colocar un ramo de flores, o una cruz de madera, en cada tramo de carretera
donde ha perdido la vida algún conductor parece que no es reciente. Alexander
Jardine, cónsul inglés que visitó Asturias procedente de Galicia en los primeros
meses de 1779, mortificado por el miedo a los precipicios y por la curiosa costumbre de señalar los despeñamientos, dejó escrito lo siguiente:

> … siguiendo con frecuencia la costa por estrechos senderos, al borde
> de espantosos precipicios y con el horror de encontrarse rotulados los sitios
> […] donde hombres, mulas y demás se habían despeñado, destrozándose en
> pedazos antes de alcanzar el lejano océano que se extendía al fondo…[43].

Y es que los caminos eran malos no, peores. Con carácter general en toda España, pero debía de serlo en particular a lo largo de todo el Norte cantábrico, no
ya sólo en el interior abrupto y montañoso, sino en la misma plataforma costera,
hendida de sur a norte por pequeños ríos y arroyos que obligaban a subir y bajar
continuas vaguadas con sus correspondientes precipicios.

Los autores de los que hace gala este libro, y muchos otros más, nos legaron numerosos testimonios de cómo de peligrosos debían ser los caminos de entonces. Uno
de los mejores escritores en lengua castellana, Benito Pérez Galdós (*Cuarenta leguas
por Cantabria*), creó para ellos una acertada imagen, potentemente expresiva, cuando
los recorrió en 1876, entregándome además con ella el título de este capítulo.

> Llaman a esto Gargantas; debiera llamársele el esófago de la Hermi-
> da, porque al pasarlo se siente uno tragado por la tierra. Es un paso es-
> trecho y tortuoso entre dos paredes, cuya alta cima no alcanza a percibir
> la vista. […] Allí el pánico que precede a los grandes desplomes es per-
> manente, y el viajero anda en perpetuo susto, viendo una cordillera sus-
> pendida sobre su cráneo.[44]

---

[42] La Voz de Liébana. *Liébana y los picos de Europa*, 1913.

[43] J. A. Mases. *Asturias vista por viajeros románticos extranjeros…*, 2001.

[44] Diane F. Urey. *La atracción del abismo en «Cuarenta leguas por Cantabria»*, 2016.

PICOS DE EUROPA.—GARGANTA DEL RÍO DEVA, QUE DA ENTRADA AL VALLE DE LIÉBANA,

DIBUJO DE ALCÁZAR.

Un coche de caballos atravesando el desfiladero de la Hermida. Dibujo de Alcázar. *La Ilustración Española y Americana*, 22 de agosto de 1911. Colección R. Villegas.

Beginning of ascent to Tresviso... (Comenzando el ascenso a Tresviso). Expedición de los viajeros Lewis Clapperton y Cecil Ogilvie, año 1894. Colección J. Antonio Torcida.

Aunque abundan más los textos referidos a los caminos de los Picos de Europa, basta echar un ojo a cualquier libro escrito por un viajero que hubiera cruzado esta arrugada tierra para que invariablemente aparezca una mención a sus endiablados pasos. Y a sus numerosas víctimas. Los accidentes de tráfico, entendido como el transporte de personas o mercancías a pie, caballo, mula, carro de bueyes o diligencia, que otro medio en general no había, ya eran en el pasado tan frecuentes y dramáticos como lo son ahora.

El propio conde de Saint-Saud, hombre avezado al vértigo y a los abismos, reflejó impresionado algunos de los más peligrosos caminos de la «Mala Tierra», como el de los «Tornos de Liordes», tallado en la roca para bajar el mineral de las minas de Liordes hasta Fuente Dé, donde hoy se levanta el teleférico que permite salvar la enorme brecha tajada por el Deva. Desde las instalaciones del remonte se pueden ver las 40 revueltas que hace el camino al borde mismo del precipicio, mientras salva 900 metros de desnivel. El conde pasó por él en 1891, cuando todavía estaba bien acondicionado, y acompañado por un guía que en nada confería tranquilidad en aquellos trances.

A la izquierda, en una muralla formidable, en la que se cruzan sus zig-zag numerosos con los hundimientos y las cornisas, se eleva el camino de Liordes, camino que se dice de carros donde los caballos apenas suben, y que sabiamente los peatones harán bien evitándole en la noche. Es preciso estar allí para creer en su existencia, es una especie de grieta vertical que no es más que un horrible precipicio. La escalada es larga y dura y a menudo hay que descender del caballo para pasar los malos pasos. Juan Suárez, nuestro guía, se detiene complacido en mil historias macabras de las que esta «gran carretera» ha sido el teatro, y tras cada agujero que se ha tragado a un desgraciado viene una nueva historia más feroz que la anterior[45].

Era tal la inclinación, que los carros que bajaban el mineral disponían ocasionalmente de dos parejas de bueyes, una en la parte delantera, para arrastre, y otra, en la parte trasera, con funciones de retención, «complementando la función de las galgas de frenado», según escriben dos estudiosos de la minería en los Picos de Europa, Manuel Gutiérrez Claverol y Carlos Luque Cabal.

La simple observación de este impresionante camino ya produce vértigo. Y también admiración por el carácter esforzado de nuestros antepasados, todo hay que decirlo. Lo cierto es que, ante estas circunstancias, como escriben los autores antes citados, «no debe extrañar que llegaran a despeñarse algunos carros, junto con los carreteros, por esta vertiginosa canal de paredes casi verticales».

Otro camino minero muy famoso por su tortuoso trazado es el que unía Urdón, en el desfiladero del Deva, con la aldea de Tresviso. Se construyó en 1866 por la Sociedad Minera «La Esperanza», con el fin de dar salida al mineral por la nueva carretera del desfiladero de La Hermida, abierta 3 años antes. El impacto que causó en los viajeros que lo transitaron dejó numerosa huella impresa, pero quizá la más expresiva y contundente sea la de Federico Vial (1880).

… empieza la subida, durante la cual, un paso en falso del caballo que llevábamos debajo de nuestras piernas podía ser el último minuto de la vida[46].

Y, efectivamente, en algún caso así fue, a pesar de que la buena fábrica del camino impidió que los accidentes fueran más frecuentes. En 1888, por ejemplo, un pastor se despeñó, y dos años después lo haría el propio alcalde de Tresviso, a pesar de que en un primer momento se pensó en la posibilidad de un asesinato, lo que motivó amplia cobertura en la prensa del momento. Un periódico escribió sobre esta eventualidad utilizando una expresión deliciosamente literaria:

[45] Conde de Saint-Saud. *Monografía de los Picos de Europa (Pirineos cantábricos y asturianos)*, 2011.
[46] Federico Vial. *Una ascensión a las Peñas de Europa*, 1880.

M. Aguirre Zorrilla. Canal de Liordes.
Hacia 1890 (*Muséu del Pueblu d'Asturies*).

… encontrándole cadáver en el río Urdón. No se sabe si de accidente, muerte natural o a mano airada[47].

A pesar de que se produjeron algunas detenciones, parece ser que al final todo fue un accidente, debido a que el buen hombre abandonó la venta de Urdón y emprendió el camino ya de noche y algo cargado de bebida, resbalando en algún punto y precipitándose al vacío.

Parece confirmar esta suposición el hecho de que, en parte del camino seguido por Campo se encontraron de trecho en trecho cerillas que acaso fue encendiendo para alumbrarse, y hasta se pudo apreciar la huella del resbalón de un pié [sic] en el punto del camino desde donde se supone que rodó.

En 1928 se produjo al parecer otro desgraciado accidente en este camino. Un viajero, cuyo nombre no se cita en la información que extraigo de la *Revista Digital del Valle de Liébana en Cantabria*, dejó escrito un texto que compendia a la perfección el título de este artículo, a la vez que da cuenta de que por aquel tiempo el servicio de Correos ya empleaba a mujeres:

Una cruz negra apoyada sobre la piedra recuerda que en aquel lugar [Balcón de Pilatos] la montaña sacrificó una víctima… «La cartera de Tielve —nos dice, sin dar gran importancia al suceso, nuestro guía— se despeñó desde allí arriba. La empujó el caballo…»[48].

Otro camino que impresionó a cuantos pasaron por él (y aún hoy impresiona a las decenas de miles que lo siguen, aunque sea una autopista comparado con lo que había antes), es el que atraviesa de sur a norte la garganta del Cares. Seguramente sea el camino más famoso y concurrido del Parque Nacional de los Picos de Europa, y probablemente se ignore también que, pese a su peligrosidad, no tiene nada que ver con el estrecho, tortuoso y criminal sendero por el que los cainejos iban y volvían de un lado a otro de la Garganta.

El Cares nace en las Hoyas de Freñana, a los pies de los picos Cebolleda y Gildar, y atraviesa manso el valle de Valdeón, hasta llegar a Caín, donde perfora el macizo de parte a parte, tajando una hendidura colosal de paredes verticales por las que resulta casi imposible acondicionar un sendero. Antonio de Valbuena, periodista y crítico literario nacido en la cercana localidad de Pedrosa del Rey, lo reflejaba de esta hermosa manera:

[47] ValledeLiebana.info (reportajes de Liébana): www.valledeliebana.info
[48] ValledeLiebana.info (reportajes de Liébana): www.valledeliebana.info.

Urdón, en el desfiladero de La Hermida. Desde este punto empezaba un tortuoso camino que llevaba a Tresviso. Acuarela de Edgar Wigram. Año 1900. Colección R. Villegas.

Los Ríos [*sic*] Sella y Cares pasan a través de los célebres Picos de Europa por estrechas hoces inaccesibles á la humana planta[49].

Pero aun así, los cainejos tallaron en aquellos escarpados muros numerosos senderos, sobre todo para comunicarse con los puertos altos o los pueblos vecinos como Bulnes. Sin embargo, es cierto que no existió un paso franco que atravesara todo el desfiladero hasta 1917, cuando se abrió una aventurada senda con motivo de la construcción del canal.

Casiano de Prado describió la primera parte de la garganta —conocida en realidad por entonces como canal de Trea— en el pequeño pero elocuente texto que aparece en el artículo anterior, de donde extraigo también una precisa reseña de aquellos dificilísimos senderos de entonces.

Consiste en una serie de subidas y bajadas muy pendientes en ciertos puntos, con escalones de piedra o madera y trancos como los que ofrecen algunas cavernas y minas mal labradas. El paso se efectúa en algunas partes a favor de rollizos de hasta ocho metros de largo, trabados unos con otros, y tendidos de peñón a peñón, sin pretiles, suerte de viaductos a que llaman armaduras. Otras veces se camina sobre planchas sustentadas por hierros engastados en las rocas o por otros medios. En los escurrideros, o sea en las peñas rasas e inclinadas, a que llaman llambrias, se forma la senda orillándola por la parte inferior con maderos o cualesquiera palos tendidos a lo largo y sujetos a favor de la raíz de alguna mata, de algún nudo de la roca o de rollos o zoquetes de madera introducidos en agujeros que la roca naturalmente ofrece con frecuencia cuando es caliza, como allí sucede, algunos de los cuales pudiera creerse habían sido abiertos a mano. «Dios los hizo, señor» me decía el guía, y yo estaba bien lejos de creer otra cosa[50].

Años más tarde, Saint-Saud se aventuró también por aquella arriesgada canal y dejó en su descripción un compendio de todo este capítulo:

El trazado del pequeño sendero se eleva a veces más de 100 metros por encima del agua. En el Sedo Lliniabiu, se acollla contra una cornisa estrecha terminada por una pequeña chimenea, y esto a más de 300 metros por encima de la vaguada sobre la ribera derecha; después se desciende por la pasarela de Culiembro. Se utiliza la cuerda, salientes de madera para pies y manos fijados en la roca, especialmente en la variante de Poncebos. Los accidentes mortales son tan frecuentes que dicen las gen-

---

[49] Antonio de Valbuena. *Caza mayor y menor (no hay metáfora)*, 1913.
[50] Casiano de Prado y Vallo. *Valdeón, Caín y la Canal de Trea; Altura de los Picos de Europa*, 1985.

Garganta del Cares en la actualidad. Fotografía del autor.

tes de Caín que no mueren en su cama, sino cayendo de las rocas. En una veintena de años, 14 cainejos han muerto en la montaña. Esto me recuerda un proverbio asturiano que se aplica a las cosas peligrosas: «en Caín un muerto mató cuatro». En efecto, descendiendo hacia el pueblo, de una cabaña donde estaba muerto el cuerpo de un pobre pastor, los porteadores resbalaron en el precipicio[51].

Una colosal obra para los medios de entonces vino a transformar drásticamente esta situación en la segunda década del siglo XX, aunque hubo que esperar hasta 1945 para que se tallara a pico, pala y dinamita el amplio camino actual por el que transitan cada año miles de excursionistas.

La «ruta del Cares», sin embargo, nació en realidad en 1912, cuando la compañía eléctrica Viesgo decide construir un canal de unos 11 km de longitud desde Caín a Camarmeña, con el objeto de aprovechar el caudal de los ríos Cares y Duje para la obtención de energía eléctrica. Según los datos de Francisco Gómez López, de cuya página www.escabrales.com tomo estas cifras, hasta 500 personas

---

[51] Conde de Saint-Saud. *Monografía de los Picos de Europa (Pirineos cantábricos y asturianos)*, 2011.

llegaron a trabajar en la obra, abriendo a golpe de pico y maza el canal y los 71 túneles excavados en la roca. Como no podía ser menos, en una obra de estas características y en un tiempo como aquel, hasta once de aquellos obreros murieron, «algunos despeñados y otros alcanzados por derrumbes de rocas».

De todos modos, la primera senda que se abrió para las obras del canal no vino a facilitar en mucho el tránsito. Prueba de ello es que se empleaban unas 8 horas en ir de un lado a otro de la garganta, cuando en la actualidad se hace en 3. Cuando Aurelio de Llano la recorrió en 1926 hizo honor al refranero y al topónimo, pasando *las de Caín»* en ella.

> Nos ponemos en marcha. El sol nos quema la espalda, y las rocas, desfallecidas de calor, nos lanzan al rostro ondas de fuego. Al volver un recodo aparece ante nosotros una escalera alta, estrecha, tallada en un contrafuerte al borde del abismo. La llaman la escalera de la muerte; al subir por ella, me dan escalofríos. Desde lo alto, miro hacia abajo y veo a Collada en el primer peldaño, pálido, tembloroso. Le digo que haga una fotografía de este paso y me contesta:
>
> —No me atrevo, se me ponen los pelos de punta.
>
> [...]
>
> Le digo al guía, que otra vez no venga con alpinistas sin traer una cuerda para ayudarles a pasar los sitios peligrosos; sobre todo, las graveras. Nunca mejor que al recorrer este camino se puede decir aquello de «pasar las de Caín»[52].

El camino abierto en 1945 favoreció la comunicación por la garganta, hasta convertirlo en lo que es hoy: una conjunción grandiosa de obra civil y naturaleza, una simbiosis entre paisaje y desarrollo no siempre conseguida en otros lugares. Como toda alianza tácita que se produce entre la Gea y una empresa humana, durará lo que aquella quiera o lo que esta soporte, y obliga al pago de los tributos habituales: las víctimas que todo proyecto se lleva siempre por delante. En este caso, lo que quedaba de la antigua capilla de San Julián de Culiembro, la tala de uno de los bosques de nogales más grandes de Europa, según lo describió el propio topógrafo de la obra Mariano Zubizarreta Rodrigo, y cuantos hombres (cuatro, hasta la fecha), cabras, jabalíes, rebecos y demás animales se precipitan al canal y son interceptados ya cadáveres por la rejilla de Camarmeña, encargada de filtrar el agua que se abalanza veloz hacia la central eléctrica de Poncebos.

---

[52] Aurelio de Llano Roza de Ampudia. *Bellezas de Asturias de oriente a occidente*, 1928.

3. Tributo a la muerte blanca

> Todas ellas [un grupo de mujeres vestidas de negro, en el pueblo de
> Bulnes] visten de luto; pertenecen a una familia de un señorial apellido:
> Mier y del Campillo. Un viejecito de 92 años que parece presidir el gru-
> po, el decano de esta dinastía de pastores, nos cuenta como en la pasada
> invernada de 1914 murieron cinco de la familia, uno de sus hijos, tres nie-
> tecitos y un sobrino. Cruzaban la canal del tejo que nosotros acabamos
> de pasar y una avalancha de nieve arrancó la vida a los 5 caminantes, que
> a los pocos días aparecieron en el fondo de la canal. Todos los años rinde
> su tributo a la muerte blanca alguno de estos bravos montaraces[53].

En la memoria colectiva de los habitantes de los Picos quedó grabado aquel
luctuoso hecho: se cuenta que venían de una boda celebrada en Camarmeña, y
que, a pesar de que les pidieron que se quedaran allí a dormir, decidieron regresar a Bulnes por la noche. En el paraje de La Boluga (que desde entonces llaman
«La Boluga de los Muertos», con esa expresividad elocuente que ponen los paisanos en los topónimos) se produjo la avalancha, matando a cinco de los seis que
subían por el sendero.

Actualmente, en el camino que une Poncebos con Bulnes, a la altura de una
curva, hay talladas cinco cruces en la pared rocosa, indicando donde tuvo lugar el
accidente. Lo curioso es que siempre se creyó que esas cinco cruces se habían tallado en recuerdo de los muertos por la avalancha asesina de 1914, tal y como contó Fernández Zabala, pero la reciente traducción de la obra *The Highlands of Cantabria (Las Tierras Altas del Cantábrico)*, publicada en 1885 en Londres y escrita por
los viajeros ingleses M. Ross y H. Stonehewer-Cooper, dio a conocer que las mismas cruces ya existían en 1884, y que conmemoraban a cinco fallecidos por alguna avalancha anterior a dicho año.

> Siguiendo cuesta arriba, enseguida llegamos a un lugar donde había
> cinco toscas cruces talladas en la roca. Nuestro guía nos comentó que,
> unos inviernos atrás, hubo varios pastores que encontraron refugio bajo
> esta roca en medio de un terrible temporal de nieve. Quedaron allí du-
> rante demasiado tiempo, ya que el peso creciente de la nieve en la falda
> de la montaña que tenían por encima produjo un desprendimiento de
> piedras. Estas comenzaron a rodar, llevándose consigo gran parte de la nie-
> ve y arrastrando más piedras por el camino, las cuales se fueron partiendo
> y esparciendo por todos lados. Pronto, la avalancha alcanzó el lugar don-
> de los pastores estaban descansando y, metiendo a cinco de ellos en su tor-

---

[53] José Fernández Zabala. *Picos de Europa. Un paseo por el macizo central*, 1915.

Las cruces en el camino a Poncebos. Fotografía del autor.

bellino, los arrastró hacia las profundidades sacudidos y machacados, yaciendo allí hasta que el deshielo de la primavera permitió a los familiares recuperar sus restos mortales y darles cristiana sepultura. Tallaron in memoriam 5 cruces; al pasar junto a ellas, los cristianos rezan una breve oración por las almas de aquellos hombres desafortunados. Cuando uno está allí, es fácil imaginarse toda aquella escena de horror y muerte[54].

Más allá del drama, lo cierto es que hay una extraña discordancia entre lo escrito por M. Ross y H. Stonehewer-Cooper y los sucesos de 1914. Resulta insólito que se hubieran producido dos avalanchas en un mismo lugar y hubieran matado exactamente al mismo número de personas. Pero puede que, efectivamente, hubiese sucedido, y que sobre las cruces de una catástrofe anterior se mantuviera el recuerdo de la ocurrida en 1914. Si la vida de los humildes hubiese sido registrada como la de los nobles y poderosos, sería un interesante pretexto de investigación dilucidar si hubo dos tragedias semejantes en tan corto periodo de tiempo o más bien una confusión de Fernández Zabala, pero mucho me temo que no sea fácil semejante empresa.

---

[54] Mars Ross y Horace Stonehewer-Cooper. *Las Tierras Altas del Cantábrico*, 2012.

Lo cierto es que historias de avalanchas y muertes hay muchas, no solo en los Picos de Europa, claro está, pero sucede que la mayor parte de la literatura geográfica que tenemos está ambientada en ellos, y es allí, confrontado luego con la memoria oral, donde mejor se puede verificar la violencia de estos fenómenos.

A pesar de ello, en Llánaves de la Reina, un pueblo leonés limítrofe con los Picos, tenemos uno de los testimonios escritos más antiguos y sobrecogedores de lo que era una avalancha o «nevero», como así lo llama el clérigo Juan Antonio Posse, párroco de Llánaves entre 1794 y 1798, quien dio cuenta de ello en unas memorias escritas en 1834 sobre sus vivencias en aquella remota aldea («colocada en lo más interior y elevado de las montañas de León», como él mismo la describió).

> En la Hoz [de Llánaves] y en el pueblo mismo suelen caer neveros que sepultan a las gentes que coge y las casas donde bajan. A la extremidad del valle de Naranco, hacia el lugar, había un molino, al cual un nevero que bajó de la otra cuesta, arrancó de sus cimientos y lo puso más de veinte pasos en la cuesta todo entero. Antes de mi ida habíase desprendido otro sobre el lugar y arruinado cinco casas, muerto algunas personas, y a otras han sacado moribundas debajo de la nieve después de dos o más días de excavaciones. El año siguiente de mi salida, subiendo a la Ventera dos mujeres que traían vino para el concejo el día de los Reyes, las sorprendió un nevero y sepultó para siempre a la una, y la otra no pareció hasta el día o la víspera de San Juan que se halló sentada sobre la nieve[55].

En otra comarca también limítrofe con los Picos, en este caso la también leonesa de Sajambre, permanece en la memoria colectiva y en la documentación —rastreada por Guillermo Mañana, a quien podemos llamar con justicia «el archivero de los Picos»—, el recuerdo de otros dos potentes aludes que tuvieron lugar en un mismo día 4 de febrero de 1857, y que se cobraron la vida de siete cazadores sajambrinos. Francisco Ballesteros, en su rastreo incesante por la memoria oral de los pastores, identifica incluso sus nombres y los dos parajes donde la muerte blanca se cobró su impuesto, curiosamente uno de ellos llamado desde entonces «Joyo de los Castellanos», nombre puesto por los pastores del lado asturiano, que, por alguna extraña razón, y a pesar de llevar siglos conviviendo con León, le ponen siempre el gentilicio «castellano» a todo lo que viene de más allá de la cordillera Cantábrica.

E incluso estos terribles sucesos no se daban solo en las grandes cumbres de la cordillera o de los Picos de Europa, sino en sierras interiores como la de Carondio y Valledor, en el término suroccidental de Asturias, como nos cuenta de

---

[55] Juan Antonio Posse. *Memorias del cura liberal don Juan Antonio Posse*, 1984.

primera mano Rosendo María López Castrillón en su libro de memorias *Las nueve vidas de la casa de la Fuente de Riodecoba*.

> Celestino, mi ahijado, murió en el lago de Villagirón solo entre la nieve, sábado 22 de enero de 1859, viniendo de Cangas [del Narcea] con medicinas para su madre muy enferma, que ella mejoró sin ellas y él murió con ellas en el bolso, y fue levantado por la Justicia y está enterrado en el camposanto de Lago[56].

Pero volviendo a los Picos de Europa, lo que realmente los singulariza en términos de climatología criminal es la presencia en ellos de un fenómeno atmosférico semejante a los aludes o avalanchas, pero no exactamente igual. Las gentes de la «Mala Tierra» le dieron su propio nombre: «poverios», o «puverios». Aurelio de Llano escribió sobre ellos en su libro *Bellezas de Asturias de Oriente a Occidente*.

> Los moradores de estos pueblos están rodeados de peligros. Una anciana llamada Generosa González, me dijo, llorando, que un puveriu le había llevado su marido, una hija y ochenta y cinco cabras.
> Los puverios arrasan cuanto encuentran a su paso; llevan delante de sí masas de nieve, piedras, cabañas, árboles… Los más temibles son los que se forman con nieve seca[57].

Un «poveriu» o «puveriu» es una turbonada o torbellino de nieve en polvo que se forma cuando una chispa eléctrica causada por una tormenta calienta bruscamente una masa de nieve en polvo; el remolino que se forma avanza, ayudado por el viento, destrozando todo lo que encuentra, incluido árboles, viviendas y gentes. La propia palabra «puveriu» vendría precisamente del latín *pulvis*, o «polvo», pues es preciso que la nieve se encuentre en este estado para que se forme el temido «poveriu».

Viene precedido de un silencio terrorífico que parece anticiparlo, de ahí que Paulino Díaz Antón, de cuyo blog (*escabralesblog*) recojo alguna de estas informaciones, lo llame gráficamente «la destrucción silenciosa». Es un fenómeno extraño, característico de los Picos de Europa, favorecido seguramente por la acumulación de nieve, el contraste de temperaturas que forma la chispa eléctrica de la tormenta y el fuerte desnivel.

Enrique Herreros, el segundo o tercer alpinista (depende de John Ormsby, ¿recuerdan?) en coronar el Tiro Tirso, en un artículo escrito en el *ABC* de 25 de enero de 1961 confunde, como suele ser habitual, «poverios» con aludes, pero distingue

---

[56] Rosendo María López Castrillón. *Las nueve vidas de la casa de la Fuente de Riodecoba*, 2018.
[57] Aurelio de Llano Roza de Ampudia. *Bellezas de Asturias de oriente a occidente*, 1928.

José Ramón Lueje Sánchez. Paisaje nevado en Bulnes (*Muséu del Pueblu d'Asturies*).

en su descripción lo que diferencia a los primeros de los segundos: que no es necesario que se den en laderas muy inclinadas y con grandes acumulaciones de nieve.

> Los primeros visitantes veraniegos habían visto junto a los Tornos de Liordes el resultado de un poverio (nombre con que los naturales de Picos designan un alud de nieve); un bosque había sido arrasado en una extensión de 500 metros por 100 de ancho en una ladera que parecía poco propensa a la caída de una avalancha[58].

En su artículo, Enrique Herreros hacía mención a su peligrosidad y al temor que las gentes de los Picos sentían hacia ellos. Y es que un alud de nieve puede ser hasta cierto punto previsible: es necesario una ladera y una gran masa de nieve acumulada, y a ser posible un ligero reblandecimiento de la capa superior que se desliza sobre la inferior provocando la temida avalancha. Esto hace que aquellos pasos que atraviesan estas laderas puedan ser evitados si las condiciones avisan del peligro, a pesar de que las urgencias de la vida del pasado no lo pusieran fácil. Recordemos en este sentido el episodio de La Boluga de Los Muertos; es fácil pensar que la razón por la que aquella familia debía volver a Bulnes por la noche era la exigencia de alimentar al ganado al día siguiente. Atender necesariamente a los animales fue siempre la causa de la muerte para cuantos pastores cedieron a los riesgos de los precipicios y la nieve. Así se hizo la servidumbre del pastor hacia el ganado y de este hacia el pastor, para lo bueno y para lo malo.

Pero un «poveriu» no puede ser predecible más allá de la tormenta y el sobrecogedor silencio que lo precede. Aparece de repente, sin dar tiempo a buscar refugio, y aun encontrándolo, la muerte se apodera. Es la destrucción silenciosa. Es el temeroso estornudo de la nieve, como muy bien lo describió Enrique Herreros:

> Los naturales todos hablan de los temibles «poverios», que se llevaban vidas y haciendas en su temeroso estornudo.

Así, en 1934, en Bulnes, un «poveriu» destrozó cuadras y cabañas, llevándose la vida de un pastor y todo el ganado que allí había, sobreviviendo tan solo una cabra. Cuatro años después, en 1938, tres mujeres y una niña de Tielve, cuando regresaban de alimentar al ganado, fueron envueltas por un torbellino de nieve en polvo que las sepultó. Solo sobrevivió la niña, arrojada por la nieve al otro lado del río, donde la encontraron con la pierna rota. Ese mismo año, otro «puveriu» terrible se ceba con una misma familia de Camarmeña, arrasando la casa donde vivía un matrimonio con sus cuatro hijos, de los que sólo se salvaría uno.

---

[58] Enrique Herreros. *ABC*: «La leyenda negra de los Picos», 1961.

La historia escrita y hablada de los Picos de Europa está, como se ve, llena de despeñamientos, aludes, «poverios» y accidentes de toda clase. Demasiadas trampas para llegar a viejo. Se comprende el dolor de quien tuvo la desgracia de llegar a serlo, después de ver morir a tantos alrededor.

> Gumersindo Mier Campillo, testigo de la primera escalada de Víctor Martínez el 31 de agosto de 1916, vivió en Bulnes hasta los 96 años, llevando consigo el dolor por la muerte de todos sus hijos excepto una. Uno de sus hijos pereció en el valle, entre el Guciao y Ostón por el alcance de una piedra, lo mismo le pasó a Visitación en el Cuera; otro murió durante la Guerra Civil y Aquilino lo mató un toro en Onís; más otra hija que falleció de niña[59].

He aquí, como escribió el eterno Saint-Saud, todo lo que vive y muere en los Picos de Europa.

---

[59] Francisco Ballesteros Villar. *Las historias del Naranjo de Bulnes,* 2004.

Capítulo V

ANIMALES SALVAJES Y OTRAS BESTIAS

1. Lobos, osos y otras fieras. Estimación y evolución de su población en la literatura de Asturias

La gente de las zonas rurales tiende a creer que el pasado siempre fue más numeroso en todo. Había más ganado, más pasto, más vecinos, más frío, y sobre todo más hambre. Curiosamente no se ponen de acuerdo en decir si en el pasado había más lobos. Según a quién se pregunte, algunos paisanos consideran que en las décadas centrales del siglo XX había más de los que hay ahora, y otros, sin embargo, opinan lo contrario. Hacer un análisis de la fauna que podía poblar los montes de la cordillera Cantábrica en los siglos XVII, XVIII o XIX —su distribución y su densidad— es un empeño muy interesante y atractivo, pero colisiona frontalmente con la escasez de fuentes y la falta de rigor de estas. Los autores que se ocuparon de la naturaleza en el pasado normalmente lo hicieron con fines catastrales o económicos. Los animales salvajes —las fieras, para ellos— no se veían más que como un obstáculo para el buen desarrollo de la agricultura, y muy pocos autores se ocuparon de hacer una descripción rigurosa de su estado, número y distribución. Referencias generales hay muchas, pero, desgraciadamente, fiabilidad muy poca. Y no por causa de sus autores, pues en la mayor parte de los casos eran gente muy sabia y bienintencionada; sencillamente es que existía un desconocimiento muy grande sobre la fauna salvaje. Además, la ya de por sí subjetiva percepción quedaba distorsionada por la rotunda certeza de que había muchas fieras, y que estas eran dañinas para la ganadería y el bienestar de los habitantes; tampoco era necesaria mayor precisión. Sólo a partir de la segunda mitad del siglo XIX y primera del XX empezamos a tener fuentes algo más rigurosas, por estar sus autores más atraídos por los aspectos naturales, además de por los agrícolas, hasta llegar incluso a Hans Gadow, ornitólogo y naturalista inglés que hizo una relación bastante interesante de la fauna que existía en la cordillera Cantábrica a finales del siglo XIX, o Pascual Pastor López que escribió unos *Apuntes sobre la fauna asturiana bajo su aspecto científico e industrial* en 1859.

La utilidad de estas fuentes es analizada con más tiempo en el capítulo último de este libro, pero se puede anticipar su inconsistencia a la hora de acometer un estudio serio sobre poblaciones salvajes y su distribución en el pasado. No obstante, para el estudio y el análisis de la evolución histórica de los grandes carnívoros salvajes de Asturias contamos con una fuente extraordinaria: la institu-

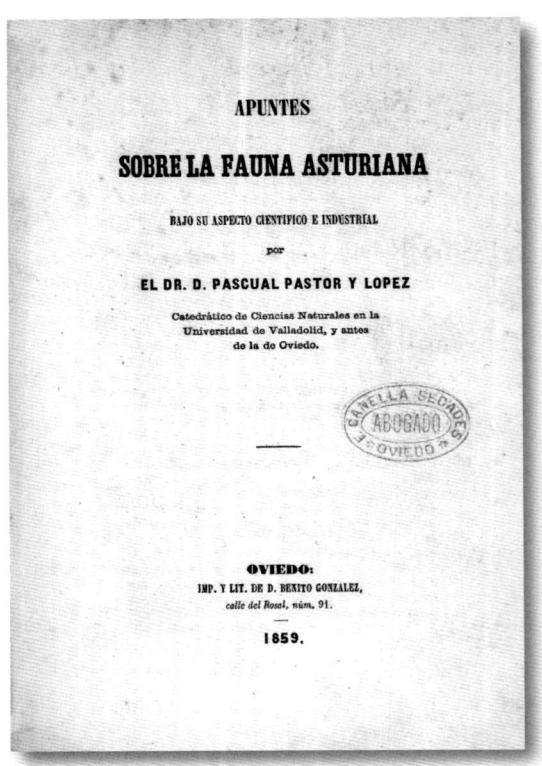

APUNTES

SOBRE LA FAUNA ASTURIANA

BAJO SU ASPECTO CIENTÍFICO E INDUSTRIAL

por

EL DR. D. PASCUAL PASTOR Y LOPEZ

Catedrático de Ciencias Naturales en la
Universidad de Valladolid, y antes
de la de Oviedo.

OVIEDO:
IMP. Y LIT. DE D. BENITO GONZALEZ,
calle del Rosal, núm. 91.

1859.

Portada del libro *Apuntes sobre la fauna asturiana bajo su aspecto científico e industrial*, Oviedo 1859.

ción encargada precisamente de exterminarlos. Juan Pablo Torrente, en un libro publicado en 1999 por la Fundación Oso de Asturias (*Osos y otras fieras en el pasado de Asturias*), hace un estudio exhaustivo de la institución de la «talla de fieras», la recompensa, premio o gratificación que la Administración regional asturiana del momento (llamada Junta General del Principado) abonaba a todo aquel que presentara pruebas de haber abatido alguno de los carnívoros más dañinos para la ganadería: oso pardo, lobo ibérico, lince y, más tarde, zorro.

El trabajo de investigación de Juan Pablo Torrente, en este sentido, se puede considerar la obra total de la zoología carnívora del pasado. Su exhaustividad y la extraordinaria complejidad de las fuentes que maneja merecen el agradecimiento perpetuo de los pocos bizarros que nos sentimos atraídos por estos temas. Nunca un investigador habrá mostrado tanto sobre la zoología habiendo pisado tan poco el monte. Mejor el propio zoólogo que se ha quemado los ojos entre legajos para explicar lo que es la «talla de fieras»:

La evolución histórica de la fauna asturiana está vinculada a una institución que, con alguna modificación y adaptación a los tiempos, estuvo vigente hasta no hace mucho: la talla de fieras. Por tal talla de fieras (o recompensa, premio, pensión o gratificación, pues de cualquiera de estas maneras aparecen las fuentes) se entiende una acción administrativa de fomento, de carácter positivo (que otorgaba prestaciones o bienes) y económico (se percibía una cantidad) mediante la cual la administración estimulaba a los cazadores con un premio en dinero para que, por su interés particular, persiguieran y matasen lobos y osos, cumpliendo así indirectamente con la finalidad pública[60].

[60] Juan Pablo Torrente. *Osos y otras fieras en el pasado de Asturias*, 1999.

Como todos los pagos debían quedar consignados, Juan Pablo Torrente investigó en los libros de Tesorería de la Junta General del Principado los asientos correspondientes. Además, para acreditar que el animal había sido efectivamente cazado por el que se presentaba al cobro, y evitar así la natural picaresca con que Dios nos ha dotado, era necesario presentar un certificado expedido por el cura de la parroquia a la que pertenecía el cazador, el único o uno de los pocos que sabía escribir por entonces. La lectura de estos certificados, muchos de los cuales aporta Juan Pablo Torrente en su libro, es una sorpresa para quien conozca los topónimos de la montaña astur y los apellidos de sus habitantes, poco corrompidos aún por los casi 300 años pasados.

Gracias a los estudios de Torrente contamos con unos datos (bien que parciales, es cierto, pues sólo se refieren a la mortalidad) muy valiosos para poder estimar la abundancia de la población de carnívoros salvajes en la región. Por ejemplo, entre 1748 (fecha en que la talla de fieras se extiende al oso pardo, pues hasta entonces sólo cubría las muertes de lobos) y 1769, es decir, en 21 años, se pa-

Oso pardo cantábrico. *Asturias: su historia y monumentos, belleza y recuerdos costumbres y tradiciones, el bable, asturianos ilustres, agricultura e industria, estadística*, Gijón 1895.

garon un total de 1.021 osos pardos muertos, a una media de 48,6 ejemplares cazados por año. Una auténtica barbaridad a ojos de cualquiera, sea entendido o no en el asunto, pues baste decir que para el año 2020 se estima una población de oso pardo en la cordillera Cantábrica de entre 300 y 350 ejemplares. A ese ritmo de extracción —concepto que los biólogos utilizan para referirse a la mortalidad causada por la caza—, la población actual se hubiera pulverizado en 7 años.

La abundancia del oso pardo en los montes de Asturias era, sin duda, extraordinaria para poder soportar esos tremendos niveles de mortalidad, pues el ritmo de exterminio se debió mantener constante en los años siguientes, a juzgar por los datos que pudo conseguir Juan Pablo Torrente, muy limitados por su discontinuidad. Así, entre junio de 1842 y marzo de 1844, se abonaron 126 osos, a más de 63 ejemplares/año. Y, sin embargo, estas cifras son aún conservadoras comparadas con las que aporta Jesús Evaristo Casariego en su monumental *Tratado sobre monterías y caza menuda*, publicado en 1977, también basándose en documentos existentes sobre la «talla de fieras» que obraban en su poder. Este autor calculaba una media de 75 osos anuales presentados al cobro entre 1780 y 1820, complementando así, curiosamente, uno de los períodos que no pudo ser consignado por Juan Pablo Torrente. Casariego incorpora, además —y esto es una apreciación importante para comprender mejor la verdadera dimensión de la mortandad— los ejemplares cazados por hidalgos y acomodados que no aparecen registrados en los pagos, pues estos «tenían a desdoro percibir dinero por este motivo». El autor estimaba que, como mínimo, esta cifra podía ser equivalente a la de los presentados al pago de la talla de fieras, lo que daría entonces una media de 150 osos muertos cada año. Pero en honor a la verdad, este número de osos cazados, digamos, por razones ajenas a la economía, es imposible de precisar, pues no aparece registrado en ningún documento. No obstante, aun tomando un valor muy conservador (imaginemos, por ejemplo, un simple 20%), supone una buena cantidad de osos a añadir a los que se pagaban mediante la talla de fieras. Así, tomando de medio un valor cualquiera que fuese incluso bastante inferior al más pequeño de los antes citados —pongamos, por ejemplo, 30 osos cazados por año—, más el 20% de ejemplares cazados y no presentados al cobro por hidalgos, acomodados o por cualquier otra causa (o sea, 6), podemos aventurar que en un periodo de 100 años, entre 1748 y 1848, pudieron ser cazados en Asturias un mínimo de 3.600 osos pardos.

Una absoluta bestialidad, por utilizar un sustantivo acorde a este capítulo.

Lo mismo podríamos decir sobre el lobo. El estudio de los pagos efectuados por la talla de fieras demuestra un grado de extracción realmente asombroso. En 1745, por ejemplo, se cobraron 2.028 lobos de todas las edades, es decir, «un promedio cercano a un pellejo de lobo diario franqueando las puertas de Oviedo»,

Un oso cazado en los montes de Cantabria a principios de los años XX.

como gráficamente expone Juan Pablo Torrente. El autor calcula que desde 1739 hasta 1762 se habían presentado para el cobro más de 5.000 lobos. Una media de 217 lobos por año.

En el caso del zorro, carnívoro menor de carácter más generalista, que lo mismo le da a la carne que al fruto, en el sexenio que va de 1757 —cuando se decide su incorporación al pago de la talla de fieras— a 1763, se llegaron a abonar más de 8.000 ejemplares, a una media de 1.333 zorros por año. En el período que va del 14 de diciembre de 1764 al 12 de mayo de 1766, salen 2.309 zorros, es decir, 1.539 individuos de media por año.

Las cifras no pueden ser más abrumadoras. El exterminio de carnívoros silvestres se estaba llevando a cabo de manera implacable. Semejantes cifras explican por sí solas por qué una magnitud numérica de tamaño considerable puede ofrecer la engañosa percepción de que la fauna silvestre es inagotable, y solo cuando se traspasa un determinado umbral se constata, casi siempre demasiado tarde, que las poblaciones van camino de la desaparición. Lo estamos viviendo con múltiples especies hoy, acuícolas y terrestres, y mucho me temo que la opinión generalizada de que esta regresión es debida a causas contemporáneas —reducción del hábitat, cambio climático, etc.— pueda ser tal vez equivocada, siendo más atribuible a estas extracciones masivas del pasado, que han llevado a algunas especies a alcanzar lo que los biólogos llaman «tamaño mínimo de una población viable», es decir, el umbral por debajo del cual es probable que la población se precipite en un vórtice de extinción. Un ejemplo tan espeluznante como triste de esta percepción aparentemente inagotable de la fauna lo tenemos en la paloma migratoria, que en un solo siglo pasó de ser el ave más abundante de Norteamérica (y tal vez del mundo) a desaparecer por completo.

Es verdad, no obstante, que en todos estos datos extraídos de los pagos efectuados por la talla de fieras debió de existir un porcentaje bastante notable de fraude, imposible de cuantificar, pero que con frecuencia aparece en las actas de la Junta. En este sentido, se hizo más expresivo con la incorporación del zorro, que llegará a ocasionar, como escribe Juan Pablo Torrente, un verdadero quebranto tanto para las finanzas del Principado como para la tranquilidad del tesorero, que se ve literalmente desbordado. Como muy bien observa el autor, es de suponer que las matanzas de lobos de años anteriores favorecerían la proliferación de zorros, pero aun así la formidable cantidad de ellos presentada al cobro induce al tesorero a sospechar el fraude, hasta el punto de presentar un memorial denunciando la variedad de trampas detectadas al respecto: introducción de pieles de fuera de la región, cosido de orejas en pellejos ya cobrados (el corte de las orejas era la marca que se hacía precisamente para certificar que ya había sido pagado) y, finalmente, falsificación de las firmas de los párrocos en las cédulas de autentificación que emitían. Otra modalidad que surgió también era la compra por parte de los naturales del país de pieles de zorro cobradas en provincias vecinas y que validaban después con «certificaciones supuestas de que son muertos en su distrito». Unos tipos ingleses que el lector conocerá más tarde (M. Ross y H. Stonehewer-Cooper) lo consignaron sin pretenderlo en 1885:

> Una temprana mañana de febrero, salimos de esta antigua ciudad [Potes] por el oeste siguiendo el río Deva por la orilla izquierda. A una milla de distancia de Potes, encontramos en la carretera una posada donde vimos 12 pieles de zorro maravillosamente curadas y rellenas de paja. El gobierno paga 1 dólar por cada cabeza de zorro muerto que se lleve a la capital de la provincia, donde le cogen un trocito de oreja, pudiendo ser adquiridas más tarde por muy poco precio. Se puede conseguir una buena cantidad a 2 chelines cada pellejo, con una talla de unas 45 pulgadas de largo desde el morro hasta la cola, siendo está muy espesa y de unas 12 o 14 pulgadas de largo. El color es grisáceo no muy brillante, pero queda muy bonito cuando se usa para hacer alfombras para los carruajes, etcétera[61].

La lectura de todo lo relativo a la picaresca y los desvelos del tesorero por denunciarla es verdaderamente maravillosa, sobre todo por aquellos que conocemos muy de cerca una expresión administrativa actual como es el pago de los daños causados por la fauna silvestre. La solución que se adoptó por entonces para hacer frente a estos engaños no pudo ser más típicamente española; en vez de poner coto al fraude, se permitió que el tesorero retuviera las pieles de lobos y de zorros en su beneficio, como complemento de su sueldo.

Volviendo a la caza de fieras, las cifras de mortalidad continuaron a buen ritmo durante la primera parte del siglo XIX, y así, por ejemplo, Juan Pablo Torrente ofrece para el año 1817 un dato excepcional, que casi más parecería un error si no reprodujese el documento oficial donde aparece: ¡575 lobos y 1.928 zorros pagados en un solo año! Con razón desde la Junta General del Principado se conminaba a atajar el fraude, pues se debían estar pagando lobos y zorros de todas las provincias limítrofes al Principado. Bajará un poco la proporción 24 años después, cuando en 6 meses de 1844 sean pagados 16 lobos adultos y 68 crías, más 509 zorros adultos y 156 de sus crías.

Respecto al oso pardo, J. E. Casariego considera el año de 1840 como el inicio de su declive, justo la fecha en que él estima el inicio de la industrialización en Asturias, vinculando esta circunstancia con aquella, con esa impúdica cegue-

---

[61] Mars Ross y Horace Stonehewer-Cooper. *Las Tierras Altas del Cantábrico*, 2012.

«Lobo cogido de un lazo». *Álbum Pintoresco Universal* (tomo 3), 1842-1843.

ra característica de cazadores y pescadores que tanto me ha sorprendido siempre. Líneas enteras enumerando cantidades ingentes de osos cazados y presentados al cobro por la talla de fieras o por hidalgos y demás ricos hombres como él, para al final achacar la regresión de la especie a una industrialización que, a la postre —y afortunadamente—, no afectó en nada a amplias zonas de la cordillera Cantábrica.

A pesar de todo, la disminución de capturas es relativa, pues en 6 meses de 1842 todavía se pagaban 19 osos adultos y 4 crías. Aun así, y para poner en contexto esta cantidad, Casariego ofrece unos datos comparativos:

> Por esas fechas —en 1883— fueron muertos 26 osos en todo el vasto imperio de Austria-Hungría, de ellos 15 en Galitzia. Asturias era entonces, por lo tanto, la región más osera de España[62].

En los textos más próximos al final del siglo XIX ya no se destaca tanto su abundancia o los altos índices de mortalidad como la propia constatación de que

---

[62] Jesús Evaristo Casariego. *Tratado sobre montería y caza menuda*, 1977.

la fauna carnívora —y toda la fauna en general— está retrocediendo, tal como consigna Pascual Madoz en su *Diccionario geográfico-estadístico-histórico de España y sus posesiones de Ultramar* (1846-1850).

> El impulso dado al cultivo contribuyó mucho a disminuir el número de las fieras, que antes albergaban en los terrenos demasiado quebrados y cubiertos de matorrales: muy raros son ya los jabalíes, los ciervos, corzos, osos y rebecos o cabras monteses.

Buck y Chapman, famosos cazadores y aventureros ingleses que visitaron la cordillera Cantábrica a principios del siglo XX, consideran al oso pardo ya «ocasional» en los Picos de Europa, aunque indicaban que, según una carta enviada por el omnipresente Pedro Pidal, todavía se mataban en Asturias «de 20 a 30 osos al año». Jesús Evaristo Casariego da unos datos algo más conservadores (y no es Casariego para nada un proteccionista, como veremos en el artículo siguiente), y calcula unos 12 osos cazados por año durante el primer tercio del siglo XX.

Esta cantidad, aún potente para los que hemos crecido con cifras de osos pardos en torno a 200 ejemplares de media para toda la Cordillera, no oculta la percepción de que la especie ya sufría una evidente regresión. Así, en un lugar como Llanuces, pueblo situado en el concejo de Quirós, uno de los más abruptos de Asturias, escribe Florentino Martínez Torner en 1917: «El oso y el lobo, que habitaban los alrededores del pueblo hace unos cuantos años, hoy se han retirado monte adentro, hacia Ubiña y Rueda»[63].

Ubiña y Rueda son dos moles calizas muy abruptas, situadas en el corazón del Parque Natural de Las Ubiñas-La Mesa, escabrosas a más no poder y con montes cerrados de hayas donde hoy en día aún pervive lo más granado de la fauna carnívora asturiana. No obstante, cualquiera que conozca Llanuces no puede dejar de sorprenderse: ¿había pocos lobos y osos en 1917? Así lo sentía Torner, y cuesta creer que no estuviese bien informado al respecto, pues conocía bien el lugar y las prácticas que se ponían en funcionamiento entonces para conseguir estos objetivos («El lobo ha desaparecido de todas partes casi por completo, gracias a la estricnina»[64]).

Y es que no sería solo la caza, al menos la caza con arma de fuego, la que impulsaría esta notable regresión. Un veneno tan letal como la estricnina entró en la montaña más pronto de lo que seguramente muchos hubieran imaginado, yo el primero, pues de sus extraordinarios resultados ya daban cuenta Walter Buck y Abel Chapman en su libro *La España inexplorada* (1910), o incluso el periódico *La Voz de Liébana*, que da noticia del envenenamiento por «estrignina» de 4 o 5

---

[63]Florentino M. Torner. *Dos estudios geográficos y etnográficos sobre Asturias*, 2006.
[64] Ídem.

Lobo cazado en los montes de Liébana en la década de 1910.

perros y alguna ave de corral en Puente Ojedo, cerca de Potes, en una fecha tan temprana como abril de 1905, «no se sabe si por descuido o intencionadamente». Los efectos de este poderoso alcaloide se hicieron sentir durante muchas décadas, utilizados incluso por la propia Administración forestal hasta los años 70 del siglo XX contra las llamadas «alimañas». Puede decirse que se incorporó con entusiasmo al amplio catálogo ya existente de medios de exterminio contra los lobos, como se puede advertir en el siguiente fragmento de 1829:

> Siempre es difícil la caza del lobo con escopeta, por lo astuto y desconfiado que es este animal; y así es necesario recurrir á lazos, trampas y cebos que lo maten. El medio más sencillo es el usar la nuez vómica, que por otro nombre la llaman Matalobos, y que se encuentra en las droguerías y boticas. Ésta se lima porque es muy dura, y sus polvos luego que se secan se introducen en carne de perro o de cualquier otro animal (…), no hay duda que se exterminarían muchos más que con batidas y cacerías. Hay otro método más seguro de matar lobos: se ponen dos agujas en cruz, puntiagudas por ambos extremos, (…) se meten en un trozo de carne (…), pican los intestinos del lobo y le causan la muerte[65].

Hay que decir aquí, como constatación de una realidad —sea incómoda o no, pues resulta difícil encontrar sensatez y mesura en cualquier discusión sobre el lobo— que no hay mayor prueba de resistencia ante la acción humana que la de la propia especie durante todo el siglo XX y hasta bien entrados los años 80. La letalidad implacable de la estricnina (por su comodidad, accesibilidad y toxicidad), junto con los métodos tradicionales de las armas de fuego, los lazos de acero, los cepos y demás trampas, tejieron una tela de araña de tal potencia devastadora que no deja de causar asombro que la especie pudiera escapar de ella.

No obstante, uno de los métodos más elaborados empleados para la caza del lobo, y que proporciona además la medida real de lo que suponía su impacto sobre las comunidades rurales, por la cantidad de esfuerzo comunal que implicaba su construcción, son las estructuras cinegéticas conocidas como «pozos lobales», (con sus diferentes nombres y variantes: callejos, *foxos*, *cousos*, *caones*, chorcos, etc.). Trampas muy variopintas tendentes principalmente a la captura de lobos, y constituidas generalmente por un pozo de unos 5 o 6 metros de profundidad por 4 de anchura, todo él revestido de piedra, y en muchos casos con una larga empalizada de piedra o estacas de madera que buscaban conducir a los lobos hacia la caída en dichos pozos, donde eran rematados a pedradas o ensartados en lanzas o postes afilados; en otros casos funcionaban como simples trampas pasivas en las

---

[65] Anónimo. *Tratado de la caza de los lobos y zorras y medios más seguros de exterminarlos*, 1829.

que se colocaba un cebo sobre el suelo vegetal que tapaba el pozo y que cedía ante la pisada del depredador.

Aurelio de Llano transcribe un interesante testimonio al respecto en su libro *Bellezas de Asturias de oriente a occidente*, fechado por él mismo el 21 de octubre de 1921 y que recoge de un anciano de Quirós que tiene en ese momento 84 años, por lo que se puede deducir, si su comentario es preciso, que en torno a 1850 todavía se practicaban monterías en esta zona.

> Cuando yo era mozo, me dice el vecino de Quirós Ulpiano García, hacíamos grandes monterías para cazar lobos, los obligábamos a meterse en el Canal de Fois, que tenía más de un kilómetro de largo, construido con estacas altas, ancho por un extremo y estrecho por el otro, terminando con un pozo hondo revestido de piedra, sobre el que se ponían ramas; al llegar allí las fieras empujadas por nosotros, caían en la celada.

Numerosas trampas de este tipo se conservan en todo el noroeste español, especialmente en las provincias gallegas, Asturias, León y norte de Portugal (se documentan más de 200), además de Zamora, Burgos y Cantabria. Su antigüedad es grande, aunque imposible determinar cuánto. En 1748 una Circular de la Junta General del Principado conminaba a que «los vecinos corriesen las monterías para la pesca de lobos, y otros animales nocivos, haciendo callejos, y reparando los arruinados», señal de que a mediados del siglo XVIII ya existían, y eran tan antiguos que algunos ya estaban inutilizados.

La forma de conseguir que las piezas se precipitasen en estas trampas era la llamada «montería», que exigía la participación de numerosas personas (centenares, en muchos casos) batiendo el monte con el fin de empujar a los animales hacia los pozos. La regulación de estas monterías y el continuo llamamiento de los hacendados y propietarios rurales a su frecuente realización —ellos eran los primeros interesados, por ser los dueños de la mayoría del ganado por entonces— está muy documentada en los textos legales de la Junta General del Principado. Pero con el paso del tiempo, la renuencia de los vecinos ante una labor que consumía muchísimas horas, necesarias en otras tareas dentro de un régimen económico de pura subsistencia, y la generalización de las armas de fuego a partir del siglo XVII acabarían con esta modalidad de caza colectiva, por lo que los pozos lobales pasarían a utilizarse más como trampas pasivas, colocándose un cebo en el centro de los mismos para que cayeran los lobos al pisar sobre ellos.

Estos artificios, a los que habría que sumar otros muy variopintos como el empleo de trampas de red, artilugios para atrapar osos vivos como el llamado «pezugo» de Armenande, en el occidente de Asturias, o las «mazapilas» (instrumentos para hacer ruido con el que ahuyentar a los lobos), conforman un conjunto etnográfico tan insólito como desconocido. Seguramente hay muchas más trampas de las que se conocen repartidas por toda la cordillera Cantábrica (sólo en el concejo de Lena y límites adyacentes de Quirós y Riosa, en una búsqueda llevada a cabo por la Guardería forestal de la zona y un joven arquitecto becado para ello, dio como resultado la aparición de al menos 15 pozos lobales, alguno todavía en muy buen estado de conservación). Su ubicación y su memoria se han perdido por completo, y solo entre las brumas de la memoria de los más viejos pueden ser localizados de nuevo, además de la suerte de dar con ellos en cualquier punto del monte, pues no se situaban precisamente junto a los mejores caminos. Como todo registro de la vieja cultura campesina, algunos perviven en topónimos cada vez más próximos a ser inexplicados (Las Estacas, El Couso, El Caleyu, El Foxo…). Suponen un patrimonio etnográfico en la misma vía de desaparición que las cabañas, los molinos, los caleros, las tejeras o los pozos de agua; o sea, todo lo construido por esa extraña civilización perdida que habitó la cordillera Cantábrica antes que nosotros.

Pozo lobal en Lena. Fotografía del autor.

Uno de los pozos lobales más famosos y mejor conservados, por restaurado, claro, pero que refleja muy bien lo que eran estas construcciones, es el llamado «Chorco de los Lobos», situado en Prada de Valdeón, poco antes de Caín (León). Todavía estaba activo a mediados del siglo XIX, cuando lo visitó Casiano de Prado y le explicaron su función:

> Según se nos dijo, en 46 años se habían cogido por este medio sesenta y tantos lobos y sólo un oso; porque este último animal anda siempre por los sitios más apartados, por las peñas más altas y por las cavernas, adonde hay que ir á cazarlos[66].

---

[66] Casiano de Prado y Vallo. *Valdeón, Caín y la Canal de Trea; Altura de los Picos de Europa*, 1985.

«Chorco de los lobos» de Prada de Valdeón. Fotografía R. Villegas.

No es de extrañar, pues, con esta maraña de cepos, lazos, pozos, venenos, armas, etc., esperándolos en cada sendero o camino, que los lobos fueran a menos en todos los escritos. Pascual Pastor López, en sus *Apuntes sobre la fauna asturiana bajo sus aspectos científico e industrial*, publicado en 1859, hablando precisamente de la abundancia de los carnívoros, escribe lo siguiente: «… no lo es tanto el lobo y se dice que era aún menos frecuente antes de la última guerra civil», refiriéndose en este caso a la Primera Guerra Carlista. No obstante, la alegría debía ir por barrios, o más bien por informantes, pues Hans Gadow, en su visita a Pajares del Puerto —como era conocido entonces este pueblo que da nombre a uno de los pasos más concurridos de la cordillera Cantábrica—, recoge precisamente lo contrario:

> … el número de corzos ha ido descendiendo en los últimos años por el aumento de los lobos, debido a que el Gobierno ha dejado de premiar su caza […]. Y es que el tema de los pagos a los esforzados cazadores de alimañas fue decayendo, pues a partir de 1860 el pago correrá a cuenta de los municipios, mucho más magros de presupuesto[67].

---

[67] Hans Gadow. *Por el norte de España*, 2015.

Efectivamente, al parecer los pagos por la talla de fieras fueron decayendo en la última parte del siglo XIX, pasando la responsabilidad de la Junta General a los municipios, mucho más escasos de fondos. Con el siglo XX, sin embargo, el pago por la muerte de los animales silvestres será asumido de nuevo por las «Juntas Provinciales de Extinción de Animales Dañinos y Protección de la Caza», con resultados todavía muy eficaces a la vista de los datos del período 1954 y 1961: sólo en Asturias se premió la captura de 322 lobos (46 de media anual).

Estos pagos fomentaron aún más la actividad alimañera en su sentido más profesional, pues si bien algunos la practicarían ocasionalmente y como complemento a la labor principal de la ganadería y la agricultura, siempre hubo alguno que se ocupaba de ella con mucha más dedicación, y que, además del pago establecido por la Administración, solicitaba además una compensación voluntaria a los vecinos. Detectar el paso de los lobos, hacer un seguimiento de sus rutinas y movimientos, no digamos nada llegar a la covacha o encame donde la hembra pare a los cachorros (momento que se aprovechaba para quitárselos y eliminarlos), suponía un desempeño de horas que nunca sobraban para hacer otras labores primordiales, por lo que de alguna manera eran recompensados por los demás vecinos en especie, normalmente previa exhibición de los ejemplares cazados por cada uno de los pueblos, como detalla el anónimo autor de una *Topografía médica del concejo de Caso* escrita hacia 1945:

> … el lobo es todavía abundante sobre todo en los puertos donde el ganado doméstico pasa muchos meses. Sin embargo, su captura o muerte es premiada, siendo exhibidas las piezas por los pueblos y recibiendo los cazadores donativos[68].

En todos los concejos de montaña existe memoria de estos renombrados alimañeros, pues algunos de ellos vivieron hasta época muy reciente. Sus técnicas de caza y su sabiduría en el discutido arte del exterminio se cuentan todavía entre las gentes de la zona, teñidas de un aura de montaraz leyenda difícil de comprender para quien jamás se puso en la piel del pasado. En realidad, estos hombres alcanzaron un alto grado de especialización en una parte más de la vida campesina, la que consistía en eliminar a los competidores de una ganadería que, en realidad, practicaban todos, y de paso cobrar unos cuartos. Pero hay que decir que, entonces, cualquiera que pisaba un campo y portaba un arma raramente perdonaba una vida. Hans Gadow (1898) recoge en este sentido una historia sucedida en Burbia, en la Comarca del Bierzo:

---

[68] Anónimo. *Topografía médica del concejo de Caso*, 1945.

Domingo Calvo, alimañero de Caso (Asturias). Diario *El Comercio* (Gijón).

> … en el mes de enero, cuando las montañas estaban cubiertas por la nieve, un hombre que estaba en los bosques vio, para su sorpresa, como un corzo salía corriendo hacia él y buscaba refugio entre sus piernas. La pobre criatura estaba siendo perseguida por un lobo. Aquel hombre, que era un excelente cazador, mató primero al corzo y después al lobo[69].

Sin ninguna duda debía de ser un excelente cazador, pero desde luego un hombre nada piadoso, a la vista de la acogida que dispensó a la pobre corza. Y yo, que sólo soy un panoli educado como tal en las historias de redención propias del cine norteamericano, me hubiera gustado encontrar otro final para este artículo. No lo podía haber, porque la vida era brutal en el pasado, como lo fue siempre entre el hombre y la fauna salvaje. Pero no me resisto a terminar con un testimonio atribuido a José Calvo Coya «Miza», un histórico cazador y alimañero del concejo de Caso, (Parque Natural de Redes), nacido en 1874, y en cuyo diario consignó la caza de 532 rebecos y corzos, 9 osos, 2 lobos, 45 jabalíes, y centenares de zorros y martas.

> Había salido muy de mañana de caza y fue al poco de caminar por el monte cuando la perra que llevaba se paró tras unos setos y se puso a ladrar. Me acerqué con el mayor cuidado y me di de frente con una

---

[69] Hans Gadow. *Por el Norte de España*, 2015.

rebeca que había sido muerta por un tiro de escopeta. A su lado había una cría completamente desfallecida a la que intenté reanimar dándole a comer migas de boroña. No conseguí que se mejorara y la tuve conmigo hasta el día siguiente que pude llegar a una Braña donde había varios pastores. Cuando estaba intentando que bebiera la leche que me dieron la cabritina se murió entre mis manos sin que pudiera hacer nada para salvarla. Fue tanta la pena que pasé entonces, que me dije «cuántos animalinos como éste habrán muerto por mi culpa». A partir de aquel momento, en los montes donde cazó Miza no se mató ninguna sola hembra.

2. Especies perdidas (Contribución al conocimiento de la fauna salvaje en la literatura asturiana)

En los últimos doscientos años se ha extinguido de la fauna cantábrica el quebrantahuesos, la cabra montés portuguesa, el ciervo autóctono y el lince boreal. A cambio se le ha añadido el gamo, una nueva población de ciervo procedente de Montes de Toledo, el cangrejo que erróneamente hemos llamado autóctono, y, en los últimos veinte años, visón americano, mapache, faisán, avispa asiática, cangrejo americano, cangrejo señal, mejillón cebra y muchos más, sobre todo insectos y peces. Está claro que hemos compensado con creces la pérdida, incorporando numerosas especies foráneas a cambio de las extintas, a la vez que incrementamos el desaguisado ecológico.

Es imposible saber en qué fecha del pasado desapareció el último de una especie, población o estirpe. Eso sólo es posible dejarlo para los tiempos recientes, con su moderna tecnología que permite datar hasta el día y minuto exacto en que se produce una extinción, como ocurrió en el año 2000 con el último ejemplar que quedaba de la cabra pirenaica.

Pero volviendo a lo ya extinto en el pasado, parece que el lince debió desaparecer probablemente a lo largo de la primera mitad del siglo XIX, la cabra montés y el ciervo durante la segunda mitad de ese mismo siglo y el quebrantahuesos hacia el primer tercio del XX. Sabemos que existieron porque sus restos aparecen en cuevas y yacimientos a lo largo de la Cordillera; restos de cabras monteses los encontró Hans Gadow en su expedición a la Cueva de la Mora, en el desfiladero de La Hermida, numerosas astas de ciervo fueron halladas en las minas prehistóricas de Texeo, en Riosa, y en las de El Milagro, en Onís (Picos de Europa), utilizadas por nuestros antepasados para extraer el cobre... Más escasos son los restos de lince, de los que ya hablaremos en el capítulo final.

El análisis de las fuentes literarias podría servir para determinar el área de distribución y la fecha aproximada de su extinción, si no fuera por la dificultad de concederles el rigor y la precisión necesarios para determinar algo así. En el capítulo sobre la búsqueda del lince ya se expone esta cuestión aparentemente insalvable —la de la falta de coherencia natural y ecológica de que adolecen estas fuentes—, pero ahora basta reproducir un párrafo de quién las ha estudiado a fondo para entender mejor su dificultad (Juan Pablo Torrente, *Osos y otras fieras en el pasado de Asturias*).

> Todas las referencias previas, en diccionarios geográficos, monografías de concejos y topografías médicas (siglos XVIII al XX), son de ámbito muy local, se copian unos a otros y abundan en confusiones e inexactitudes.

Antiguo grabado de un lince boreal, llamado también lobo cerval.

Pero es lo que hay, y no debemos renunciar a utilizarlo. A veces, además, aparecen resplandores que permiten esbozar una certeza, como Hans Gadow. Su libro, *Por el norte de España,* es una fuente extraordinaria para conocer el estado general de la fauna a finales del siglo XIX. Si atendemos al escasísimo rigor con el que trató aspectos como la etnografía o la historia de España, donde incluye con la mayor inocencia —no le dio tiempo a conocer el carácter español y montañés en particular, al hombre— toda suerte de fabulaciones y desvaríos que le proporcionaban los paisanos, podríamos pensar que lo afirmado antes es una absoluta temeridad. Pero es de suponer que Gadow preguntaría a pastores y vaqueros, y que estos le informarían conforme a su percepción, y en este campo no hay tanto espacio a la fantasía como los otros antes citados. Además, cotejando sus afirmaciones con lo que hoy sabemos sobre la ecología de muchas especies, vemos que en general son bastante acertadas. Lo singular de Gadow es que aporta información sobre fauna a la que otros autores no solían prestar atención, especialmente en el campo de las aves y de los pequeños carnívoros, no digamos nada sobre reptiles y anfibios.

Con todas las fuentes posibles, la conclusión es evidente y seguramente poco sospechada: las especies se extinguieron no precisamente a lo largo del siglo más letal que haya existido para la especie humana, sino que fueron languideciendo durante los siglos XVIII y XIX hasta caer rendidos en la orilla finisecular los últimos náufragos de una extinción propiciada desde muchos siglos atrás. Razón por la que quizás habría que repensar la inocencia ecológica que se atribuye a nuestros antepasados, sobre todo por algunos teóricos empeñados en dignificar la vida rural desde presupuestos falsos, esa forma tan típicamente española de afrontar los problemas diagnosticándolos erróneamente por temor a reconocer una verdad mal vista.

Pero este artículo va sobre especies extinguidas, así que veamos una por una.

• **Cabra montés** (*Capra pyrenaica ssp. lusitanica*)

El diccionario nunca publicado de la Real Academia de la Historia —cuya parte correspondiente a Asturias dirigió el sacerdote y jurista ovetense Francisco Martínez Marina, un producto más de la sabia ilustración que alumbró por entonces, desproporcionadamente a su tamaño e importancia, la región asturiana— se refiere en su descripción general de la región a la cabra montés como «otra especie de paletos de dos astas grandes y gruesas, color de uña, que sirven para frascos de pólvora; se ven pocos porque habitan los despeñaderos más inaccesibles, y llaman "mueyos" los naturales». Más específicamente, en la entrada referida al concejo de Cabrales, encargada al cura-párroco de Santa María de Llas, don Prudencio Mier, describe de nuevo esta especie en los siguientes términos (1801):

> … En los valles hay corzos, y una especie de cabra montés parecida a las cabras comunes, aunque de mayor bulto y ligereza, se llama mueyos, la armadura del macho es parecida también a la del cabrón, aunque mucho mayor[70].

Pascual Madoz también la incluye en su *Diccionario geográfico-estadístico-histórico de España y sus posesiones de Ultramar* (este sí, a diferencia del otro, publicado entre mediados de 1846 y 1850), pero como a veces copia sin rubor los «papeles» (llamados convencionalmente así debido a su falta de edición) de Martínez Marina, no sabemos en realidad si todavía existían o se limitó a reproducir lo escri-

---

[70] J. Uría Ríu. El *«mueyu», «capra pyrenaica» asturiana extinguida a comienzos del siglo pasado*, 1959.

to medio siglo antes. Casiano de Prado, que pisó los Picos de Europa en varias expediciones, como hemos visto, al referirse al pequeño collado de Puertas de Moeño (entre la torre del mismo nombre y la Torre de la Celada), indica que «mueño» es «cabra montés, animal que ha desaparecido ya casi completamente de aquellas montañas». No es extraño, por otra parte, que el nombre de ambas torres aparezca enfrentado, pues el topónimo «celada» hace alusión precisamente al carácter de trampa, en la que caerían cabras monteses y rebecos, como hace constar Aurelio de Llano en su libro *Bellezas de Asturias de oriente a occidente* (1928).

> Estamos en la entrada de la Canal de la Celada, desfiladero fragoso; en los tiempos remotos estaba cerrado en su parte inferior con un muro —cuyos restos se conservan—, en el cual había una abertura; los cazadores obligaban a los rebecos a pasar por ella, y entonces los mataban con chuzos…

Expo del primer concurso nacional de trofeos de España en Madrid, 1950. Delante se ve una cabra montés de cuerpo entero, otras cabras montesas y dos osos pardos cantábricos. Palacio (Archivo Fotográfico de la Dirección General de Turismo), Biblioteca de la Facultad de Empresa y Gestión Pública (Universidad de Zaragoza). Licencia Wikimedia Commons.

Siguiendo con los topónimos (a veces, la única fuente de información por su carácter de lápida intangible donde ha quedado grabada una información ya olvidada), es de suponer que incluso el nombre específico para el municipio de Cabrales (corazón del Parque Nacional de los Picos de Europa) vendría también de estos bóvidos extintos, en este caso derivado de su nombre latino *capra*.

Francisco Ballesteros Villar, en su libro *Pastores y majadas del Cornión* (2002), recupera de la memoria oral el lugar exacto donde un cabrero de Amieva cazó el último «mueño» de los Picos de Europa en su sector occidental («se dice que fue sobre 1840, sin poder precisar más la fecha»). Ese lugar donde el último mohicano de toda una subespecie encontró la muerte se conoce como las «Astas de la Palanca», un topónimo que hace honor al animal por su sonora belleza, por el paraje espectacular donde se encuentra (el estrecho valle de Angón, por donde se abre paso el río Dobra) y por hallarse 1.500 metros por debajo de donde reposan los restos mortales de un ilustre cazador que jamás los conoció: el marqués de Pidal.

Cuando Hans Gadow recorrió estas montañas 50 años después, ya no pudo encontrar el más mínimo rastro de ellos, «este animal no suele darse en la cordillera Cantábrica, ni siquiera en los Picos de Europa», a pesar de que sí hace mención al único grupo que para entonces todavía quedaba en pie de esta subespecie que antaño había llegado a ocupar todas las zonas montañosas del noroeste de la península ibérica: un pequeño rebaño de hembras confinadas en la Serra de Gerês, en el norte de Portugal. En su libro *In the Northern Spain* se refiere incluso a la única fotografía que existía de esta subespecie extinta, tomada el 20 de septiembre de 1890 a una hembra que había penetrado en un invernadero y que acabaría muriendo pocos días después en un zoológico de Lisboa. Dos años más tarde apareció otra hembra muerta y ese mismo año de 1892 serían avistados los dos últimos ejemplares vivos de *Capra pyrenaica lusitanica*.

«Su desaparición se debe a que han sido exterminadas», aventuraba el bueno de Gadow.

• **Ciervo autóctono** (*Cervus elaphus*)

Cuándo se extinguió el ciervo, en qué periodo, o casi para ser más exactos, en qué fecha ya no era posible encontrar alguno en los montes de la cordillera Cantábrica es algo que no está claro, porque, entre otras cosas, no había preocupación ni interés en realizar un seguimiento de ello. Eso es algo que podemos hacer ahora, y de hecho se hizo con el bucardo en el Pirineo *(Capra pyrenaica ssp. pyrenaica)*, gracias a cuyo collar emisor se pudo saber que el último individuo que quedaba de esta subespecie de cabra hispánica murió aplastado por un árbol en el año 2000.

141

Lo cierto es que Pascual Madoz todavía incluía al ciervo en las sierras altas de la Cordillera y «en los derrumbaderos del confín meridional» hacia 1850. Sin embargo, Hans Gadow consideraba a la especie cincuenta años después ya «completamente desconocida» en la cordillera Cantábrica. Choca con el comentario de Manuel de Foronda y Aguilera, que en un libro escrito en 1882 —aunque publicado 11 años más tarde— hace mención a la abundancia de ciervos en el entorno del lago Ercina, en el Macizo occidental de los Picos de Europa:

> El lago de La Encina [Ercina] es una charca de turba de un kilómetro de largo por 500 metros de ancho en el verano, y en él hay una gran junquera que sirve de guarida a los millares de patos salvajes que con los ciervos, que también abundan, constituyen otra agradable diversión para los aficionados a la caza[71].

Teniendo en cuenta que Manuel de Foronda y Aguilera era aristócrata, licenciado en Derecho, diputado provincial por Madrid, geógrafo e historiador, sin que aparezca por ningún lado su condición de cazador, es fácil pensar que confundiera a los corzos con ciervos. No es de extrañar, pues debían de abundar también. A este respecto, el conde de Saint-Saud, de regreso a Potes, se detiene en la venta de Cortes el 12 de julio de 1908, donde recoge el siguiente testimonio:

> Para calentarse y desayunar en la venta de las Cortes, pequeño y bonito albergue atendido por serviciales personas. El «amo» del albergue, Marcelino Moreno, nos contó que él recogía corzos vivos durante el invierno en tiempo de nieve.

En cualquier caso, Jesús Evaristo Casariego, una enciclopedia cinegética en sí mismo, no alargó la estirpe del ciervo autóctono en Asturias más allá de la primera década del siglo XX:

> Creo que el último ciervo astur indígena se cazó por las fronterizas tierras de la marca de Degaña [parte más suroccidental de Asturias] en 1903 ó 1904. Fue una gran pérdida, ya que era una de las mejores joyas del estuche de nuestros bosques.

Otro ilustre cazador y escritor, en este caso gallego, José María Castroviejo, lo hace desaparecer de los montes gallegos a mediados del siglo XIX, citando a don Froilán Troche y Zúñiga, singular hidalgo gallego —anticuario, archivero y Co-

---

[71] Manuel de Foronda y Aguilera. *De Llanes a Covadonga. Excursión geográfico-pintoresca*, 1893.

Cervus elaphus. The Illustrated London News, 26-8-1871. Licencia Wikimedia Commons.

misario de Montes, entre otros cargos— que escribió en 1837 un interesantísimo libro (*El cazador gallego con escopeta y perro*). En este libro, además de ofrecer técnicas venatorias bien que discutibles, como utilizar los reclamos de las crías para atraer a sus padres y cazarlos («si alguna vez se cogen los corcitos nuevos, sirven para matar los padres á la espera»), informa que los venados autóctonos son ya casi excepcionales en los montes de Galicia.

> … como en las provincias de que yo trato y en que más he cazado apenas existen ya venados ni gamos…

José María Castroviejo, en su libro *Viaje por los montes y chimeneas de Galicia*, (1962), hace sucumbir al último de aquella especie, como no podía ser de otra manera, con la belleza que semejante pérdida merece:

> El ciervo es hoy tan sólo recuerdo para el bosque gallego. El último ejemplar, que sepamos, del noble y heráldico huésped de la espesura, fue muerto a mediados del siglo pasado en la montaña que lleva precisamente su nombre: la de Cervantes.

Puede que en algunas zonas aisladas de la cordillera Cantábrica se mantuviera todavía presente por más tiempo, pero no parece que las poblaciones autóctonas de ciervos llegaran más allá de las dos primeras décadas del siglo XX. En una *Topografía médica del concejo de Ponga*, escrita en 1916 por Felipe Portolá Puyols, encuentro un texto muy interesante en este sentido acerca de una reintroducción de ciervos hecha con anterioridad a esa fecha.

> Parece ser que también se han aclimatado los venados; se han visto ya algunas crías, procedentes de los que mandó traer del Pardo el infante Don Carlos, porque dichos montes son coto de caza de su alteza desde hace unos años.

Este texto sirve para acreditar, por un lado, que a principios del siglo XX ya no había ciervos autóctonos en el concejo de Ponga (quizá el más abrupto de toda la cordillera Cantábrica, excluidos los Picos de Europa), y por otro lado que la acción venatoria tuvo que ser bien intensa para conseguir erradicarlos de lugar tan favorable para ellos como este, como igualmente debió producirse en todos los demás territorios aptos para la especie, hasta hacerla desaparecer por completo y para siempre.

Los ejemplares que hoy vemos en la cordillera Cantábrica, más pequeños de talla y desde luego peor adaptados al invierno que los que aquí hubo, proceden en su mayor parte de repoblaciones efectuadas entre los años 50 y 60 del pasado siglo con ejemplares traídos de Montes de Toledo. Liberados en distintos puntos de Asturias y Cantabria, se han ido expandiendo y en la actualidad mantienen una densidad más que notable. Gracias al espectacular fenómeno de la berrea, se han puesto muy de moda en los últimos años, convirtiéndose incluso en un nuevo estímulo económico cada vez más consolidado. Una singular metáfora de nuestro tiempo, sin duda (y de lo que trata este libro).

• **El quebrantahuesos** (*Gypaetus barbatus*) **y la perdiz nival** (*Lagopus mutus*)

En los «papeles» de Martínez Marina se cita al quebrantahuesos en los concejos de Parres y Llanes, es decir, en el entorno más al norte de los Picos de Europa, probablemente el área que debió albergar a los últimos ejemplares. Allí dejó un individuo malherido el archiduque Rodolfo, heredero del Imperio austro-húngaro, que vino a los Picos en 1879 precisamente a cazar quebrantahuesos para mejor estudiarlos, como veremos en el capítulo correspondiente.

Nuestro amigo Hans Gadow todavía lo daba por presente en la Cordillera años después («se puede ver», escribía), cuando hizo su viaje por el norte de España a finales del XIX. Finalmente se extinguió del todo sin dejar ninguna huella más en la literatura, aunque hoy vuelven a sobrevolar la Cordillera gracias a un programa de reintroducción con ejemplares procedentes de los Pirineos que parece tener bastante éxito.

De la perdiz nival apenas nada tenemos, salvo una cita un tanto ambigua en los «papeles» de Martínez Marina.

> Se encuentra toda caza, perdices regulares, otras que llaman pardillas, y lo son (algunas se han visto enteramente blancas)[72].

Algo más precisa (y desconcertante, por lo que implicaría su veracidad) es la inclusión entre las aves presentes en la *Topografía médica del concejo de Cabrales*, publicada en 1921, de una «perdiz blanca, *P. cinerea* Chaud (gris en verano)», distinguiéndola de la perdiz roja o «*P. rubra*», que también incluye. No obstante, puede estar refiriéndose a la perdiz pardilla, ignorada en dicho listado y sin duda presente en los montes de Cabrales.

En realidad no está claro si la perdiz nival llegó a existir en los montes de la Cordillera más allá de la última glaciación, sin más pruebas concluyentes que estas dos escasas citas, que más bien podrían referirse a algún caso especial de albinismo en perdices rojas o pardas, especies que sí existen en la actualidad.

A principios del siglo XX, Buck y Chapman restringían la perdiz nival únicamente a los Pirineos («no parece que se extienda más al oeste de la provincia de Navarra»). La especie sigue actualmente presente en la cordillera Pirenaica, por lo que tampoco sería

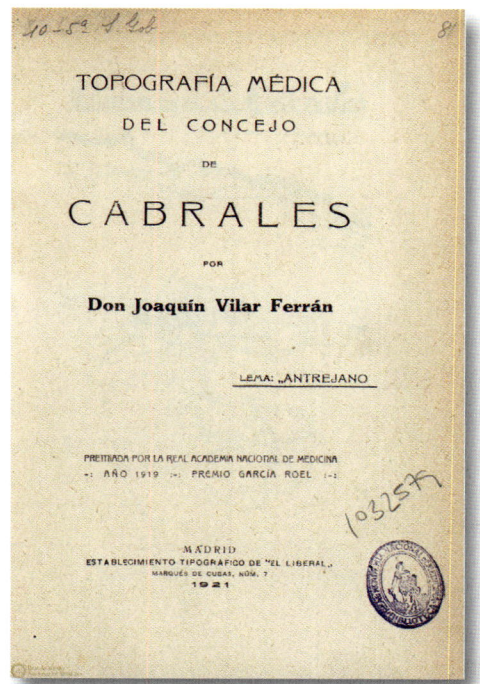

Portada del libro *Topografía médica del concejo de Cabrales*, de Joaquín Vilar Ferrán, Madrid 1921.

descabellado pensar que en el pasado lo estuviera en la Cantábrica, en épocas de más nieve como sin duda hubo.

Como curiosidad, en 1933, un alpinista inglés, G. F. Abercrombie, que vino a los Picos de Europa a escalar el Naranjo, se refirió a una supuesta perdiz blanca, más creo yo llevado por un arrebato poético que por otra cosa:

---

[72] Carlos Nores. *Los pioneros de la ornitología en Asturias*, 2003.

> Los lagartos verdes y grises o negros y dorados, una perdiz blanca y sus crías, el águila dorada dominando la sierra, parecían hacernos compañía[73].

Pudo ser el efecto de la traducción o una búsqueda consciente de la sinestesia en el uso de los colores, pero no favorece en absoluto la identificación de especies: no hay lagartos ni águilas doradas en la Cordillera. Es de suponer que tampoco habría perdices blancas. Sólo hay la emoción de Abercrombie describiendo la aproximación al Naranjo de Bulnes, en la collada de Arenizas Altas.

Al fin y al cabo, también es de lo que trata este libro.

3. Las mismas historias en diferentes lugares (O el jabalí como símbolo de la evolución del paisaje)

La rarefacción de especies llegó a ser tan grande que, aunque parezca increíble, entre disparar a un jabalí o a un oso pardo, un cazador llegaría a optar por el jabalí. Tan insólita historia quedó registrada en un texto magnífico de Fermín Canella Secades escrito en torno al año 1880, y que Pedro Pidal —ubicuo en este libro para todo tipo de texto y de materia como se puede ver— incluiría después en un opúsculo titulado *La caza del oso en Asturias*.

> … estando de caza con el herrero de Sorrodiles, estuvieron todo el día caminando por los montes del Acebal, Teixedal, Xerona, Cuadro, Burduceda, Cuelabre, Castellal y Peña del Oso, sin encontrar nada de caza. Ya sin víveres, Baltasar, el herrero, le dijo que se retiraba, pues no adelantaban nada. Garrido le contestó que él nunca había ido al monte sin traer caza, por lo que se quedó sólo. Tomó Francisco Garrido la dirección de la cima de un monte espesísimo de hayas y robles corpulentos llamado Reconco. Oyó ruidos en el monte y estallidos de fuertes retamas, por lo que se fue asomando poco a poco y sigilosamente. Al acercarse por entre unas peñas, vio un crecido y viejo oso, doblando ramas muy gruesas de roble con bellotas, y rugiendo sin cesar con alarmante intranquilidad, cosa que a Garrido le extrañó, pues creía no haber sido visto por la fiera. Se acercó más hasta ver el pie del roble, y junto a una peña oscura donde caían las retamas vio un animoso y brutal jabalí, de grueso cuerpo, pelo tosco, erizado y de color negruzco, hozando y comiendo tranquilamente la bellota que el oso echaba abajo. Por tal causa debían ser el enojo e inquietud del oso y sus rugidos, al ver al jabalí alimentándose con la fruta. Garrido estuvo indeciso, si tirar el uno o al otro; pues su escopeta de pistón no podía disparar más que un tiro, sintiendo entonces la falta del com-

---

[73] G. F. Abercrombie. *Los Picos de Europa,* 1934.

pañero. El oso, ante el poco resultado de su trabajo, se bajó del árbol gru-
ñendo y se plantó en actitud amenazante enfrente del jabalí, sin atreverse uno al otro. Entonces Garrido debió hacer la siguiente reflexión: yo,
osos tengo matados 74, y «jabariles» [sic] pocos, y en mi casa hacen falta
tocín y jamón; voy a tirar al jabalí.

En efecto, sonó un tiro que repercutió en el valle; el jabalí fue herido mortalmente en el vientre; pero lleno de furor hasta la muerte, creyendo fuera agredido por el oso, se precipita sobre él, le derriba, le hiere, y sus colmillos se clavaron en la panza del ursídeo metiéndole el hocico dentro, mientras éste se defendía furiosamente y con encarniza-
miento. La lucha fue terrible en cortos momentos, sin que el oso per-
diera la línea recta y dejará de dar zarpazos tratando de ahogar la presa
entre sus vigorosos brazos; y, por último, fue derribado y muerto por el
jabalí casi al mismo tiempo que éste caía, y ambos quedaron sobre el
campo sin vida: el oso con el hígado hecho pedazos y las tripas fuera, y
el jabalí con el botón truncado del hocico y un colmillo roto, además de
la herida del tiro que le había atravesado el vientre[74].

Cualquiera que tenga unos mínimos
conocimientos sobre la ecología de los
montes de Asturias, sabe bien que la posibilidad de que se produzca un hecho
como el narrado por Fermín Canella es
realmente escasa. No ya que se encuentren ambas especies, sino que el resultado del lance sea la muerte de ambos
ejemplares a costa de una sola bala. Que
sucediera además en otro lugar de la
cordillera Cantábrica, es, ya, sencillamente insostenible. Pero lo cierto es que
esta increíble historia la escuché en parecidos términos en la boca de un habi-
tante de la comarca de Las Merindades,
en la zona norte de la provincia de Burgos, que él había escuchado a su vez
contar a su padre.

No me atrevo a negar que tal cosa
jamás sucediera; probablemente un he-

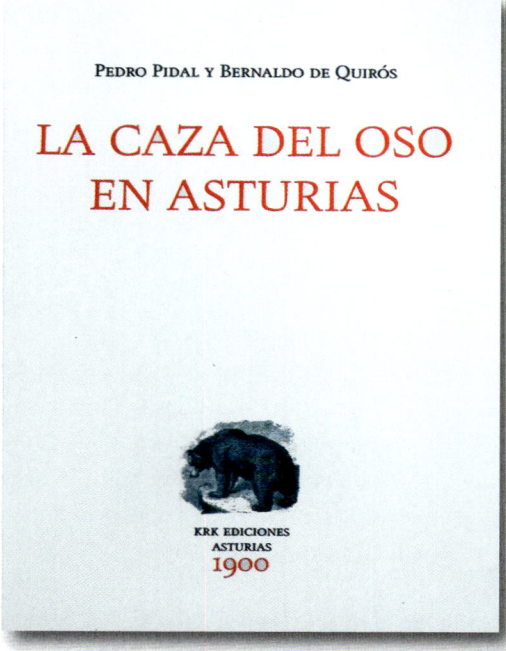

Portada del libro *La caza del oso en Asturias*,
de Pedro Pidal.

---

[74] Fermín Canella (Pedro Pidal y Bernaldo de Quirós. *La caza del oso en Asturias*, 2002).

cho tan extraordinario como este pudo ocurrir alguna vez, pero, en cualquier caso, lo que demuestra es que gran parte de los acontecimientos asombrosos que se atribuyen a los grandes paisanos de antaño en muchos casos no son más que leyendas repetidas. Son las mismas historias escuchadas en diferentes lugares. Una forma específica de adquirir memoria ancestral practicada, al fin y al cabo, por todas las comunidades que han sido y serán.

Encabeza este artículo precisamente para explicar y comprender muchas de las fantásticas historias que se relatan en este libro, pero también para introducir una especie que sirve mejor que ninguna otra —aun no siendo la más famosa, la más bonita, la más emblemática, ni la más protegida— para analizar de forma sencilla la evolución del paisaje rural durante los dos últimos siglos. El jabalí como símbolo del paisaje o *«magister geographicus»* (maestro de la geografía).

Y es que aparte del insólito lance narrado por Fermín Canella, lo que más llama la atención de esta historia es la asombrosa discordancia entre el número de osos y de jabalíes que debían existir entonces, expresado claramente en el pensamiento que Fermín Canella atribuye al cazador antes de disparar («yo, osos tengo matados 74, y "jabariles" pocos»). Para los que están al corriente de la extraordinaria proliferación de esta especie hoy en día, resulta casi imposible creer que entre un oso y un jabalí un cazador decidiera optar por este, debido a su escasez.

No es sólo en esta narración. En Grandas de Salime, en el suroccidente de Asturias, en un documento fechado en abril de 1817 por el que se reclama una compensación por los costes y esfuerzos de un natural del país en la construcción de redes para la caza de fieras —artificio nada frecuente, pero al parecer peculiar de aquella zona—, el párroco certifica que en el uso de las mismas se han cobrado 5 osos, 2 lobos y ¡un solo jabalí!

Fermín Canella, sin embargo, deja entrever la decisión tomada por el cazador a la necesidad de obtener tocino y jamón, algo que no parece veraz ni razonable, pues el oso pardo podía ofrecer mucho más, ya que tanto la grasa como la piel —muy apreciada, por la que según J. E. Casariego se pagaba una onza (16 duros) a principios del siglo XIX— daba buenas rentas, sin olvidar sus jamones (incluso preparado como cecina es todavía recordado hoy como un manjar muy apreciado en las zonas más oseras de la Cordillera, especialmente en el occidente de Asturias).

> … Los asturianos son menos complacientes con los osos que los osos con ellos; la piel de estos animales se vende muy bien en los puertos marítimos: los ingleses compran cada año grandes cantidades, sin contar con que después de haber vendido la piel los montañeses de Asturias saben sacar partido de la carne de estos animales. No se contentan, como el se-

Cazadores en los montes de Cantabria a principios del siglo XX exhibiendo sus «trofeos»:
tres osos y un enorme jabalí.

ñor Alejandro Dumas, con comer los bistecs, sino que hacen un jamón muy apreciado, que los madrileños les compran bien caro, bajo el falso nombre de «jamón legítimo de Galicia»[75].

Pero esta insólita rarefacción de una especie como el jabalí, tan acomodaticia a cualquier ambiente y lugar, no se produjo sólo por circunstancias puntuales y para ese período, sino que se detecta durante casi todo el siglo XX hasta prácticamente la década final del mismo, cuando comenzó a recuperar efectivos hasta convertirse hoy, en muchos puntos, —a lo que parece— en una plaga.

Y es que esta especie, cada vez más visible en las grandes áreas humanizadas, incluso en el interior mismo de los núcleos urbanos, llegó a ser tan escasa a mediados del siglo XX que cuando la administración comenzó a autorizar batidas a los vecinos del Coto Nacional de Reres, en Caso, era tal el escaso número de jabalíes que, para que la cacería tuviera éxito, se conformaban con encontrar una simple huella relativamente fresca, no digamos nada si podían abatir un ejemplar (Aprovecho para exponer uno de los monumentos a la desidia administrativa más extraordinarios que existe: en realidad, el nombre correcto debería haber sido «Re-

---

[75] Jesús Evaristo Casariego. *Tratado sobre montería y caza menuda*, 1977.

des» y no «Reres», por el topónimo del gran bosque de hayas que constituía el corazón del coto, pero un error de transcripción mantuvo este nombre erróneo durante muchos decenios, hasta que fue recuperado con la ley de creación del Parque Natural en 1995. ¡50 años con el nombre equivocado a sabiendas y todo por un documento mal escrito!).

Testimonios parecidos de escasez pude escuchar en otro concejo de la montaña central asturiana como es Lena, donde los jabalíes eran prácticamente ocasionales hasta la década de los 90 del pasado siglo XX. Y esto no sólo sucedería en los años posteriores a la Guerra Civil, donde es de suponer que muchísimos jabalíes y otras especies caerían en lazos y bajo el fuego de las armas para paliar el hambre, sino que ya debía de ser nota común en el siglo anterior, señal de que el acoso hacia este animal tan dañino para los cultivos había sido mucho más exitoso que para otras especies.

> El impulso dado al cultivo contribuyó mucho a disminuir el número de las fieras, que antes albergaban en los terrenos demasiado quebrados y cubiertos de matorrales: muy raros son ya los jabalíes, los ciervos, corzos, osos y rebecos o cabras monteses, que se encuentran únicamente en las sierras de Aller, Ponga, Amieva y Cabrales, y en los derrumbaderos del confín meridional; a diferencia de los lobos, liebres y zorras que recorren todo el país[76].

El jabalí es un animal muy plástico, muy adaptado a todo tipo de hábitats, lo que los biólogos llaman una especie «generalista» (el zorro es otro igual). Este tipo de especies comen de todo (el jabalí es la especie omnívora por excelencia, aunque el oso pardo lo es también casi en la misma medida, si bien tiene mucha mayor capacidad para depredar sobre otros animales que el jabalí). No obstante, el jabalí también come pequeños animalillos que captura por el suelo, invertebrados y huevos, muchos huevos es de suponer, lo que le hace culpable en gran medida —no sin razón— de contribuir a la desaparición o rarefacción de las aves que anidan en el suelo, como el urogallo y la perdiz, principalmente.

A diferencia de las especies «generalistas», las que los biólogos llaman por contraposición «especialistas» se dedican a un determinado recurso, lo que les hace especialmente vulnerable a una modificación en ese recurso. Eso es lo que le pasa al lince ibérico, por ejemplo, muy vinculado al conejo, especie esta a la que hemos hecho tales barrabasadas para contenerlos que si algún día el buen Dios somete a todas las criaturas a un juicio de Núremberg, la especie humana sería condenada sin ninguna duda a la horca.

---

[76] Pascual Madoz. *Diccionario geográfico-estadístico-histórico de España*, 1846-1850.

A las especies «generalistas» les encantan los paisajes fragmentados; cuanto más, mejor. Las «especialistas», en cambio, viven en hábitats muy concretos, y así les va. Pero, aunque el mundo parece que está hecho así desde que nosotros llegamos, lo cierto es que hace más de 50 años y más atrás el paisaje agrario era muy diferente. Para empezar, era un paisaje más uniforme y menos variado, con amplísimas superficies dedicadas al cultivo agrícola o a pasto. Había menos superficies arboladas y sobre todo había menos matorral, esa sucesión vegetal a la que se acusa de todos los males: abundancia de jabalíes, provocadora de incendios, abandono rural y muchos más. Sin el matorral no se explica nada, y curiosamente el matorral lo explica todo, hasta el punto de que podríamos hablar, si se hiciera una cronología basada en el paisaje vegetal, de antes y después de la «Era del Matorral». El matorral lo explica todo porque es precisamente el resultado de todos los cambios, la expresión vegetal de un modelo que se extingue (o ya virtualmente extinto) y su sustitución por otro, basado fundamentalmente en la falta de explotación del paisaje. El matorral es la vegetación transicional entre la vegetación herbácea y el bosque, entre lo que fue originariamente el paisaje y lo que pretende volver a ser, pasando por todas las (de)gradaciones que el hombre ha ido provocando con su mano lenta de hacha, fuego y maquinaria. Y ese matorral explica la abundancia de las especies de «ecotono», esos espacios de transición que son las protagonistas ahora mismo y mientras dure este cambio de Era. Especies como el jabalí, el zorro, las urracas y demás córvidos se aprovechan de ello.

Así que si el matorral es la expresión vegetal del cambio, el jabalí es su encarnación animal. En los espacios poblados de matorral encuentra refugio y alimento, y como ya no hay grandes áreas dedicadas al cultivo y a la agricultura que pueda dañar, no sufre esa presión ancestral que padecía, más allá de una actividad cinegética que no es capaz de rebajar sus poblaciones. La falta de predadores naturales en zonas medias o bajas y los suaves inviernos de estos últimos años propician una abundancia tal que es vista ya como un problema, con la inestimable colaboración del órgano encargado de educar a los ciudadanos en el conocimiento y el rigor científico: la prensa.

Y es curioso porque la mayoría de la gente de las áreas urbanas está muy a favor de la fauna salvaje. Pero cuando aparece un jabalí en esas zonas enseguida salen noticias advirtiendo sobre su peligrosidad y el temor que siente la población hacia ellos. Nunca falta alguien que añada en tono premonitorio —ni periodista por supuesto que no lo publique—: «Algún día va a pasar algo». Y sucederá, no lo dudo. Pero raramente un periodista advierte de la posibilidad de que a alguien le caiga un rayo en la montaña. Y las probabilidades son las mismas, o superiores.

Las sociedades primitivas metían el temor en el cuerpo de sus hijos a través de cuentos protagonizados por lobos u otras fieras. Las sociedades modernas lo hacen a través de las noticias publicadas por la prensa. Lo mismo sucede con los osos, cada vez más próximos a las grandes zonas habitadas del centro de las regiones asturiana y cántabra y con frecuentes avistamientos que normalmente conducen a la misma expresión de temor y advertencia que en el caso anterior. Y es cierto que nadie puede descartar que cualquier día se pueda producir la acometida de alguna especie salvaje (de hecho, sucedió en el año 2021, cuando este libro llevaba 3 años esperando a su publicación), pero infundir temor hacia estos animales no es seguramente la mejor forma de aproximarse a su conocimiento. Lo mismo pasa con culebras, avispas, abejas, murciélagos y demás causantes de todo mal. Hemos desertado por completo del medio natural. Es muy bonito, sí, pero para ver de lejos. Nuestros abuelos —en gran parte de los casos nuestros padres, incluso— estaban totalmente acostumbrados a la convivencia con estos animales, a los que persiguieron y cazaron todo lo que pudieron, pero a los que muy rara vez temieron. Ahora los protegemos, pero curiosamente los tememos. Es un extraño paso el que hemos dado.

4. La caza del oso y otros cuentos

La caza del oso bien merece ser contada. Así es como tiene lugar:

Por la mañana, muy temprano, una partida de montañeses, cubiertos de los pies a la cabeza con pieles de oveja, con la lana hacia el exterior, armados con palos y con largos cuchillos de caza, se dirigen hacia el bosque cerrado, donde los osos viven habitualmente. Estas partidas están formadas por unos 20 hombres, diez de los cuales van armados con un cuchillo y un silbato de cobre y los otros 10 con un palo largo. Los primeros, los que portan el cuchillo, se llaman Cuchilleros, los otros se llaman busca ruidos. Pronto la partida se divide en parejas, y cada pareja se compone de un cuchillero y de un busca ruidos. El cuchillero lleva un silbato colgado al cuello en una cadena de hierro. Pertrechados de esta guisa, los cazadores aguardan. En cuanto un oso aparece en el horizonte, el cuchillero y el busca ruidos avanzan hacia él con aspecto despreocupado, y cuando el oso se acerca, en lugar de dejarlo pasar tranquilamente, apartándose un poco del camino para no irritarlo, el busca ruidos le cierra el paso y levanta el palo sobre el animal, pero sin llegar a golpearlo.

Lo normal es que, ante esta amenaza, el oso se ponga en pie sobre sus patas traseras y se abalance sobre el busca ruidos; esto es precisamente lo que quieren los cazadores. Amenazado por el oso, el busca ruidos tira el palo, agarra al oso, lo aprieta y lo estrecha fuertemente entre sus brazos. Pero no es todo; con un rápido movimiento, que requiere gran precisión, el buscarruidos tiene que proteger su cabeza y alejarla de las fauces del animal, lo que consigue apoyándose con fuerza sobre el cuello del oso. En ese momento comienza un combate que causa una viva impresión a quien lo presencia como testigo, pero que los asturianos buscan con gran interés y del que siempre salen victoriosos con honor. El oso intenta arañar a su adversario, pero lo único que consigue es arrancar unos mechones de lana a la piel de oveja que lo cubre, y aún esto lo logra escasas veces, porque, en general, estos combates duran poco tiempo. En cuanto el busca ruidos tiene al oso entre sus brazos, el cuchillero viene por detrás y lo hiere mortalmente, hundiéndole hasta el mango un cuchillo de medio metro de largo. El arma, clavada entre la clavícula y el omóplato, debe alcanzar el corazón del animal, por el movimiento de inclinación de derecha a izquierda que le imprime el cazador. El cuchillero casi nunca tiene que repetir el golpe para liberar al busca ruidos, pero cuando esto sucede, la posición de este último es muy peligrosa, porque el oso herido se vuelve furioso, e incluso cuando cae al suelo, una convulsión o un movimiento de sus patas traseras puede despedazar al cazador. Pero también este caso ha sido previsto: el busca ruidos no suelta al oso hasta haber oído el toque del silbato de su compañero, anunciando que el oso ya no se mueve y en cuanto el oso cae al suelo, las dos piernas de su adversario le aprietan los costados, y el cazador queda sentado sobre los cuartos traseros del animal para evitar el menor movimiento. Mientras que no oiga el toque del silbato, el busca ruidos conserva la postura que acabamos de describir, y que nuestros lectores comprenderán fácilmente. Tiene que echarse sobre el oso y pegarse a él, sin separarse hasta el momento de su muerte. Esta lucha es horrible. Sin embargo, hay asturianos que la repiten 5 o 6 veces por semana, e incluso varias veces al día, desde su juventud, sin haber recibido nunca el menor rasguño[77].

Mi naturaleza es sumamente desconfiada, lo cual es mala cosa para ser escritor, pues obliga a trabajar más para documentarse con precisión; y es que para un escéptico no hay límite de lecturas hasta aceptar una rendición.

El escritor trata de ofrecer veracidad a su historia, y si esta tiene un escenario rural hay que ser muy cuidadoso a la hora de crear un relato. Los paisanos suelen mostrar su desconfianza hacia el forastero tirando de fina ironía y contándoles historias inverosímiles que normalmente suelen ser aceptadas sin dudar. De un hom-

---

[77] Émile Bégin. *Voyage pittoresque en Espagne et en Portugal*, 1850.

Lucha con un oso en los montes de Asturias. *L´Espagne Pittoresque, Artistique et Monumentale. Moeurs, Usages et Costumes*, MM. Manuel de Cuendias et V. et V. de Féréal, París 1848.

bre de campo uno no esperaría una deslealtad así. Ni que todo lo que diga sobre campo, fauna o flora pueda ser inexacto. Pero lo cierto es que en no pocas veces lo es, en ocasiones hasta extremos sorprendentes.

Sirva esta introducción para afrontar las acciones extraordinarias no sólo narradas por Émile Bégin en su *Viaje pintoresco por España y Portugal*, sino por Fermín Canella, en el libro *La caza del oso en Asturias*, o por Gonzalo Argote de Molina en su *Discurso al Tratado de montería* del siglo XVI, y por tantos otros que repitieron estas historias de cazadores que se dejaban abrazar por el oso, viéndose así incapacitado para derribarlos de un zarpazo, y que con extraordinaria habilidad y sangre fría le metían el cuchillo por las entrañas hasta abatirlo. Historias repetidas todavía hoy por los más ancianos de los pueblos y perpetuadas en los nombres de cazadores legendarios como Xuanón de Cabañaquinta, Toribión de Llanos y tantos otros. Me gustaría honestamente creer en ellas. Si fueron ciertas, quiero pensar que expresan, más que un valor estúpido y temerario, la desesperación por una vida miserable hasta el extremo.

> Pozos profundos, cubiertos de ramas de árboles, eran las trampas más sencillas para hacer al animal caer en ellas. Otras veces, colocados los cazadores sobre eminencias próximas a los senderos que frecuenta el oso, le esperan tras de montones de piedra y cantos que arrojaban sobre la fiera, logrando en ocasiones matarla o inutilizar sus miembros para quitarle la vida sin peligro; pero más frecuente y común era un gran instrumento de hierro con que nuestros valientes antepasados salían al encuentro de los osos: lanzas agudas, tridentes, fuertes y afilados cuchillos, eran las armas con que lidiaban, vencían y remataban la pieza. De aquí la indispensable lucha corporal entre el animal y el hombre, abrazándose en algunos casos, hasta que el temerario cazador, metido debajo del oso, bien unido a él y con la cabeza bajo del feroz enemigo, le pasaba las entrañas y le tendía muerto, no sin salir tristemente señalado con los dientes y afiladas garras del vencido. No ha muchos años la Sociedad Económica de Amigos del País premió a un natural del concejo de Ponga por haber luchado brazo a brazo y dado muerte con una sencilla navaja a un oso corpulento[78].

La cordillera Cantábrica es tierra de osos, ya lo vimos en el artículo primero. De su abundancia en el pasado da buena cuenta un párrafo de Ambrosio de Morales, que en el siglo XVI visitó Santa Eulalia de Abamia (Cangas de Onís) para conocer el sepulcro de Pelayo:

---

[78] Pedro Pidal y Bernaldo de Quirós (Fermín Canella). *La caza del oso en Asturias*, 2002.

> El día que yo estuve allí era domingo, y parecía que estaba allí el real del Rey Don Pelayo, pues había alrededor de la iglesia más de doscientas lanzas hincadas de los que venían a misa. Y dan su razón de traerlas que, como vienen a misa por aquellas brañas, pueden encontrar un oso, de que hay hartos, y quieren tener con qué defenderse de él[79].

Estas lanzas, llamadas «chuzos» en el país —las lanzas agudas a las que también se refiere Fermín Canella—, se pueden encontrar hoy en muchos de los museos etnográficos de Asturias. Son, efectivamente, largas astas de madera terminadas en una punta de hierro forjado con unas guardas perpendiculares, formando todo el conjunto metálico una especie de cruz que impide atravesar por completo al animal. Más que arma de defensa contra el oso se concebía como arma de remate en la celebración de monterías (de ahí su extrema longitud), cuando no existían o escaseaban las armas de fuego. Es más que probable que el día que Ambrosio de Morales se acercó hasta la iglesia de Abamia hubiese convocatoria para realizar una de estas monterías, pues no existe testimonio alguno de que el oso fuese un animal que de ordinario atacase a cuantos humanos encontrase por el camino. Más bien al contrario, como reflejan Manuel de Cuendias y Victor de Féréal, en su obra *L'Espagne pittoresque, artistique et monumental. Mœurs, usages et costumes* (1848).

> Las montañas de Asturias, en otro tiempo habitadas por héroes, están ahora pobladas de osos de un tamaño casi colosal y que, a pesar de su carácter bastante bonachón, no son excesivamente educados… Decimos educados porque, aparte de su fea costumbre de no desviarse ni un palmo del camino que siguen cuando se encuentran cara a cara con un viajero, los osos asturianos son unos infelices: en general, se muestran más interesados en rucar avellanas y bellotas dulces que en devorar a un hombre, ni siquiera un pájaro…

A no ser que las costumbres del oso pardo hayan cambiado en los últimos doscientos años, cosa bastante poco probable, se trata de un animal realmente pacífico, que rehúye el enfrentamiento, salvo que se encuentre acorralado o no tenga salida alguna.

Volviendo al texto de Ambrosio de Morales, en las monterías que se realizaban en el pasado, al menos hasta la generalización de las armas de fuego, lo más frecuente sería que los cazadores se dispusieran en zonas elevadas, con fuerte desnivel, aprovechando corredores o pasillos por los que el oso debía subir forzosa-

---

[79] Ambrosio de Morales. *Viaje de Ambrosio de Morales por orden del Rey don Felipe a los reinos de León, y Galicia y Principado de Asturias*, 1977.

mente, empujado por los gritos y la algarabía de los batidores o monteros, acometiéndolo finalmente con las largas lanzas citadas por el autor.

Precisamente en el año 2006, un guarda forestal del Parque Natural de las Ubiñas-La Mesa encontró la enorme punta de una de estos «chuzos» o venablos en una repisa caliza de muy difícil acceso. Se encontraba en muy buen estado y permanecía allí abandonada, olvidada seguramente por un cazador que desde allí debía esperar para acometer al oso durante la montería, o al que quizá le faltó la presencia de ánimo necesaria en estos lances, como bien escribiría un heterodoxo al que conoceremos más adelante: don Antonio de Valbuena.

> Respecto a la montería, aparte de la gran presencia de ánimo que necesitan los que han de colocarse en las esperas, sobre todo si no han tirado al oso nunca, no hay que recomendar sino el cuidado que es necesario en todas las monterías de no herirse los cazadores unos a otros[80].

Nuestro ubicuo Pedro Pidal narra minuciosamente en *La caza del oso en Asturias* una cacería protagonizada por él mismo en los montes de Llaímo (Sobrescobio, Parque Natural de Redes), pero una descripción más sucinta de lo que serían estas cacerías la tenemos en una carta que envía el mismo marqués de Villaviciosa a los exploradores y cazadores ingleses Buck y Chapman, y que estos incluyeron en su libro *La España agreste* (1893). Sustituyendo los chuzos por las modernas armas de fuego, no serían muy diferentes a las realizadas antes de la generalización de la pólvora.

A este mismo aristócrata, uno de los primeros deportistas de España, le debemos la siguiente carta: en lo que respecta a la caza del oso en Asturias, donde yo he matado 4, puedo decir que empieza en septiembre, época en que los osos tienen la costumbre de bajar por la noche desde los bosques de las altas montañas a las tie-

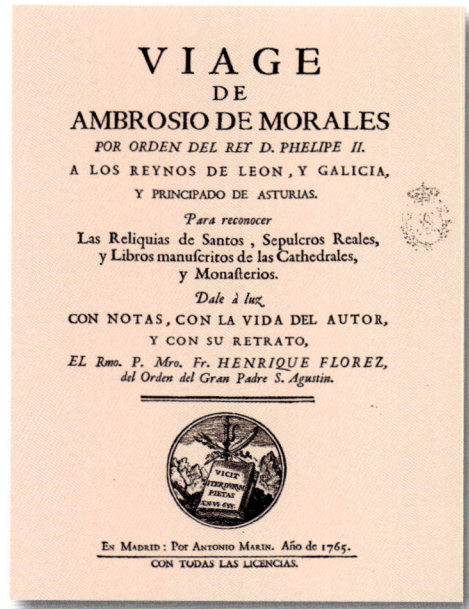

Portada del libro *Viaje de Ambrosio de Morales por orden del Rey don Felipe a los reinos de León, Galicia y Principado de Asturias*. Edición de 1765. Biblioteca Digital Hispánica. Biblioteca Nacional de España.

---

[80] Antonio de Valbuena. *Caza mayor y menor (no hay metáfora)*, 1913.

rras más bajas para devastar los maizales de los valles. Expertos rastreadores, enviados al amanecer, persiguen al oso hasta cualquier refugio en que hayan entrado, y desde el que no haya más salida. Quedando así asegurado el lugar en que se encuentra el animal, se organiza una montería, yendo los ojeadores provistos de buscapiés, botes vacíos, cuernos de caza, y de cualesquiera otros utensilios sonoros. ¡Incluso se requieren los servicios de un gaitero! Se necesitan generalmente tres o cuatro tiradores, que se apostan a lo largo de la línea que es más probable que atraviese el oso, tales como donde el bosque se aclara, o donde se estrecha en un saliente espolón de rocas cortadas a pico, en un valle profundo donde el refugio se encuentra flanqueado por un torrente montañoso que restringe y define la línea probable de escapatoria. El oso (que tiene la costumbre que atacar y matar el ganado) sale con un gran estrépito por entre la maleza, rompiendo todos los obstáculos y llamando mucho la atención por el ruido de su avance. Si es herido atacará a su agresor, pero en otro caso los osos sólo son peligrosos cuando son pequeños o son hostigados de algún modo.

Está claro que, a pesar del mito, al oso pardo se le cazaba con arma de fuego; lo demuestra claramente Juan Pablo Torrente en su libro tantas veces citado. Así, de los 380 osos presentados para el pago de la «talla de fieras» entre 1751 y 1757, el 75% de ellos fueron muertos por arma de fuego (arcabuz y escopeta), un 22% (crías, evidentemente) capturados a mano y sólo un 2% con otros procedimientos, como el uso del fuego o a golpes (también en este caso crías). Por arma blanca no hay ningún caso documentado. ¿Por qué entonces, en todo libro escrito sobre Asturias anterior al siglo XX, se cita una y otra vez la heroica lucha a brazo partido, sin más arma que un cuchillo y a lo sumo un capotillo para protegerse, que los hijos del país emprendían contra los osos, a veces incluso «varias veces al día», como escribe el pintoresco Émile Bégin?

Hay que decir, sin embargo, que no era sólo patrimonio de los asturianos semejante temeridad, pues se atribuye también a otros pueblos montañeses de igual naturaleza, como por ejemplo a los monteros burgaleses que dan su nombre a ese bello pueblo de la provincia de Burgos llamado Espinosa de los Monteros, quienes, según Pedro de la Escalera Guevara (*Origen de los Monteros de Espinosa, su calidad, ejercicio, preeminencia y exenciones*. 1735) «se atreven a luchar a brazo partido con osos de increíble grandeza, sin que les cause pavor alguno su furia, y los matan con un puñal solamente».

En cualquier caso, escribir sobre el oso era invariablemente hacerlo sobre esta forma de cazar, temeraria hasta el suicidio, pero que, de tanto repetida, se ha convertido en una leyenda creída por muchos que, probablemente, no se han encontrado nunca a menos de cien metros de un oso salvaje.

Juan Pablo Torrente (*Osos y otras fieras en el pasado de Asturias*) considera que lo que contribuyó a extender esta leyenda entre las gentes cultas fue el famoso *Discurso* que Gonzalo Argote de Molina incorporó a la edición que realizó en 1582 del famoso *Libro de la Montería*, atribuido tanto al rey Alfonso X como a su bisnieto, el onceno. Argote de Molina, que era militar, poeta, historiador, filólogo, anticuario y editor, entre otras muchas cosas, fue uno de los primeros que expuso el método y también el nombre de algunos de sus más señeros practicantes.

> … que en las montañas de Oviedo se ejercitan mucho en la montería de los osos, donde son muy ejercitados los hijosdalgo de aquel reino, y entre ellos Gutierre de Campomanes, Juan de Campomanes de Tiros, Gutierre de Hevia de Cortina y Esteban de Argüelles, y otros: los cuales, con mucha destreza, al tiempo que el oso se enhiesta contra ellos, le arrojan el capotillo a los ojos, y métenle el venablo por el pecho, metiendo la cabeza entre los brazos, de forma que el oso no puede alcanzar con las garras ni la boca para el herirles, y teniéndolos fuertemente, en el venablo los acaban[81].

Casi todos ellos son oriundos de las montañas de Lena, como sus gentilicios indican (Campomanes, Tiós y Cortina), al igual que el más tardío y no menos legendario Toribio García Morán «Toribión», natural de Llanos de Somerón, integrante del selecto grupo de los cazadores míticos asturianos que incluye también a Juan Díaz-Faes «Xuanón de Cabañaquinta» (este del municipio de Aller) o José González «el Cazaorín de Caleao» (concejo de Caso), todos ellos cazadores de leyenda, hombres hercúleos algunos y astutos otros, que ya forman parte de la historia universal de los municipios y comarcas a los que vincularon su nombre.

De otros cazadores que no han llegado a traspasar el umbral del lector interesado o del periodista curioso, pero que son todavía muy recordados en sus lugares de origen, conocemos muchas acciones extraordinarias gracias al valioso texto ya citado de Fermín Canella, incluido por Pedro Pidal en su libro *La caza del oso en Asturias*. Son historias protagonizadas por paisanos de otro tiempo y otra raza, como por ejemplo Francisco Hortal, de Vigidel, concejo de Teverga, que en una ocasión mató ¡dos osos de un tiro! y falleció en 1849 a los 80 años de edad, tiempo en el que llegó a matar 70 osos en los Montes de Cueva el Mundi, Llamaragil, Rebollada y Pollares (con la misma grafía y sonoridad castellana con que lo escribió Canella, que en asturiano de Teverga no suena precisamente igual). También Manuel Álvarez llamado «el cazador», natural de Urria, concejo de Somiedo, que mató 48 osos desde 1789 a 1826, y del que se cuenta que dio muer-

[81] Juan Pablo Torrente. *Osos y otras fieras en el pasado de Asturias*, 1999.

Grabado de *Libro de la montería que mandó escribir el muy alto y muy poderoso Rey don Alonso de Castilla y de León… ; acrecentado por Gonçalo Argote de Molina…*, año 1582.

te a un jabalí y a un oso de dos tiros seguidos (¿les suena la historia?). Manuel Álvarez moriría precisamente a consecuencia de las lesiones que le infirió una osa a la que había herido en el monte de Navayos.

> … pues emprendiendo su persecución por terreno muy quebrado y de muy áspera maleza, pasó por sobre la misma fiera echada, que se volvió contra él, causándole varias heridas en la terrible lucha que entablaron, hasta que pudo desasirse y empujarla con el pie por un precipicio[82].

Manuel Álvarez fue transportado a su casa en el estado más lamentable y murió poco tiempo después. Mejor suerte tuvo Celestino López, también de Somiedo, que quedó inútil a consecuencia de otra lucha cuerpo a cuerpo con el oso. O el tío «Manulón de Rita», de Genestoso (Cangas del Narcea), que mató 50 osos y fue herido en la cara y en una rodilla por una osa al pretender quitarle los oseznos. Fermín Canella cita a otro cazador llamado «el artillero», del que no da su nombre, natural de Vega de Hórreo (Cangas del Narcea), que mató a una osa a la salida de la cueva, perdiendo en la brega un brazo y un ojo.

---

[82] Fermín Canella (Pedro Pidal y Bernaldo de Quirós. *La caza del oso en Asturias*, 2002).

En los montes lebaniegos de Cantabria también se conocen numerosos cazadores de osos, como Sabas Barreda, del pueblo de Lamedo, nacido en el año 1811 y al que se le atribuyen 17 osos; Álvaro Cossío, de Buzeyo, nacido 5 años antes y con 16 osos en su haber, o Jorge Cuevas, de Esanos, que falleció en 1925 a los 95 años de edad habiendo matado 12 osos y después de haber perdido media nalga por el zarpazo de uno que creía muerto.

Sin embargo, hasta el bueno de don Fermín encontraba exageradas muchas historias; y, al fin y al cabo, de eso va este artículo, de distinguir la historia de la fantasía cinegética. Porque... ¿cómo conciliar el comportamiento pacífico del oso pardo cantábrico con una técnica venatoria tan frontal, tan temeraria, y tan expuesta además a una acometida que sólo puede ser brutal en un animal de esa potencia?

Testimonios de que el oso pardo cantábrico es una raza poco dada al enfrentamiento hay muchos. Lo es hoy, y lo ha sido durante el último siglo, donde no hay constancia de ataque de osos a seres humanos, salvo casos muy, pero que muy puntuales, vinculados sobre todo al terror que siente por la especie que más lo ha exterminado: la humana.

> ... sólo acomete al hombre cuando no puede huir por encontrarse herido o muy acosado. O muy asustado; pues a veces ataca también, sin hallarse acosado ni herido, al hombre que le sorprende o con quien se encuentra muy de cerca. Y es que se le figura que no tiene tiempo de huir sin que le hagan daño, y acomete de miedo[83].

Esto no lo escribió un cantamañanas cualquiera, sino que lo hizo un tal Antonio de Valbuena, periodista y reputado crítico literario (¡además de carlista, como Jesús Evaristo Casariego!) nacido en 1844 en Pedrosa del Rey, hoy pueblo desaparecido bajo las aguas del Embalse de Riaño. Personaje heterodoxo de vastísima cultura, escribió un libro titulado *Caza mayor y menor (no hay metáfora)*, editado en 1913, donde inserta varios artículos —no todos relacionados con lo que el título indica, curiosamente—, que tengo por los más precisos y coherentes que se hayan escrito en el siglo XIX sobre la caza y la fauna salvaje, hasta el punto de sorprender el grado de conocimiento que tenía de la biología del oso pardo, pues refuta por ejemplo la creencia, bastante común todavía hoy, de que la especie pasa aletargada el invierno.

> El citado señor Pérez Arcas, recogiendo como buena esta creencia, dice «en los inviernos rigurosos se aletargan y es fácil apoderarse de ellos». ¡Sí! ¡Vaya usted para allá! Lo que hay de cierto en esta versión es, prime-

---

[83] Antonio de Valbuena. *Caza mayor y menor (no hay metáfora)*, 1913.

ro: que el oso en todo tiempo, lo mismo en invierno que en verano, cuando se echa a dormir con confianza en sitio en que no cree posible la presencia del hombre, único enemigo que le da temor, tiene el sueño un poco pesado, aunque no tanto que se le pueda atar sin que se dé cuenta; y segundo: que el oso aguanta mucho el hambre, y cuando alguna gran nevada le hace imposible la alimentación, en lugar de andarse sobre la nieve haciendo el bobo, buscando lo que no había de hallar, se encueva y pasa unos días, durmiendo y despertando y lamiéndose las uñas. Pero cualquier día de esos que pasa encuevado ó ensotado entre una mata de acebos donde no penetra la nieve, cualquier día y a cualquier hora, aunque sea en lo mejor del sueño, si se acerca algún imprudente a despertarle, pronto da fe de vida.

Antonio de Valbuena. Fotografía de 1913.

A Antonio de Valbuena le ofendían profundamente estas historias, relatadas sin pudor por supuestos entendidos en los diccionarios de Historia Natural. Si tuviera que creer a alguien, lo creería a él, que cuenta en su libro lances cinegéticos bien conocidos hoy por su verdad en los montes de la Cordillera («ni el oso necesita estar hambriento para atacar a los ganados, ni por muy hambriento que esté llega a atacar al hombre»). Varios de estos sucesos los recoge José Antonio García Díez en su libro titulado precisamente *Osos, lances y percances* (1998), donde relata encontronazos de personas con osos en los montes de la cordillera Cantábrica leonesa, cuando aquellos y estos abundaban, pero curiosamente ninguno resuelto a brazo partido. Entre ellos incluye los raros casos en los que al verse sorprendidos los osos por el hombre (por no haberlos detectado previamente), pegaban un zarpazo y salían huyendo. En Liébana se conoce el caso de dos mujeres que estando a recoger bellotas cerca del pueblo de Cueva se encontraron con una hembra y sus dos crías (o *escañetos*, como los llaman allí), y al verse atacadas por la madre tuvieron que esconderse en el hueco de un árbol, hasta que aquella huyó con sus dos crías. Valbuena contaba en este sentido el frecuente caso de los niños de los pueblos de la montaña de Riaño que iban al monte a recoger arándanos, «en grandes cuadrillas», y se encontraban allí con el gran carnívoro, aficionado también a los amargos frutos, llevándose todos el susto consiguiente.

> Nada más que el susto, porque el oso huye aun de los rapaces en cuanto los ve o los siente[84].

Escritores y cazadores de la talla de Jesús Evaristo Casariego o José María Castroviejo así lo escribieron también, y todos cuantos se han aproximado a la especie sin ánimo de fantasía y sensacionalismo. Apenas hay —y cuando digo «apenas» es que son contados con los dedos de una de mis manos— noticias veraces de ataques de osos a personas, fuera de lances específicos de caza, que ahí sería otra cosa. Y cuando aparecen, como el narrado por José María Castroviejo en su libro *Viaje por los montes y chimeneas de Galicia* (1962) acerca de un suceso acaecido en un pueblo de Orense cercano a la frontera portuguesa, publicado en la prensa gallega el 17 de junio de 1946, adquieren tintes insólitos. Allí donde no los había, aparecieron un día de pronto tres osos pardos salidos de nadie sabe dónde, que hirieron en un brazo a un vecino del lugar, siendo abatido uno de los osos por el arma de un guardia civil que vino en su ayuda, sin que se supiera más de los otros dos. El mismo Jesús Evaristo Casariego, poco sospechoso de rebajar la importancia de estos hechos, como se verá en el capítulo siguiente, los creía escapados de algún circo de España o de Portugal.

Lo cierto es que, incluso cuando el oso se encuentra en la cueva y se ve hostigado por alguien desde el exterior, lo normal es que salga a toda velocidad tratando de huir por el monte, o directamente no salga. Resulta verdaderamente difícil de creer, por todo ello, que el oso se encontrara con un cazador armado de cuchillo, permaneciera inmóvil y llegado el caso se dejase atacar. Eso pudo producirse en algún caso puntual y concreto, y quizá de esa circunstancia particular surgieron después las generalizaciones que agrandaron la leyenda. Jesús Evaristo Casariego opinaba en los mismos términos.

> Ciertamente existieron famosos oseros asturianos que mataron muchísimos plantígrados, y se sabe que en alguna ocasión utilizaron, como recurso supremo, el puñal, pero no es menos cierto que en casi todos esos lances los cazadores perdieron la vida o salieron con gravísimas heridas, pues las dentelladas y zarpazos del oso son de dificilísima cicatrización y muchas veces producen la gangrena. Como caso histórico, citaré el de un alimañero del concejo de Ponga al que la Real Sociedad Asturiana de

---

[84] Antonio de Valbuena. *Caza mayor y menor (no hay metáfora)*, 1913.

Osa de Asturias. *Histoire Naturelle des Mammíferes*. París 1824.

> Amigos del País dio un premio en 1880, por haber matado un oso con
> una navaja. Pero esta es la excepción que confirma la regla, y, además, es
> muy posible que se tratase de un oso herido o decrépito[85].

No obstante, hay que reconocer que existen bastantes escritos que atestiguan las heridas sufridas por cazadores en el empeño de acometer al oso, incluidas algunas certificaciones de los curas para el pago de la «talla de fieras». Pueden deberse a los casos a los que hacía mención Casariego, pero, aun así, ¿por qué se producían, existiendo el arma de fuego?; ¿quizás por acometidas del animal una vez herido?, pero ni aún estos casos son probables, pues como el propio Casariego escribe, el animal sale huyendo por el monte.

Quizá tal vez se referían a ataques efectuados en el mismo lugar del encame del oso. Y es que la manera más segura de lograr el éxito en la caza del oso es, sin duda, localizarlo primero, y para eso nada mejor que verlo entrar (o sus huellas) en el encame, a veces pequeñas covachas donde el oso se mete a descansar o a permanecer períodos puntuales durante el invierno. Todavía en los años 60 se mató una osa en los montes de Lena acudiendo directamente a la cueva donde unos pastores habían visto sus huellas entrar. El cazador, arrastrándose a gatas por la cueva hasta sentir la respiración de la osa, lanzó a bocajarro un disparo de escopeta

---

[85] Jesús Evaristo Casariego. *Tratado sobre montería y caza menuda*, 1977.

que hirió de muerte al animal, rematado definitivamente al día siguiente, cuando los cazadores regresaron con más vecinos para ayudarlos a tirar de la osa. Que esta debió de ser una forma habitual de cazar es indudable, y que cuando no existían las armas de fuego los cazadores pudieran intentar hacerlo con el uso de picas o cuchillos puede ser hasta posible. Sin embargo, es de una temeridad desconcertante, inasumible para cualquiera que tenga un cierto aprecio por la vida, acometer a un oso, abrazarse a él y tratar de derrumbarlo a cuchilladas.

Y no es que lo diga yo por cobarde —que lo soy—, ni que me parezca insensato poner en riesgo una vida de forma tan evidente —que me lo parece—, es que a muchos otros antes que yo se lo pareció también, como Sebastián de Covarrubias, en su *Tesoro de la lengua castellana o española* de 1611:

> … hacen mal los hombres principales y valerosos que, saliendo a caça destas fieras, las esperan rostro a rostro, porque de ordinario suelen peligrar[86].

O Antonio Covarsí, un cazador que mató osos en los Pirineos en el siglo XIX, poco sospechoso de analizar estas acciones desde el salón de su casa, que se hizo la misma reflexión en su libro *Narraciones de un montero* (1898):

> … el oso, para atacar, se levanta sobre sus patas traseras y avanza como una avalancha, sin dar tiempo para nada, repartiendo zarpadas con tal velocidad y fuerza, que no creo haya hombre en el mundo capaz de resistir el empuje y manotazos de un bicho de estos. Vaya usted en este momento con cuchillos, chuzos, ni puñales en la barriga y verá el pelo que echa; quedarían las armas mencionadas hechas añicos.

Apoya su testimonio en esas mismas montañas José de Viu y Moreu, hombre bastante cabal e informado, que en 1832 escribe sobre la caza del oso en el Pirineo:

> De todos modos para cazarlos hay que tener mucha confianza en las armas, y en sí mismo principalmente. He visto hombres que han desafiado con arrogancia la muerte en las batallas y peligros, ceder en las montañas a la simple vista de un oso pacífico: los he visto confesar su cobardía, pero sin avergonzarse[87].

Y no es que precisamente los montañeses pirenaicos fueran a la zaga de los cantábricos en lo que a bravos y bestias se refiere.

---

[86] Sebastián de Covarrubias (Juan Pablo Torrente. *Osos y otras fieras en el pasado de Asturias*, 1999).
[87] José de Viu y Moreu. *El Pirineo (1832)*, 2015.

El propio Antonio de Valbuena, que no era un hombre muy dado precisamente al romanticismo de la leyenda, también reputaba poco menos que estúpida esta forma de caza cuerpo a cuerpo.

> Recuerdo haber leído en un libro de Historia Natural una manera de cazar el oso, en teoría muy ingeniosa, pero en práctica muy imposible y por ende muy necia. Quedábamos en que es dificilísimo, por no decir imposible, la caza del oso con venablo, y hemos de quedar en que no se le caza más que a tiro. Por eso abundaba tanto antes de la invención de las armas de fuego; porque no se le cazaba apenas, porque era muy difícil cazarle. Y por eso ha escaseado después y va escaseando cada vez más, a medida que las armas de fuego se perfeccionan y se vulgarizan; porque se le caza mucho[88].

Ya de paso, Antonio de Valbuena demuestra elevar su inteligencia por encima de la causa, y constata la verdadera razón del acusado descenso de las poblaciones de osos, sin tener que acudir para ello a razones ajenas a la pólvora. Es una muestra de sano juicio de la que adolece Casariego y la mayor parte de los cazadores de hoy en día, atrapados en un victimismo acrítico y excluyente frente a una sociedad urbana que cada vez los comprende menos. No eran estas cuestiones que preocuparan a Valbuena, es cierto, y probablemente de haber nacido más tarde y llegado hasta hoy hubiera hecho lo mismo que hizo Jesús Evaristo Casariego en los años 70: negarse a seguir cazando conforme a las formas (y normas) modernas. Pero un poco de su franqueza y lucidez sería de gran utilidad a los cazadores actuales para lograr su encaje en una sociedad cada vez más esquiva hacia ellos.

Pero volviendo al tema principal, Antonio de Valbuena cuenta en su libro un lance protagonizado por un oso herido que habla bien a las claras de la dificultad de acometer a un animal como este provisto de cuchillo, venablo, chuzo o cualquier herramienta que no fuera un cartucho de bala y pólvora.

> Una vez, en un pueblo de Valdeburón, un joven a quien yo conocí y traté de cuando ya iba para viejo, tiró a un oso y la bala le atravesó los cadriles. Así descadrilado se arrastró hasta un arroyo de donde ya no pudo salir nunca. Como no estaba lejos el lugar, en cuanto se supo la noticia acudió medio concejo a ver el milagro, y cuando se convencieron de que el oso no se podía mover se entregaron a todo género de experiencias. Le empizcaban los perros inútilmente, pues ninguno se arrojaba a morder; y aún sin que le mordieran, a los que se aproximaban ladrando, les hacía caricias muy dolorosas. Quisieron herirle con venablos, pero an-

---

[88] Antonio de Valbuena. *Caza mayor y menor (no hay metáfora)*, 1913.

tes de que le llegaran al pelo, echaba la boca y doblaba el venablo poniéndole como una legra, o echaba las manos y hacía pedazos el asta. Para acabarle de matar tuvieron que tirarle otro balazo a la cabeza. Y si tal se defiende del arma blanca un oso herido, caído de medio atrás, imposibilitado de moverse del sitio y sin poder apenas manejar las manos por tener que sostenerse sobre ellas, ¿qué hará un oso libre?, ¿de qué servirán contra un oso completamente sano venablos y chuzos?[89]

Y es que, si no debía ser fácil matarlo ni con arma de fuego, mucho menos debía de serlo en la distancia corta de apenas un zarpazo o un mordisco. Un oso de 250 kg viniéndose a uno a la carrera no es asunto sencillo de afrontar, sin duda.

> Esto de faltar el valor o la serenidad al que va a tirar al oso por primera vez es muy frecuente, y al mismo tiempo muy explicable, porque la vista del oso en el monte, puesto de pies y atronando con un berrido el contorno, impone muchísimo. Por eso está sucediendo todos los días que el que ha echado más plantas en el camino del cazadero y el que ha manifestado mayor deseo de que se le coloque donde está el tiro más probable, cuando ve llegar al oso tiembla y se asusta y no tira, o si tira no acierta; por eso hay un refrán que dice «bien habla Alonso cuando no ve al oso»[90].

No obstante, quién mejor argumentó sus objeciones a la caza de osos con cuchillo fue Rafael Notario, un conocido ingeniero de Montes, autor de *El oso pardo en España*, escrito en 1964.

> ... si nuestra modesta opinión es digna de tenerse en cuenta creo sinceramente que antes ni ahora ni con venablo ni con cuchillo, ha habido nadie que se entregase a este deporte [la caza del oso] con tal desprecio de las cualidades físicas de la fiera.

Lo que a Notario le lleva a poner en duda el atrevido método es algo que cualquiera puede comprender en seguida, si deja de lado los tópicos que sobre el oso pardo se nos han ido ofreciendo, «¿por qué el oso, en vez de escapar, ataca, y por qué lo hace irguiéndose sobre sus dos patas?» Todo el mundo ha visto dibujos, ilustraciones, fotografías o documentales de osos pardos erguidos. Que lo hacen es indudable; pero el ser humano también es capaz de agacharse o arrastrarse, y sin embargo jamás atacaría a nadie de esa guisa.

---

[89] Antonio de Valbuena. *Caza mayor y menor (no hay metáfora)*, 1913.
[90] Ídem.

> … es muy aventurado suponer que cuando el oso queda sorprendi-
> do, se levante apoyándose sobre sus patas posteriores y espere tranquila-
> mente nuestro ataque, teniendo campo para huir y valiéndose de unos
> pies que, al galope, hacen difícil su alcance, incluso con caballo[91].

Aun suponiendo que el oso se irguiese y quedase cegado por el capotillo que al parecer se le arrojaba, ¿permanecería el oso inmóvil esperando al cazador?, se pregunta Rafael Notario; ¿de verdad una bestia parda —nunca mejor dicho— de entre 150 y 250 kg iba a dejar que un cazador se mantuviese apretado junto a su cuerpo, sin capacidad alguna de desembarazarse de él?, es la pregunta que me hago yo.

Rafael Notario, no obstante, no niega de modo rotundo que alguna vez un lance como este se produjera, —y de ser así, seguramente en los siglos anterio-res a la generalización de las armas de fuego por parte de los cazadores, añade Juan Pablo Torrente en su libro—, pero como técnica cinegética, lo consideran ambos (como Valbuena, como Casariego) por completo improbable.

> … si en alguna ocasión estos movimientos teóricos descritos se hi-
> cieron con vertiginosa rapidez, la cuchillada fue certera y la fiera per-
> maneció de espectador sin huir, se debió, sin duda, a la casualidad. Y es-
> ta casualidad, quizá, habrá servido de base a la leyenda[92].

¿Cómo creer entonces, a la vista de tanta literatura y tantos testimonios, algu-nos tan antiguos como el de Argote, o el de Covarrubias ya citados, ambos del si-glo XVI, que la técnica de caza a cuchillo no debía producirse con cierta fre-cuencia?; ¿cómo negar que muchos de los grandes cazadores decimonónicos co-mo Manuel Álvarez «el Cazador», Celestino López, Manulón de Rita, o «el Arti-llero» de Vega de Hórreo, murieron o resultaron gravemente heridos en la refrie-ga contra un oso?; ¿cómo explicar el ataque de una osa a un vecino de Villacela-ma, cerca de León —encontrada por Juan Pablo Torrente en la Gaceta de Madrid de 1801, y con numerosos testigos que hacen muy verosímil el lance— enfrasca-dos en una lucha cuerpo a cuerpo que finalmente perdió el oso ahogado por la mano fiera del hombre?

Como escribe el propio Juan Pablo Torrente, nunca lo sabremos.

> Realidad, exageración o pura fantasía, la caza de osos a brazo parti-
> do tiene una presencia constante en los escritos de todas las épocas, y si

---

[91] Rafael Notario. *El oso pardo en España*, 1970.
[92] Ídem.

Escena de caza mayor en Asturias hacia 1900 (*Muséu del Pueblu d'Asturies*).

esto no es suficiente para asegurar la veracidad del procedimiento, tampoco lo contrario permite negarlo categóricamente[93].

Sólo se me ocurre una explicación —o, mejor dicho, tres— para comprender por qué esta gente ponía en riesgo su vida enfrentándose a un oso pardo sin más arma que una hoja de acero afilada. Una, porque ellos mismos eran como osos pardos; uno solo de sus brazos sumaría el grosor de mis dos extremidades superiores. La mera aparición de un montañés del siglo XVII nos dejaría hoy, como mínimo, intimidados (especialmente si era como Xuanón de Cabañaquinta, quien rondaba al parecer los dos metros de altura). Pero no sería sólo su fortaleza lo que les animaría a ensartar osos pardos —y aquí viene la segunda y tercera explicación—, sino su arrojo bestial y un concepto de la vida y de su aprecio muy diferente al nuestro.

En cualquier caso, eran tiempos hasta cierto punto brutales, al menos desde perspectivas morales como las nuestras. Sólo así se pueden explicar una de las acciones que nos narra el sabio Fermín Canella: la historia de un paisano del pueblo de Cabo, en Cangas del Narcea…

> … que salió una vez de caza e hizo que le acompañará su hijo, un niño de 6 años, para ir a una cueva de la Vallina ancha, donde solía encuevar un oso enorme que hacía estragos en los ganados y colmenas de Ladredo, Siero, San Loado y Villarmental. El cazador amenazó con un tiro al hijo si no entraba a llamar al oso a la cueva; mientras el niño obedecía el padre quedaba apuntando la cueva con su escopeta de chispa, esperando la salida de la fiera. El chico, medio muerto de miedo, entró a la cueva del oso, a gatas, por entre las peñas y el ramaje y gritó: *«¡Oso, sal si quies; a mí non m' eches la culpa, que me lo mandou mieu padre!»*[94].

Afortunadamente, como escribió don Fermín: «Vale Dios Nuestro Señor que el oso no estaba en la cueva, que si no la escena hubiera sido terrible». Y es cierto, pues no se sabe cuál de las dos bestias salvajes hubiera vencido, si la que cambiaba la vida de su hijo por una piel o la otra.

5. El tremendo lobo sanguinario y astuto, enemigo de los hombres y de los animales útiles

El lobo debe ser exterminado en España como lo fue en el resto de Europa Occidental. Con conservar tres o cuatro pequeños grupos en par-

[93] Juan Pablo Torrente. *Osos y otras fieras en el pasado de Asturias*, 1999.
[94] Fermín Canella (Pedro Pidal y Bernaldo de Quirós. *La caza del oso en Asturias*, 2002).

ques nacionales, en lugares bien cerrados, alimentados por el Estado o por los lobófilos, pero de donde no puedan salir y donde sirvan de muestra histórica o un museo vivo, es suficiente. Con eso basta y sobra de lobos[95].

Probablemente este no sea el mejor título ni la mejor introducción para un artículo sobre el hombre y el lobo —o sí, no lo sé, quizá todo dependa del lector—, pero me será muy útil más adelante, y eso justifica su posición inicial. Además, es en sí mismo una declaración de principios, un enunciado que ha protagonizado la relación entre lobos y seres humanos, y la percepción entre ambas especies por lo menos hasta ahora mismo —y así sigue, al menos en las zonas rurales—.

Tanto el título que encabeza este artículo (de belleza elocuente y expresiva, por otra parte) como la imprecación escrita que lo introduce se deben a Jesús Evaristo Casariego, ya citado en los artículos anteriores. Su *Tratado sobre monterías y caza menuda*, publicado en 1977, es una auténtica enciclopedia cinegética cargada de erudición y vehemencia, cualidades ambas que desbordaban a su autor.

El libro es una monumental fuente de sabiduría e información acerca de la caza y todo lo que la rodea, que es mucho, y de utilidad para los que no disfrutamos del llamado arte de la venación. Lo demás queda a juicio de las opiniones e ideas de

Portada del libro *Tratado sobre monterías y caza menuda*, año 1977.

cada cual, pues J. E. Casariego bien puede ser un trasunto del conocido personaje «Martínez, el facha», de la revista *El Jueves* (participó en la refundación del partido Comunión Tradicionalista y fue carlista toda su vida).

No hubiera resistido un solo segundo en nuestro mundo, el pobre, pues despreciaba por igual el liberalismo, el ecologismo y el feminismo, incluyendo la participación de las mujeres en las cacerías. Pero nos ha legado una obra magnífica que figura ya en el panteón ilustre de los clásicos cinegéticos. De ella extraigo buena parte de la información empleada en este artículo, que no versa

---

[95] Jesús Evaristo Casariego. *Tratado sobre montería y caza menuda*, 1977.

exactamente sobre el impacto del lobo en las haciendas, por todos conocido y a la orden del día en la prensa regional, sino precisamente sobre las vidas de quienes las habitaban.

Que el lobo mata ganado es una obviedad; su expresión en cifras está al alcance de cualquiera que desee conocerlas. A nadie le extraña por ello que haya sido el animal más odiado por todas las poblaciones humanas que lo han tenido por «compañero de viaje» en el ecosistema ganadero. Que el lobo mata hombres, mujeres y niños, eso ya es un tema más aceitoso y delicuescente.

Víctor M. Vázquez, conocido biólogo que trabaja en la Administración regional asturiana desde hace muchos años, ha llevado a cabo un pequeño estudio precisamente sobre esto en su *Historia natural y cultural del lobo en el Principado de Asturias: discurso de ingreso como miembro de número permanente del Real Instituto de Estudios Asturianos* (2004). En él hace un análisis de los casos conocidos de ataques de lobos a seres humanos en Asturias.

> Son muy escasas las noticias existentes en Asturias sobre ataques de lobos a personas, máxime cuando sí son muy numerosos los casos de depredación sobre ganado doméstico. Evidentemente, nos encontramos ante un animal silvestre y lo suficientemente fuerte y dotado de elementos agresivos y defensivos como para poder causar daños a los seres humanos. Conviene no olvidar que su «versión» doméstica, los perros, sí que han protagonizado agresiones en toda época e incluso, algunas, con resultado de muerte de personas. A lo largo de la historia, se han producido muchos casos de ataques en otros lugares de España y de Europa, e incluso la presencia de lobos rabiosos atemorizó grandes comarcas.

Este caso particular de lobos rabiosos sería objeto de otro estudio, aunque tampoco abunden los datos al respecto, pero es conocido de antiguo los efectos que la rabia hidrocefálica causaba, no solo en cánidos, sino en otras especies como el lince. Hasta tal punto, que se ha sugerido que la famosa bestia de Gévaudan, especie enigmática que asoló la región francesa de Auvernia entre 1764 y 1767, matando a decenas de personas, podría haber sido uno o varios lobos rabiosos. El padre Sarmiento, conocido personaje de la ilustración gallega y uno de los más considerados —entre otras cosas por escasos— naturalistas del siglo XVIII, propuso al respecto que la misteriosa bestia podría haber sido un lince europeo poseído por la misma enfermedad.

Casos de lobos rabiosos tenemos alguno constatado, por ejemplo en un acta de la Junta General del Principado de 1817, donde se propone una gratificación para un vecino de la parroquia de Muñalén, en Tineo, por haber matado a un lobo «agitado por el mal de rabia», el cual había hecho tales estragos en la zona que los vecinos «poseídos de miedo, apenas se atrevían a buscar fuera de los lugares las cosas necesarias para la labranza y gasto doméstico».

> La fiera acometía los ganados de todas especies, y llegó a tanto la agitación de la rabia que hirió de muerte a dos personas que efectivamente fallecieron dando señales de que se les había comunicado el mal[96].

Más allá de estos casos donde la posible muerte es causada por la «comunicación del mal», como expresivamente se consigna en el documento antes citado, los datos relativos a muertes causadas por ataques de lobos no abundan, al menos en la cordillera Cantábrica. Jesús Evaristo Casariego hace una relación aparentemente numerosa que en realidad nunca se plasma en casos concretos, sino en lobos que aterrorizan comarcas, caminantes que arrostran grandes peligros o el testimonio del famoso naturalista Ángel Cabrera sobre un ataque a los caballos de la diligencia que iba de Segovia a Riaza en 1895, que provocó el volcado del carruaje y algunas heridas en los viajeros que iban en ella. Es evidente, no obstante, que la lejanía en el tiempo, y la, tal vez, aparente normalidad de estos sucesos, no favorecería que quedasen registrados, lo que impide obtener algo de información sobre los mismos.

Ahora bien, haberla, hayla. En las actas de las *II Xornadas de literatura oral. O mito que fascina: do lobo ao lobishome* (2005), se incluye un documento relativo a unos ataques de lobos producidos en una parroquia del actual concejo de Mos, en Pontevedra.

> … en el bosque de Tameiga llamado de Beada de Bayona, dos arrieros en una madrugada del año de 1789 fueron atacados por estas bestias, logrando salvar sus vidas gracias a la gente que acudió a sus gritos. Este sucedido y otros que se repetían, movieron a Don Marcos Pereira, Regidor Perpetuo de Redondela, a publicar, en 1790, una orden en la cual se mandaba hacer corridas de lobos.

También se encuentra en una conferencia impartida por Alberto de Segovia en las dependencias de la agrupación montañera Peñalara, en 1917, titulada *Osos y lobos de nuestras montañas*, que recopila algunas agresiones causadas por lobos de las que el autor tenía conocimiento. Así, se hace eco de un suceso que él sitúa en el año 1856, en la provincia de Zamora, y que fue consignado por Alfred Brehm, zoólogo muy famoso en su tiempo —a quién conoceremos mejor en el capítulo siguiente— en su celebrada obra *La vida de los animales* (1880).

---

[96] Juan Pablo Torrente. *Osos y otras fieras en el pasado de Asturias*, 1999.

El lobo devorador. «Lamentable muerte de una joven de catorce años, y de un niño de once, devorados por un hambriento lobo que apareció en el pueblo de Pira, partido judicial de Segovia, á principios del mes de agosto de mil ochocientos cuarenta y cuatro…».
Año 1844. Biblioteca Digital Hispánica. Biblioteca Nacional de España.

> Dos guardias civiles que prestaban servicio en los límites de la provincia de Zamora han sido hallados entre la nieve, horriblemente destrozados por los lobos, contra los que debieron de sostener una lucha desesperada pues cerca de sus restos fueron hallados cinco lobos muertos, encontrándose los fusiles con las bayonetas caladas y tintas de sangre.

Genéricamente habla también de otro ataque a la Guardia Civil producido en algún lugar de El Barco de Valdeorras, en Orense, en el año 1917: «Se dijo en un periódico de Madrid que había sido devorada por los lobos una pareja de la Guardia Civil». Sin embargo, es muy difícil verificar esta afirmación, pues a diferencia de los demás casos que muestra, donde aparece siempre la fecha del periódico en el que lo ha leído, no lo hace constar en este supuesto. En cualquier caso, por lo que se puede deducir, ya en 1917 la percepción era que los ataques de lobo a las personas eran muy raros, como el mismo Alberto de Segovia indicaba en su conferencia.

> … Los naturalistas y cazadores afirman que es un animal cobarde en grado sumo. Teme enormemente al hombre, como lo prueba el hecho de que huye de todo aquello en que nota huellas humanas, y así, salvo excepciones como la referida por el Sr. Balbuena, no suele morder los cebos envenenados de estricnina que se colocan, y resultan, por tanto, ineficaces. Sólo los muerden y sucumben las zorras, comadrejas y otros animales que acuden. Casi nunca envenenan al lobo, para el que son destinados. Únicamente, cuando se siente morir de hambre, después de comer frutas, pedazos de cuerda y de cuero que encuentra en el monte, restos de ropa y de albarcas de pastores, se atreve á bajar cerca de poblado á atacar reses que pastan en las afueras y perros y al mismísimo hombre[97].

No digo que estos hechos fueran inexistentes, pero lo cierto es que las noticias de entonces sobre el lobo —como las de ahora, por cierto— estaban tan impregnadas de dramatismo y alarma como desprovistas de rigor y contraste. Es de suponer que cuando, además, llegaban a otros países, donde España era el colmo del exotismo salvaje, estas noticias se magnificarían hasta el ridículo. Cuando un inglés llamado Mars Ross emprende, acompañado de otro compatriota suyo llamado don Jaime «el de los Navares», una marcha a Covadonga atravesando de sur a norte los Picos de Europa, ¡en invierno!, se encuentran nada menos que con una manada de 15 lobos en fila india, lo que le dará para escribir en un libro titulado *Las Tierras Altas del Cantábrico (The Highlands of Cantabria)* (1885), una historia bien ilustrativa sobre el asunto.

---

[97] Alberto de Segovia. *Osos y lobos de nuestras montañas*, 1917.

Unos 12 meses antes de esto, yo había leído en el Daily Telegraph un relato curioso y sensacional de los Picos de Europa, que dice así: en un pequeño y lejano pueblo de uno de los países más desconocidos de las regiones más altas, en plena Nochebuena, se estaba oficiando la Misa del Gallo en la pequeña iglesia parroquial, que estaba medio enterrada por la nieve en aquella época del año. Al poco de comenzarse la misa, una manada de lobos penetró en la Iglesia y comenzó a luchar con los que allí estaban, todos ellos llenos de pánico. A dónde fue el párroco, nadie lo sabe; pero el sacristán, hombre de gran presencia, echó a correr hacia el púlpito y comenzó a ladrar como si fuera un perro, decidiendo la suerte del combate y haciendo que los lobos salieran huyendo hacia las montañas. Con esta historia aún en la cabeza, repetí operación con los lobos que tenía delante, imitando los más profundos y ruidosos ladridos de un perro lo mejor que pude. El efecto conseguido fue extraño, y al principio inquietante. El grupo de lobos en fila india torcieron el hocico hacia nosotros como si a una compañía de soldados le ordenaran «vista a la derecha», y sus dientes comenzaron a rechinar de forma muy desagradable. Sin embargo, cómo seguíamos ladrando, su líder les ordenó «vuelta a la derecha», cosa que nos complació mucho. Y así, ordenadamente, sin prisas, el enemigo se retiró.

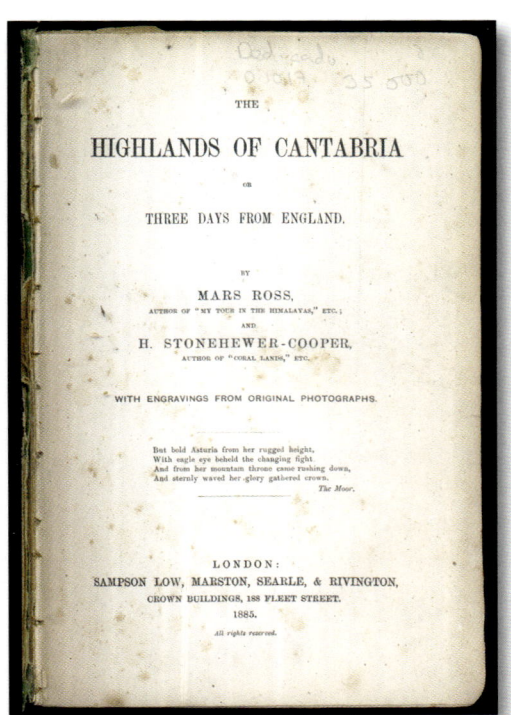

Las Tierras Altas del Cantábrico
(The Highlands of Cantabria), año 1885.

Como se puede ver, los conocimientos de la biología del lobo en aquel tiempo eran inversamente proporcionales a la fantasía producida por ellos. El mero hecho de encontrarse una manada de 15 lobos, cuando hoy mismo —y no sería diferente en el pasado— eso equivaldría a la suma de los componentes medios de dos manadas, ya es de por sí sospechoso. Si esta historia del relato en el *Daily Telegraph* es cierta, en cualquier caso no sé qué es más ridículo, si creer que los ladridos de un perro pueden espantar a una manada de lobos acostumbrados a incluirlos en su dieta —como bien saben todavía hoy cazadores y ganaderos— o imaginar a los dos ingleses ladrando con toda la fuerza de sus pulmones a una desconcertada manada de lobos mientras trepan por una canal nevada de los Picos de Europa. En cualquier caso, si tal encuentro sucedió, es buena prueba que los lobos no tienen por costumbre merendarse humanos, aunque sean ingleses.

De hecho, la búsqueda de Víctor Vázquez no le llevó a encontrar muchas más citas, salvo una incluida en la *Topografía médica del concejo de San Martín del Rey Aurelio*, escrita por el doctor José María Jove y Canella (1923).

> … generalmente [el lobo] hace sus víctimas entre el manso ganado. Recuerdo, no obstante, que en el año de 1915 devoraron a un infeliz minero que a altas horas de la noche se dirigía a su casa[98].

Por mi parte, encuentro en el libro tantas veces citado de Juan Pablo Torrente (*Osos y otras fieras en el pasado de Asturias*) una solicitud enviada a la Junta General del Principado en fecha 10 de julio de 1807, escrita por un tal Juan Suárez, vecino de Villatresmil, en Tineo, para que se le aplicase el premio que se considerase justo para cubrirle los gastos de curación, debido a la lucha cuerpo a cuerpo que había tenido contra una loba que acababa de matar a una mujer y herido a otra. La solicitud llevaba acompañada la correspondiente certificación del cura en la que se hacía constar lo acaecido, de forma bien estremecedora como se puede leer hacia el final.

> Lleva también un pellejo de loba que el mismo Juan Suárez mató sin armas y solo sí luchando a brazos con la misma loba hasta darle muerte, según la industria que en este combate fatal se le ha ocurrido; habiendo hecho esta fiera en el mismo día notables daños, y fueron haberse muerto y comido la mayor parte de una mujer como a la hora de la una del día, y siguiendo sus pasos este animal bravo, se tiró e hizo presa en un brazo a Rafaela Fernández, vecina de Bustoverniego, estando delante de su propia casa alimentando sus cerdos, libertándose del daño que podía hacerle con el socorro de su suegro Pedro Fernández qué agarró y llevó hasta la puerta de su casa, sin que la loba soltase la presa hasta haberla introducido dentro de su casa, después de lo cual se quedó la loba mordiendo la puerta cerrada por los dichos en este último caso. Después de esto y a muy poca distancia sucedió el haberla muerto el Juan Suárez en las circunstancias dichas, siendo sin duda ninguna la misma loba la que ha hecho todos estos daños por haberse hallado en su vientre las narices, una oreja, pellejo y pelo de la cabeza de la mujer que había muerto la loba…

---

[98] Víctor M. Vázquez. *Historia natural y cultural del lobo en el Principado de Asturias*, 2004.

No mucho más tenemos de ataques producidos en el siglo XIX, quizá por las razones expresadas más arriba. La generalización de la prensa seguramente ha favorecido que haya más noticias de ataques en el siglo siguiente. No obstante, si se trataron con el mismo rigor con que se tratan en la actualidad, habría que extender una gruesa manta de prudencia sobre ellas. El mismísimo Jesús Evaristo Casariego lo advertía también.

> … cierto es que los ataques de los lobos a personas han sido algunas veces exagerados y repetidos por la fantasía popular herida por el tradicional temor a esos carniceros, pero negar su existencia es negar la evidencia misma[99].

Él mismo, en su relación sobre estos ataques, sólo encuentra un caso en Asturias: la muerte de un viejo cestero, carlista como él, que vivía en una casa aislada en la carretera de Luarca a Tineo, y que buscando en el monte las ramas necesarias para hacer los cestos que luego vendía en los mercados de la zona pereció «luchando heroicamente» contra una manada de lobos. También es cierto, como reconoce Víctor Vázquez, que por ser el autor natural de Luarca pudo conocer mejor este hecho, y por lo mismo desconocer otros sucedidos en zonas más alejadas.

Sin embargo, es impresionante la gran cantidad de casos que recopila Casariego de ataques lobunos ocurridos en Galicia, obtenidos de diferentes escritos y publicaciones (especialmente de la de F. P. Fernández y Fernández de Córdoba en su trabajo *Sobre el lobo y su presencia en Galicia*, 1963). La relación es verdaderamente sobrecogedora: una niña de 7 años muerta y un muchacho de 18 años gravemente herido en Orense en 1946; una anciana y su nieta de 8 años gravemente heridas en 1949, también en Orense; una mujer y un niño heridos graves en Pontevedra, en 1949; un hombre devorado y un niño gravemente herido en Orense en 1951 y 1952, respectivamente; un joven muerto en La Coruña en 1954; un niño de 16 meses en Orense también en 1954; un niño de 6 años muerto en Vimianzo (La Coruña), en 1957; un niño de 5 años gravemente herido en Santa Comba ese mismo año; una niña de 4 años herida por un lobo en Gomesende (Orense) en 1969.

El reconocido biólogo José Antonio Valverde, que escribió un libro *ex aequo* con el pastor Salvador Teruelo, tenido ya por un clásico (*Los lobos de Morla*), profundiza en alguno de estos sucesos, como el referido a la «loba de Vimianzo» o el de la «loba de Rante», en ambos casos atribuidos a lobas en proceso de destete, cuando están muy debilitadas y deben cazar para sí y para la camada. El primer conjunto de ataques («la loba de Vimianzo») causó la muerte a dos niños de 5 y 4 años y graves heridas a otro de 4, entre los años 1957 y 1959; el segundo (la llamada «loba de Rante»), hirió en 1973 a una niña de 13 años y a una mu-

---

[99] Jesús Evaristo Casariego. *Tratado sobre montería y caza menuda*, 1977.

jer de 59, y mató a un niño de 11 meses y a otro de 3 años, todo ello en un plazo de 7 días, antes de caer muerta envenenada por estricnina.

José Antonio Valverde citaba, además, otros casos de los que había tenido conocimiento, fuera ya de la región gallega.

> Fernández de Córdoba (1963) recoge ataques a quince personas sólo entre 1946 y 1960, contándose entre las víctimas ocho niños, dos de los cuales estudié también yo. En Sierra Morena sólo he oído uno: sobre 1953, en El Ojuelo, de Andújar, un lobo cachorrón muy flaco cogió a mediodía un niño de ocho meses dentro de una casa aislada en el monte. La madre persiguió y mató al lobato. Mi informante, el lobero Manuel Moreno Moya, creía era hijo de una pareja de adultos, cuya hembra estaba parida, que había cogido con cepo poco antes allí cerca[100].

Una consecuencia derivada de estos episodios, quizá por ello de cariz tan poco amable, fue la controversia entre José Antonio Valverde y Félix Rodríguez de la Fuente, uno de los fundadores de ADENA (Asociación de Amigos de la Naturaleza) y creador él sólo de la conciencia ecologista de toda una generación, que no consideraba que la totalidad de aquellos ataques se debieran a los lobos, frente a Valverde, que no lo dudaba.

Al margen de todo esto llama profundamente la atención a Víctor Vázquez, no sin razón, que en Asturias por el contrario los casos documentados sean tan escasos. «Ello parece indicar que, sencillamente, no se han producido, máxime si autores como Casariego, poco sospechosos de ocultar información sobre este tema, no los reúnen». Recuérdese, en este sentido, el revelador título que el egregio personaje eligió para el capítulo de su libro sobre el tema: *el tremendo lobo sanguinario y astuto, enemigo de los hombres y de los animales útiles.*

Esta sorprendente discordancia entre dos regiones colindantes puede hacernos creer que los datos permanecen ocultos en Asturias, y probablemente así será en algún caso, donde es posible que subsistan historias desconocidas sobre algún ataque a las personas. De hecho, buscando en Internet, donde últimamente proliferan los blogs de ámbito local con muchas noticias sobre la vida rural del pasado, resulta muy difícil encontrar algo al respecto, más allá de los típicos encuentros con el lobo. Sólo en un caso localicé una historia relevante y bastante fiable —pero tampoco situada en Asturias— de un cazador que narraba la peligrosa aventura vivida por su padre y su abuelo en algún lugar del norte de la provincia de Palencia, cuando fueron atacados en el invierno de 1934 por una manada de lobos mientras recogían leña. El abuelo, que portaba una escopeta al estar avisado de la presencia de los cánidos por la zona, consiguió matar a 4 ejemplares ayudado por dos mastines

---

[100] José Antonio Valverde y Salvador Teruelo. *Los lobos de Morla*, 2001.

que llevaba. El relato es escueto y veraz, sobre todo por el momento del ataque (en lo más crudo del invierno), el número de lobos existentes (5 o 6, se deduce) y todo lo que rodea el lance. Nada que ver con el trato dado por la prensa que se hizo eco del suceso con posterioridad, como el propio informante reconoce. Historias de este tipo, aun así, no debieron ser en absoluto frecuentes, y cuando sucedieron rara vez terminaron en muertes, sobre todo si se produjeron durante el siglo XX, cuando la memoria ancestral está todavía más fresca.

Nada que ver, pues, con la abundancia de ataques en Galicia, donde pudiera ser que el paisaje mosaico característico de aquella región, la rarefacción de especies presa para el lobo y la plástica ecología de estos, que los ha acostumbrado al aprovechamiento oportunista, ayude a explicar la mayor abundancia de ataques a seres humanos, especialmente niños pequeños, que antes transitaban libremente entre las casas y las fincas y podían ser objeto de acometida en un momento de descuido. Así pues, el hecho de que no tengamos noticias de ataques de lobos en Asturias puede deberse a una explicación más ecológica que otra cosa, y no a la ausencia real de datos. En cualquier caso, esta ausencia tampoco ha significado ningún cambio en la apreciación del lobo en Asturias, donde se le odia con la misma intensidad que en Galicia.

Una situación aparte serían las frecuentes interacciones lobo-hombre, de las que existen abundantes noticias y anécdotas, siempre caracterizadas por lobos que vigilan estrechamente al humano y en algún caso se aventuran a perseguirlo e incluso a acosarlo, pero sin que se produzca un desenlace trágico. O la historia muy repetida aún hoy del escalofrío y el vello de la piel erizado que se produce justo antes de ver al lobo, como una premonición genética que nos avisa de la aparición del enemigo ancestral; algo que curiosamente jamás sentimos quienes no somos pastores, quizá porque ya no formamos parte de esa atávica cultura y hemos perdido nuestros mecanismos de prevención, ¡quién sabe!

Son nuevamente las mismas historias contadas en diferentes lugares, quizá porque el comportamiento del lobo no admite otra situación posible y por ello se reproducen invariablemente en todos los puntos donde confluyen lobos y hombres, o quizá porque la forma de transmisión ancestral se mantiene todavía como un imperceptible ruido de fondo que a veces se expresa en historias como esta.

> En los últimos tiempos no ha habido noticias destacadas de interacciones lobo hombre en Asturias, salvo algunas inverosímiles acciones protagonizadas por lugareños movidos más por su afán de protagonismo que por transmitir una realidad objetiva[101].

---

[101] Víctor M.Vázquez. *Historia natural y cultural del lobo en el Principado de Asturias*, 2004.

Lobo ibérico (*Canis lupus signatus*). Licencia Wikimedia Commons.

Víctor Vázquez cuenta al respecto una historia recogida por la prensa que tuvo lugar por las mismas fechas en las que escribía su libro (2004), cuando a un vecino del concejo de Onís le salieron al paso dos lobos en pleno Parque Nacional de los Picos de Europa: «… me rodearon, eran dos pequeños y uno grande y me defendí como pude, se abrió el paraguas y pude espantarlos». Así lo recogía el periódico, con la habitual mezcla de sensacionalismo y drama con el que suelen tratar estas noticias, ampliando la información al día siguiente con la no menos frecuente dosis característica de especulación: «Estaban acostumbrados a la presencia del hombre, tal vez criados en cautividad por alguien que los trató mal, y soltados en el Parque».

Es otra constante frecuente; muchos vecinos de la montaña consideran que los lobos son soltados por la Administración o por los ecologistas, a veces con razonamientos harto peregrinos. Es una variante de la clásica suelta de serpientes desde helicópteros (que menudo golpe, por otra parte). Normalmente, a continuación de todas estas historias suelen venir los comentarios de cariz alarmante que buscan siempre arrimar el ascua a la sardina de cada cual. Sirven lo mismo para justificar el roto de la profunda crisis del campo que para un descosido cualquiera. En aquella noticia de 2004 era el regidor de pastos de la Montaña de Covadonga quien advertía de que un ataque de esas características también podrían haberlo sufrido los miles de montañeros o turistas que visitan el Parque Nacional. Afortunadamente, su predicción aún no se ha cumplido. En el caso también muy actual de los jabalíes, o de los osos pardos cada vez más cercanos a los pueblos, no faltan tampoco los mismos comentarios admonitorios: «Un día va a pasar algo». Detrás de ellos late al fin y al cabo la cobardía de no atreverse a expresar que lo que se pretende es el exterminio de todos ellos, o al menos un control de los mismos tal que siempre haya el número exacto de animales a gusto de quien habla, algo que evidentemente hasta ahora nadie ha conseguido.

La hipocresía y el alarmismo que hay en todo esto es tan grande y está tan arraigado que se plasma con total impunidad y falta de juicio. Sirva como ejemplo un hecho acaecido a comienzos del año 2017, cuando en los montes de Pravia, un municipio cercano a la costa centro-occidental de Asturias, un lobo capturó y devoró parcialmente un perro de caza. El empleo de collares localizadores en los perros de rastro que se utilizan para las batidas de jabalí permite encontrarlos rápidamente en cuanto se salen fuera de las líneas de los cazadores, lo que está permitiendo comprobar algo que ya se sospechaba: que algunos perros de caza que jamás volvían eran atacados y comidos por los lobos. Esto fue lo que sucedió en Pravia, que al acercarse los cazadores al lugar donde emitía el localizador encontraron al lobo devorando al perro. El periódico recogía, al final de la noticia, el testimonio contundente de un cazador: «Podía haber sido una persona». Efectivamente, y también podía haber sido un ibis eremita en migración, como el que, cansado, se detuvo a descansar en los mismos montes de Pravia en 2016, hecho insólito en la ornitología regional. Todo es posible en la naturaleza, este libro bebe mucho de estas singularidades; pero la evolución es terca y resulta que el lobo lleva comiendo cánidos (incluyendo sus semejantes, perros, zorros y todo lo que pille con cuatro patas) desde hace centenares de miles de años, y el ser humano rarísimamente entra en su dieta. Pero el objeto de transcribir esta historia no es otro que mostrar la extraordinaria hipocresía del asunto, pues por un perro matado por un lobo son centenares los que mueren o quedan malheridos por los colmillos de un jabalí; y cada lustro que pasa, uno o dos monteros mueren en España víctimas de la cuchillada fatal del suido, cuando tratando de emular a los grandes cazadores de osos de antaño entran a rematarlo a cuchillo.

Al fin y al cabo, acierta Víctor Vázquez cuando afirma en su libro que la mayor parte de las veces sólo son argumentos que sirven para desviar la atención de los graves problemas del campo. Se transmite la sensación de que el envejecimiento, el abandono de las explotaciones, la falta de relevo generacional y, sobre todo y a la postre, el gran drama que desertiza el campo, la falta absoluta de mujeres en edad fértil —que dicho de esta manera suena un poco feo, pero técnicamente es lo que hay—, son única y exclusivamente por causa de la fauna salvaje. Algo explicable quizá a la luz de la psicología humana, pues el efecto de los lobos es cercano y medible, mientras que los causados por la dinámica global de la economía, que es quien empuja realmente a los jóvenes a las ciudades, es lejano e imponderable.

Las historias de lobos devoradores de hombres son propias de todas las culturas que han tenido relación con el animal, a la postre el mayor enemigo de las comunidades basadas en el pastoreo, del mismo modo que las condiciones climatológicas lo son de las basadas en la agricultura. Ignoro si el granizo goza de una literatura cuentística tan generosa como la del lobo, aunque lo dudo.

Una entrada como esta y con un título tan expresivo como el que la encabeza merece un siniestro final que se halle a su altura. Y no puede ser otra que una verdadera manifestación escrita de los lobos devoradores de hombres. Se la debemos a un niño que trabajaba como motril en los puertos fronterizos de Asturias y León, y que dejó plasmada en un libro editado en 1999 (*Diario de un pastor trashumante*). En ella se hace realidad el conocido aforismo de Thomas Hobbes que tiene por protagonista al carnívoro, aunque no en el sentido aquí buscado (*homo homini lupus*, o «el hombre es un lobo para el hombre»).

> En el año 1938 aún seguía la guerra, a pesar de eso también fui de motril al puerto de Zampuerna, en Cofiñal. Allí pasé algunos de los peores momentos de mi vida a causa de los desastres de la guerra. Siempre la guerra. Como dije el frente de Asturias quedó roto, aquella zona estaba muy fortificada. Defendida con buenas trincheras y fortines de hormigón, provistos de aspilleras para fusiles, ametralladoras y baterías de artillería. La batalla en este frente fue especialmente dura, se produjeron muchas bajas que la nieve se encargó de tapar hasta la primavera. Cuando fuimos en junio el espectáculo era dantesco. El Pico del Águila y el Valle de los Carros estaban sembrados de cadáveres. En este último había un fortín, en su interior se encontraba una cocina hecha con los raíles de un tren y colocado sobre pilastras. Había perolas y platos de aluminio, cucharas, tenedores y demás utensilios de cocina. También quedaban bombas de mano, proyectiles de cañón, fusiles abandonados y en el centro del fortín los propietarios de todo aquello, siete cadáveres. Nunca olvidaré la escena.
> Encima de nuestra majada, en un cerro, había tres cadáveres más. Aquel verano merodeaban por allí muchos lobos y suponemos, con gran criterio, que estas alimañas arrastraban los cadáveres de un lado para otro. Una mañana fui a por agua a la fuente y allí me encontré el tronco de uno. Fue escalofriante[102].

---

[102] Jesús Fernández Rodríguez. *Diario de un pastor trashumante*, 1999.

6. Cazadores del pasado, herederos del presente

> El calor es pesado, bocanadas de viento tibio soplan a intervalos, y una voz nos llama. Es uno de los intrépidos montañeros que cazan sobre las cumbres, que se acuestan en las cuevas y viven de nada, tipos extraños, casi heroicos, hechos para recorrer un país de leyenda y para mantener la tradición de sus audaces antepasados[103].

Mientras trata de ascender a la Peña Santa, Jean Marie Hippolyte Aymard'Arlot, conde de Saint-Saud, se encuentra con un cazador de rebecos y deja para la posteridad una de las más hermosas descripciones que se hayan hecho sobre ellos. A lo largo de sus expediciones por los Picos llegará a conocerlos muy bien, pues muchos de ellos le sirvieron de guías en sus ascensiones, empezando por el más famoso de todos: Gregorio Pérez «el Cainejo».

Casi todos los primeros naturalistas —por no decir todos— que visitaron los Picos de Europa y la cordillera Cantábrica eran cazadores. Casi todos ellos, por no decir todos, eran extranjeros. Lo eran Walter Buck y Abel Chapman, que eran cazadores y pescadores, pero también unos tipos con unos principios conservacionistas que cien años después no parecen estar del todo asimilados por los cazadores y pescadores de hoy en día.

Y lo era Hans Gadow, eminente ornitólogo, o Alfred Brehn, prestigioso zoólogo autor de una famosísima obra —en su tiempo, y aún hoy, que continúa editándose, al parecer— titulada *La vida de los animales*. De hecho, en el segundo de sus dos viajes que hizo a España en 1879 (viajó por todo el mundo) se acercó a los Picos de Europa, haciendo de guía al archiduque y heredero del Imperio austrohúngaro, a la par que estudioso de las aves, Rodolfo de Habsburgo-Lorena, donde abatieron dos águilas reales, dos buitres leonados y un quebrantahuesos juvenil que hirieron y no pudieron cobrar. No les suponía ninguna contradicción estudiar y matar animales a la vez; básicamente era la única manera que tenían para recolectar y observar de primera mano a la fauna salvaje.

Pedro Pidal era también cazador, lo que no le impidió convertirse en una de las figuras más importantes (sino la que más) del proteccionismo en España. Los animalistas a ultranza le negarán tal condición, como supongo que se la negarán también a Félix Rodríguez de la Fuente, el hombre que cambió la mentalidad de toda una generación, amante de la cetrería o técnica de caza mediante el empleo de aves rapaces. O como Miguel Delibes, el hombre pequeño y enjuto que hizo grande la conjunción entre literatura y naturaleza, y cuyo artículo sobre la caza del urogallo en la cordillera Cantábrica, publicada en su libro *La caza en España*,

---

[103] Conde de Saint-Saud. *Monografía de los Picos de Europa (Pirineos cantábricos y asturianos)*, 2011.

debería sustituir como lectura obligatoria al innecesario —por ineficaz— examen del cazador, requisito previo para obtener una licencia de caza en España.

No escribo este artículo para defender la caza, pero tampoco para combatirla. Supongo que es tan necesaria como el mantenimiento de una carretera. Una naturaleza tan intervenida como la nuestra —aunque haya gente que todavía cree que la cordillera Cantábrica es poco menos que las montañas de Canadá— no puede dejarse al albur de su desarrollo natural, porque los resultados podrían ser verdaderamente imprevisibles. Y hablo de resultados ecológicos, no económicos o sociales, que eso daría para otra historia.

La caza se mantiene, no obstante, en sectores rurales y envejecidos, con poco relevo generacional, amenazada también de desaparición según las sociedades se vuelven más modernas, urbanas y tecnologizadas. Como pasa con todo, la culpa nunca se busca en lo evidente, no vaya a ser que haya que lamentar una solución, y se halla siempre en la Administración. Los «políticos» —leído así, con el énfasis de desprecio con que este pueblo de honrados cumplidores de la ley que es España lo viene haciendo últimamente— hacen muchas cosas malas, pero nadie les agradece la buena: que sirven como excusa para todo. Colectivos como los de los cazadores, pescadores, ganaderos y «paisanos» en general los consideran cul-

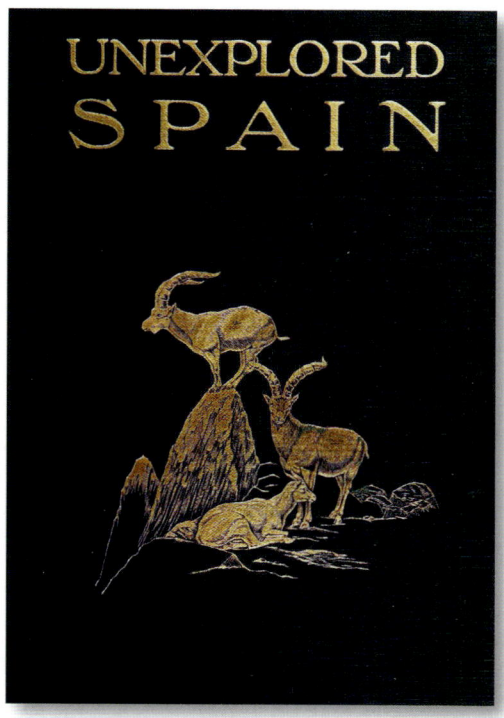

Portada del libro *España inexplorada*, de Walter Buck y Abel Chapman, Londres 1910.

pables de su desaparición, que todos anuncian pronta. Los ecologistas suelen ocupar el segundo lugar.

Ninguno de ellos estará nunca dispuesto a admitir, porque es tanto lo perdido y mayor aun lo que añoran, que los cazadores, ganaderos y paisanos —al menos como los conocemos hasta ahora— se extinguen porque el modelo económico y social en el que crecieron agoniza. Es como si la desaparición de los deshollinadores se atribuyera al gas.

Viene a cuento esta larga introducción para explicar que en el pasado la caza tuvo otra dimensión distinta a la que tiene ahora, sin que eso fuera mejor ni peor. Y para dar satisfacción, por qué no decirlo, a un inconsciente que se ve obligado —preso de la dictadura de lo políticamente correcto— a matizar continuamente y a precisar el significado de algunos conceptos, cuando se refieren a determinadas materias. O quizá sólo se deba a una deformación profesional, fruto de años conviviendo con cazadores, biólogos, ecologistas y público no cazador en general, en los que he descubierto la sorprendente falta de reflexión que se produce entre personas medianamente cultivadas a la hora de hablar sobre estos temas. Colectivos que se consideran grandes conocedores del medio natural, como cazadores o ecologistas, en el fondo no ofrecen muchas veces más que lugares comunes escuchados en las barras de los bares o leídos en los boletines de las asociaciones, y normalmente, además, expresados con una contundencia tal que resulta imposible oponerse. Es entonces cuando yo, y otros como yo, deciden guardar silencio y pasar mejor por ignorantes antes que por atrevidos.

> Yo pido que se modifique la Ley de Caza en los irreflexivos y perjudiciales artículos que ¡protegen al lobo!, y que éste vuelva a ser lo que siempre fue y no debió de haber dejado de ser nunca: una alimaña feroz enemiga del hombre, de la caza y del ganado útil, puesta fuera de la ley como bandolero y asesino pregonado que es[104].

Jesús Evaristo Casariego.

Jesús Evaristo Casariego escribía esto en 1974 haciendo suyas las palabras de buena parte de los españoles de entonces, y en respuesta a lo que a él le parecía una aberración: la supuesta protección que deparaba la Ley de Caza de 1970, que convertía al lobo en especie cinegética y no en alimaña, con la siguiente sujeción a las condiciones legales establecidas. Casariego odiaba al lobo por las mismas razones que los ganaderos, y por otras incluso más irracionales para un hombre estudiado como él, pero odiaba aún más sin duda las sujeciones legales. Como sucede con muchos ideólogos ultraderechistas, cuyas posiciones alcanzan a veces la orilla ideológica contraria, Casariego asemeja en esto un anarquista, contrario a toda regla, ley o amo. La

---

[104] Jesús Evaristo Casariego. *Tratado sobre montería y caza menuda*, 1977.

caza era para él *«res nullius»*, cosa de nadie, adquirida por la ocupación de quien la mate, y no hubo mejores tiempos para la caza que aquellos en que no había leyes, o, mejor dicho, las había, pero no se hacían cumplir. Cuando un hombre cualquiera, por ejemplo su abuelo mismo, a principios del siglo XIX, podía salir de su Castropol natal, junto al mar, acompañado por dos criados y una mula cargada con la impedimenta —incluida la tienda de campaña—, y andando por los viejos caminos alcanzaba las selvas forestales del suroccidente de la Cordillera, cazando todo lo que se le antojase, en un éxtasis absoluto de libertad y comunión entre el hombre y la naturaleza, entendida a la peculiar manera de quién lleva toda la vida cabalgando sobre serviles.

> E igual tiraba a la perdiz que al oso, a la liebre que al jabalí, al ciervo (entonces todavía quedaban ciervos autóctonos) que al lobo o la raposa […] todo eso sí que era cazar. ¡Vaya si era ir de caza!

En su honor hay que decir que Casariego reparte a diestro y siniestro criticando actitudes cinegéticas hoy muy habituales o casi exclusivas de nuestro tiempo, y en puridad pocos de los cazadores actuales resistirían la consideración que él tenía de lo que era tal. *«Venare non est occidere»*, solía escribir: («Cazar no es matar»). Por eso se oponía a la caza con reclamo, a las sueltas de ejemplares y a toda aquella caza que no se practicara sin esfuerzo ni conocimiento. Un príncipe de trágica muerte (Rodolfo de Habsburgo), que conoceremos en el capítulo siguiente, lo entendía de forma parecida:

> El que quiera cazar de verdad, de manera bella y viril, que vaya a regiones en las cuales los animales viven aún libres e independientes, en donde el hombre no se interesa aún por ellos. Que tome parte en cacerías que requieran fatigas, que no puedan aguantarlas cualquier cazador. La caza no supone auténtica diversión si no exige esfuerzo y trabajo[105].

Sobre esta caza a la antigua, que tanto añoraba Casariego, prostituida después según él por ecologistas y leguleyos que jamás habían pisado un monte (¡cuántas veces habré escuchado este argumento!), existen numerosos testimonios en las obras de los viajeros extranjeros que nos visitaron, todos ellos conocidos o pendientes de conocer en el capítulo siguiente. Lo que más pareció impresionarles —aparte de la caza del oso, claro— fue la del rebeco, quizá porque los Picos de Europa constituían el mayor teatro de sus operaciones. Allí se dirigieron dos ingleses llamados Walter Buck y Abel Chapman, que recorrieron España cazándola y

---

[105] A. de Urquijo. *Altos vuelos, precursores insólitos del turismo cinegético en la España del XIX*, 1989.

pescándola de arriba abajo, sin evitar los Picos, como es natural, donde trataron de cobrar algún rebeco. Su descripción de la cacería deja ver que, en materia deportiva y de riesgos, la cosa no era para tomársela a broma, hasta el punto de que Walter Buck hubo de abandonar antes de llegar al puesto correspondiente.

> Este tramo, sin embargo, frustró definitivamente por el momento mi carrera como cazador de rebecos, tal era el estado resbaladizo, vertical y enormemente peligroso de las rocas. 15 días antes había subido la plaza de Almanzor en la Sierra de Gredos, pero estos pináculos de los Picos sobrepasaban mis posibilidades. Esta decisión, al margen de mis palabras, evidencia la naturaleza de estos picos cántabros. Me quedé aquí abajo en un saliente de vértigo a 8000 pies, mientras el resto del grupo, en fila por una escalera de rocas, se perdió de vista a las 15 yardas[106].

Su compañero y el conde de la Vega del Sella, que dirigía la cacería, continuaron su marcha por aquellos picos. Si los cazadores disfrutaran tanto de la literatura como de las balas les encantaría escuchar la narración que hace Abel Chapman al colocarse en los pasos por donde esperaban la huida de los rebecos. Eran tipos duros, pero sabían escribir:

> … el panorama desde estas alturas era más bello de lo que puede expresarse con palabras. Estábamos muy por encima del estrato de neblina que cubría nuestro campamento y la Sierra se levantaba en algunos tramos sobre aquél. Miramos hacia abajo sobre un algodonoso mar de nubes blancas atravesadas aquí y allá por las cumbres y crestas de roca sobresalientes como islas en una costa barrida por las olas.

Después describe la manera en que los rebecos abatidos se precipitan a través de la morrena y se recogen varias decenas de metros más abajo, después de haber descendido por un largo precipicio de canchales. «Nos impresionó mucho el claro brillo verde esmeralda de los ojos del rebeco recién muerto». Dudo mucho que tal brillo, producido por el reflejo de la luz en el *tapetum lucidum,* una capa reflectante de la retina que sirve para ver mejor en la oscuridad, impresione hoy a ningún cazador.

Como se ve, la batida era el método generalmente utilizado para la caza del rebeco. Aprovechando los accidentes del terreno, sobre todo las paredes verticales, inaccesibles a los ágiles ungulados, se apostaban los cazadores en los pasos que resultaran aptos, llamados por esta razón «tiros» —de ahí los numerosos topóni-

---

[106] Walter Buck y Abel Chapman. *España inexplorada,* 1910.

Dibujo explicativo, a modo de croquis, que ilustra la aventura venatoria de la caza de rebecos en los Picos de Europa de Walter Buck y Abel Chapman. *España inexplorada,* Londres 1910.

mos existentes en los Picos (Tiro Callejo, Tiro Tirso, Tiro Navarro, etc.)—, mientras los batidores, monteros u ojeadores, como se les llama indistintamente, tratan de empujar a los rebecos hacia los puestos. A diferencia de la caza de otras especies cinegéticas, no debía ser frecuente el empleo de perros, tal y como cuentan Buck y Chapman.

Se necesitan pocos ojeadores comparativamente; las posiciones de los que van en los costados y los topes están a menudo claramente indicados por la configuración de las crestas. Los perros se utilizan ocasionalmente. Las piezas, en su miedo a los perseguidores caninos, se arrojarán a precipicios donde no hay salida y entonces, en lugar de intentar girar, saltarán a una muerte segura.

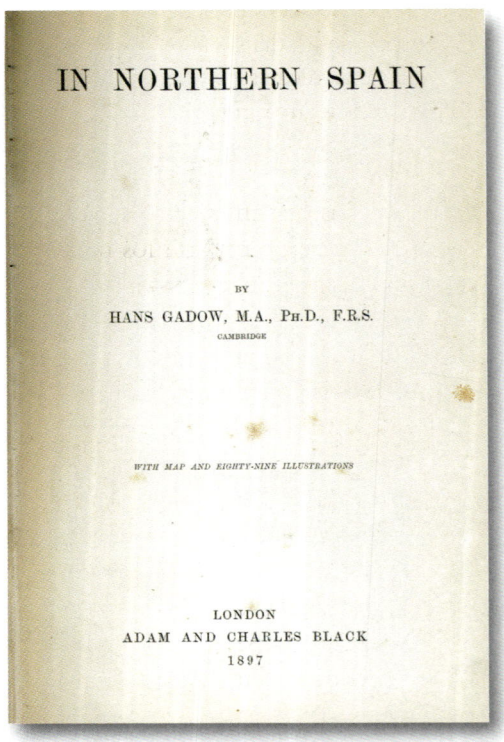

In Northern Spain («Por el Norte de España»), de Hans Gadow, Londres 1897.

Debemos también a Hans Gadow una descripción muy detallada de lo que eran estas batidas de rebecos a finales del siglo XIX. En su parte organizativa no es distinta a la descrita por Buck y Chapman. Lo que la hace sumamente interesante, y justifica el título escogido para este artículo, es la reseña que hace de los momentos finales de la cacería. El relato de Gadow es rico, lleno de matices y asombrosamente próximo al mundo de los cazadores actuales. Por ejemplo, cuando en uno de los descansos todos los participantes se sientan a comer en animada conversación: «Matamos al rebeco unas 20 veces con todo lujo de detalles». O cuando, reanudada la cacería, ven acercarse desde donde están (límite entre Asturias y Cantabria) a tres personas que suponen asturianos, y el grupo de cazadores y batidores decide dejar de cazar de inmediato con tal de no favorecer a los vecinos, por si la caza se dirigiese hacia ellos.

La idea de que podríamos ser de ayuda para que estos asturianos tuvieran éxito era demasiado para mis acompañantes, y decidieron abandonar la caza sin más[107].

«¡Los asturianos; que desgracia [*sic*]!», les hace decir Gadow en español en el original. La descripción que hace de los batidores tampoco tiene desperdicio.

---

[107] Hans Gadow. *Por el norte de España*, 2015.

Son totalmente profesionales y están verdaderamente orgullosos de ello. Bajos, de pelo oscuro y cara pequeña, son unos montañeros excelentes; se mueven con increíble agilidad y se mantienen apartados del mundo de los mezquinos agricultores o ganaderos. Siempre van vestidos con indumentaria distintiva: alpargatas, boina y blusón amplio y suelto de algodón oscuro con algún bordado en la parte de delante y botones en los hombros. Prefieren salir a la montaña a cazar en parejas, de modo que es difícil contratar sus servicios en número impar. No se les paga demasiado, considerando la dureza de su trabajo; la paga de un día suele ser de 2,50 pesetas sin incluir la comida, pero es costumbre regalarles puros y vino una vez que se ha liquidado la cacería y darles alguna gratificación si todo ha marchado bien.

El conocimiento que tenían estos cazadores de las peñas más inaccesibles, que era justo lo que los hacía valiosos en las labores de guía que precisaron los primeros exploradores extranjeros, lo habían adquirido precisamente en la persecución de los rebecos, pues más allá de donde llegaba ordinariamente el ganado más atrevido no solían aventurarse. ¿Para qué? De ahí el desconocimiento que tenían de las cumbres estos cazadores-guías, totalmente innecesarias para ellos. Sin embargo, no habría brecha, collado o mal paso por donde transitara la caza que no conocieran.

Es gracias a esta trivial circunstancia que montañismo, actividad cinegética e investigación se unen no sólo para construir el maravilloso párrafo de Saint-Saud que encabeza este artículo, sino también para explicar el error cometido por este al cambiar el nombre de la Peña Santa y la Torre de Santa María, las dos cumbres más emblemáticas del Macizo occidental de los Picos de Europa. Según Francisco Ballesteros Villar, infatigable recuperador de topónimos perdidos, cuando el conde de Saint-Saud se propuso escalar la aparentemente inaccesible Peña Santa contrató como guía a un tal Blas Suero, pastor y vecino de Llano de Con, en el concejo de Onís. Sería precisamente su faceta de cazador la que le permitió conducirlos por aquellas ásperas y quebradas rocas, tal y como dejó escrito el propio conde.

> … es preciso dar un fantástico salto de 3 metros: el primero en bajar sirve luego de estribo a los demás, y toda la tropa se va reuniendo en la oquedad, contemplando los unos los tumbos que sobre sus cabezas van dando los restantes. […] Blas nos cuenta que descubrió este mal paso persiguiendo a un rebeco, paso considerado infranqueable hasta hace poco tiempo[108].

---

[108] Conde de Saint-Saud. *Monografía de los Picos de Europa (Pirineos cantábricos y asturianos)*, 2011.

Pero a la hora de la verdad, Blas Suero se confundió de peña y los puso en la cima de lo que entonces se llamaba Torre de Santa María, para enorme decepción de Saint-Saud, es fácil suponer. Ballesteros infiere por ello que Blas Suero se vio obligado a argumentar alguna excusa, razón por la que aseguró al conde francés que a la auténtica Peña Santa no se podía subir, y que a la postre tampoco importaba mucho, pues a la montaña en la que estaban la llamaban igualmente Peña Santa. Saint-Saud, convencido, propuso entonces: «La llamaremos Peña Santa de Enol». Y así, para completar el desaguisado, le añadió a la verdadera Peña Santa un inexistente, hasta entonces, «de Castilla», para distinguirla de la otra recién inventada.

Todo esto lo argumenta con su habitual vehemencia minuciosa e inquisitiva Francisco Ballesteros Villar en su libro *Pastores y majadas del Cornión*. Su pasión, mucho me temo que estéril, por la recuperación de los viejos nombres es conmovedora y seguramente absurda para la mayoría de la gente, entre la que no me encuentro. El peso de la tradición, aunque sólo esté formada por un poso de apenas cien años, es demasiado grande cuando está escrita en letras de papel y no de aire, lo que ha provocado la superposición de muchos antiguos topónimos que jamás nadie se había ocupado de registrar por otros nuevos. Hay que decir, sin em-

La Peña Santa, vue prise de la Peña Bermeja, dessin de F. Schrader, d'après une photographie de M. de Saint-Saud.

La Peña Santa. *Les Picos de Europa. Étude Cartographique (1890-1893)*, realizado por Saint-Saud y Paul Labrouche, París 1894.

bargo, que la tradición oral nunca ha sido lengua de cultura en ninguna parte, y que al menos en los Picos de Europa fue tratada con bastante respeto, al margen de los inevitables errores.

Siguiendo la estela de este gran constructor de la geografía humana de los Picos que es Francisco Ballesteros podemos delimitar lo que fue una actividad tan importante en el mundo de la montaña cantábrica como la caza. Además de construir expresivos topónimos aún conservados (los «tiros» antes citados) e incluso ayudar en la formación de otros equivocados (como las «Peñas Santas»), forjó el carácter y la técnica de los primeros e imprescindibles guías, y dio de comer ocasionalmente a gente muy necesitada de ello. De su extraordinaria dureza y dificultad no queda ya hoy casi nada: los vehículos todoterrenos y las pistas ahorran kilómetros y desnivel, y la precisión de los rifles permite distancias de disparo que los antiguos jamás soñaron. Realizar hoy en día una aproximación a un rebeco como las que se veían obligados a efectuar aquellos montañeses para disparar sus escopetas de retrocarga provocaría que casi todos los permisos de caza que salen a la venta hoy en España quedaran desiertos.

No es raro por ello que a veces la muerte los sorprendiera en estos lances, como el mismo Ballesteros recoge en su libro, al referirse a la infortunada suerte que corrieron siete cazadores de Sajambre, aplastados por dos avalanchas de nieve ocurridas en un mismo día de febrero de 1857, o los otros cuatro lebaniegos que murieron víctimas del frío y de la nieve en los montes de Bedoya durante una cacería de oso el 1 de enero de 1920, según narra Pedro Álvarez en *Los lebaniegos*.

En aquella hora y aún sin amanecer, la noche estaba estrellada y resplandecía una hermosa luna en el horizonte. Llegando al lugar donde tenían que separarse para ocupar sus puestos de tiro, cambió el viento de forma repentina, oscureciendo la luna los negros nublados, comenzando a soplar un frío aire de norte que inundó de niebla aquellas sierras. Poco después, se inició una fuerte cellisca que sorprendió a los cazadores, que se encontraban esparcidos por el monte, mientras se dirigían a sus respectivos apostaderos. Lo que comenzó como una tormenta invernal, propia de la época, rápidamente se fue convirtiendo en un viento huracanado, que mezclado con la niebla y la nieve que la ventisca arrojaba contra los rostros de los atónitos cazadores, se transformó en una trampa mortal para ellos, separados como estaban entre la espesura de la vegetación […]

En los pueblos del valle ya estaban avisados del fuerte temporal que se desarrollaba en lo alto del puerto, por lo que comenzaron a temer por las vidas del numeroso grupo de cazadores que se habían encontrado en el centro de la tormenta; estos, fueron regresando a sus hogares, por diferentes lugares. Echando en falta cuatro componentes de la cuadrilla, al día siguiente se organizó su búsqueda con la esperanza de poder encontrarlos vivos en el interior de algún invernal o resguardo de la zona. Después de un intenso rastreo, en el lugar denominado Busneo, fue hallado el cuerpo sin vida de uno de los infortunados cazadores; cercanos a este lugar, en Los Canchales, fueron hallados los cuerpos de otros dos cazadores, que se habían juntado para poder auxiliarse mutuamente. El cuarto cazador desaparecido, a pesar de su intensa búsqueda, no apareció hasta el mes de abril, encontrando su cuerpo un pastor en el lugar de Los Gorgojos, cuando unas vacas masoniegas comenzaron a mugir en el lugar donde se encontraban sus restos, que fueron transportados al pueblo de Salarzón en un basnón, recibiendo en el cementerio de dicho pueblo cristiana sepultura. Esta fue la cacería de osos más desgraciada que se recuerda no solo en los montes de Bedoya, sino en los de toda Liébana.

Hoy ningún cazador corre peligro de morir aplastado por la nieve, entre otras cosas porque no necesitan poner en juego su vida por un trozo de carne y porque

«El hogar del rebeco».
España inexplorada,
Londres 1910.

está prohibido cazar con nieve. Son algunos de los profundos cambios (legales y socioeconómicos) que se han producido respecto al pasado más inmediato. Otros, sorprendentemente, pueden regresar de nuevo algún día, como algunos empiezan a sugerir respecto a la posible caza del oso pardo debido a su creciente abundancia.

> Encontramos un animado grupo, con un mulo encapuchado y hombres armados. Son cazadores de Cangas, conducidos por el Conde de la Vega del Sella, que regresan de una cacería de osos y han logrado una captura. El oso viene atravesado sobre el mulo, que cocea al olor de la fiera, y nos cuesta gran trabajo hacer una foto, ante lo indócil de la caballería.
> Se encapuchaba al mulo, o al menos se le tapaban los ojos, para que no se asustase al ver el cadáver del oso, y permitiese cargar sobre él la pieza[109].

Y es que así plasmaba el conde de Saint-Saud el desenlace de una de aquellas cacerías «ursíneas» del pasado. Sin embargo, dejando aparte la inapelable muerte de la pieza, creo que ya nada de lo demás será igual. A no ser que Saint-Saud fuera un torpe notario del pasado o yo un mal intérprete del futuro.

7. Los salmones que nadie quería comer

> Hasta tal extremo solía abundar en los ríos asturianos [el salmón] que las sirvientas estipulaban al entrar en el servicio doméstico que no se les dará salmón más de dos veces por semana. Actualmente la polución de los ríos por las minas de carbón y otras impurezas ha hecho en algunos casos desaparecer el salmón por completo, y en otros reducir su número en gran medida[110].

No son muchos los escritos sobre peces que se pueden encontrar en los textos decimonónicos (los más interesantes, por su carácter de transición entre el mundo antiguo y el moderno), pero casi todos los que existen suelen hacer mención a esa vieja historia de una abundancia tal de salmones que su consumo provocaba hartazgo en criados y sirvientes, al punto de pedir que solo se incluyera en la comida dos veces por semana.

Buck y Chapman lo escribieron en su *España inexplorada* (1910), sin omitir a cambio el crudo contraste con la realidad que ellos atisbaban, e incluso una autoridad en cualquier materia como Félix de Aramburu y Zuloaga, rector de la Universidad de Oviedo y miembro de esa brillante generación de profesores univer-

---

[109] Conde de Saint-Saud. *Monografía de los Picos de Europa (Pirineos cantábricos y asturianos)*, 2011.
[110] Walter Buck y Abel Chapman. *España inexplorada*, 1910.

sitarios que dieron lustre a la entidad entre finales del XIX y primeros del XX, lo consideraba indubitado en su *Monografía de Asturias* (1899):

> … en fidedignos documentos antiguos consta la cláusula impuesta por operarios y sirvientes de que no en todos los días de la semana se les diese a la comida aquel sustancioso pez.

Esta historia, parece ser, tiene su asiento también en las riberas de todos los ríos salmoneros peninsulares y europeos, y, según Xuan F. Bas Costales, no deja de ser una bonita leyenda, según escribe en su libro *La pesca en el Eo. Cultura y tradición ribereña* (2007).

> Numerosos autores han puesto de manifiesto que esta cláusula […] no figura en ningún contrato y, además, a pesar de su abundancia pasada, el salmón siempre fue lo suficientemente cotizado y apreciado como para ser ofrecido con esa generosidad o simplemente rechazado.

Hoy puede parecer muy lógico y evidente que existiera hartazgo hacia la carne del salmón, tan grasa y pesada, y que hubiera resistencia a comerlo más de dos días por semana, pero el pasado era frío y hambriento, y sólo unos pocos de cada muchos podían permitirse elegir. Resulta extraño, pues, rechazar lo que el ilustrado Antonio Sáñez Reguart, comisario real de Guerra de Marina, y autor del excepcional *Diccionario histórico de las artes de la pesca nacional* (1791-1795), consideraba como «un pez muy apreciado en todo tiempo por su sabrosa carne y por ser esta de mucho alimento, con mucha materia grasa».

Aun así, la abundancia debió de ser muy grande sin duda; lo suficiente para sostener por mucho tiempo a la leyenda. Como señala el ya citado Antonio Sáñez, sólo en la ría de Ribadesella se pescaban entre 10.000 y 12.000 salmones durante los 5 meses que duraba entonces la costera del salmón. Una absoluta barbaridad, a la luz asombrada de nuestros ojos.

Otro ejemplo, en este caso más de distribución que de abundancia, lo tenemos en la pequeña aldea de Salime, por entonces capital de concejo y hoy bajo las aguas del embalse del mismo nombre, en el curso alto del Navia. A finales del siglo XVIII, la mayoría de sus 22 vecinos censados se mantenían de la pesca del salmón, «que se coge allí con mucha abundancia», según la encuesta enviada por Matías Menéndez de Luarca para el *Diccionario geográfico* de Tomás López. Lo más llamativo, con todo, no es la importancia de esta pesca en la economía local, sino que tan arriba del río Navia, casi ya en la frontera con Galicia, se pescara el salmón, un pez que hoy apenas penetra hasta la presa de Arbón, en su curso bajo.

Pero a partir del siglo XIX casi todas las menciones, además de prestar atención al interés económico que puede reportar a los naturales ribereños su explotación prudente, coinciden en relatar la cada vez menor abundancia de efectivos y la necesidad de tomar medidas para recuperarlos, tal y como escribe Félix de Aramburu y Zuloaga en su *Monografía de Asturias*.

… Dígasenos, pues, si traería o no significativos beneficios cortar los abusos existentes, ayudar a la naturaleza por medios artificiales a repoblar los ríos de tan estimado producto, dictar leyes y reglamentos bien estudiados y cumplidos, y trabajar, en fin, porque en vez de disminuir este ramo de nuestra riqueza, sin dar paz siquiera a los esguines, se fomentase hasta obtener el límite máximo que las condiciones naturales permiten.

Félix Pío de Aramburu y Zuloaga, *L'Espagne Contemporaine: Album biographique illustré*, Berlín, 1914. Biblioteca Nacional de España.

Visto con respectiva no les faltó razón, aunque no habrá nadie que se la conceda, como suele ser habitual, pues, como pasa con el agotamiento de los recursos en otras actividades, nunca hay razón para encontrar en la especie humana unas responsabilidades que a cambio siempre abundan en las silvestres, a cuya letalidad se atribuye a menudo toda desaparición. No lo vieron así Walter Buck y Abel Chapman cuando analizaron el problema a principios del siglo XX:

… Porque a la trucha española no se le da ninguna oportunidad deportiva, y las bellas corrientes (un verdadero epítome de aguas trucheras) que podrían convertir la tierra en un planeta más agradable, y enriquecer también a sus dueños, son abandonadas a los asesinos con dinamita y cal viva, o a las villanas redes, o a las trampas y otros instrumentos de destrucción indiscriminada, con los que no tenemos nada que ver. Nunca desde la fecha de «la España agreste» hemos arrojado un sedal en las aguas españolas ni jamás lo volveremos a intentar. España, que desde su frontera con Francia en los Pirineos hasta la de Portugal en el oeste, podría rivalizar con cualquier país europeo, a este respecto se encuentra casi al final de la lista. Ni en los ríos más acosados de Noruega ni en los lagos más «poblados de nutrias» se les depara a las truchas un sino más detestable que en la España septentrional, y durante 20 años no la hemos venido considerando como una potencia pesquera, o por decirlo más suavemente, hay países infinitamente más atractivos para los errantes pescadores[111].

Es interesante en este sentido seguir el recorrido histórico de los derechos de la pesca y su aprovechamiento efectivo hasta el siglo XIX. Puede hacerse de forma entretenida, a pesar de su ámbito local, en el libro ya citado de Xuan F. Bas Costales, *La pesca en el Eo. Cultura y tradición ribereña*. En él se fija la Ley de Aguas de 9 de julio de 1856 como el momento en que desaparecieron definitivamente los derechos privativos de pesca que tenían origen en señoríos eclesiásticos o laicos, si bien algunos grandes propietarios como la Casa de Faes, en Cangas de Onís, aún los mantuvo en el río Sella hasta el año 1929. La riqueza que proporcionaban los salmones no debía ser pequeña a juzgar por los numerosos pleitos que existieron entre los diferentes señoríos, como manifiesta Jesús Canales Ruiz en su obra *El salmón: un poco de historia*, centrándose en los ríos salmoneros de Cantabria.

Acompañando el acontecer del nuevo régimen liberal, durante el siglo XIX y primeros años del XX se promulgaron diferentes leyes que de una u otra manera regulaban la pesca fluvial en España. Con el cese de la utilización privativa de la pesca por los grandes señores y monasterios (que la podían aprovechar de forma directa o arrendarla, que era lo habitual), nació curiosamente la explotación abusiva e indiscriminada de los recursos pesqueros. Se puede decir, no sin ironía, que se abrió la veda.

> La abolición de los señoríos marcó una nueva etapa en el sector de la pesca fluvial, que pasó a depender del gobierno de la nación, iniciándose de esta manera una regulación más efectiva. En el norte peninsular las grandes casas y las instituciones eclesiásticas perdieron sus privilegios y el Estado se hizo cargo del derecho de pesca en los ríos. Toda la riqueza pesquera quedó entonces a disposición de los ribereños, que no dudaron en aprovecharla de forma masiva. Ello dio lugar, a lo largo del siglo XIX, a un acentuado empobrecimiento y agotamiento de los recursos tanto en el Eo como en el resto de ríos asturianos y cantábricos. Las causas de esta pérdida acentuada de la riqueza pesquera fluvial son de sobra conocidas. Por un lado, el enorme furtivismo practicado por los pescadores terrestres, que no respetaban las épocas de veda, capturaban las

---

[111] Walter Buck y Abel Chapman. *España inexplorada*, 1910.

crías de las diferentes especies —sobre todo de salmones— y empleaban artes y artefactos altamente dañinos y destructivos con las poblaciones fluviales; y por otro, los efectos de la industrialización con vertidos de carbón y sustancias químicas a los ríos, perdiéndose en gran medida por la contaminación un río como el Nalón[112].

La pesca de salmones se hizo industrial, y para ellos se utilizó todo tipo de ingenios, suertes, cebos, artes o trampas posibles. El vocabulario derivado de ello da buena cuenta: *apostales, encañizadas, estacadas, empalizadas, candiros, pedreras…* (paños de red sujetos a cañas, estacas o palos de madera, que se clavaban en el fondo con el fin de concentrar los salmónidos para facilitar su captura o dirigirlos hacia las trampas); *garlitos, nasas, butrones…* (trampas de red individual que a veces se colocaban en el centro de las estructuras anteriores); *paradexos, redes salmoneras, trasmallos, brixeles…* (redes de uno o tres paños con corchos o flotadores en la parte superior y plomos o piedras en la inferior para mantenerlas verticales en el cauce del río); *relumbreras, rediscas, palillos…* (redes con forma de embudo y unidas a dos palos que manejaba un solo hombre mientras el otro revolvía las piedras del río para ahuyentar a los peces); *tiraderas, garrafas, esparaveles…* (redes cónicas que se arrojaban a brazo para pescar en lugares poco profundos); *fisgas, fítoras…* (palos largos terminados en una especie de tridente con púas provistas de agallas para ensartar a los peces); *grampines o garrampines* (aparejo de triple anzuelo que permite la pesca del salmón al robo, es decir, trabándolo por cualquier parte del cuerpo); *bingos* (armazón de plomo con 3 anzuelos triples para la pesca también al robo); *sedales durmientes, redes semifixes* (colocación de sedales con sus respectivos anzuelos en la misma margen u orilla del río, atados a cualquier cosa, de tal manera que permanecen «pescando» de forma permanente); *volantes, palangres* (línea de 8 a 9 metros que lleva anzuelos cada 80 centímetros en los que se clavan peces pequeños como cebos)…

La relación aturde. Con razón eran pocos los ejemplares que pudiesen llevar a cabo el ciclo reproductor del salmón.

De todas estas artes llama la atención una por su carácter «ecológico», si se permite la expresión. Y es que si la comparamos con prácticas de pesca masivas y poco o nada selectivas como las redes, los venenos o la dinamita, la captura de ejemplares de forma individual y empleando sólo la astucia y un pequeño lazo puede considerarse —y al menos en aquel momento lo era— la práctica de pesca más compatible y respetuosa con el entorno, junto con la captura de los peces directamente a mano.

---

[112] Xuan F. Bas Costales. *La pesca en el Eo. Cultura y tradición ribereña,* 2007.

Walter Buck y Abel Chapman. *Wild Spain* («España Agreste»), Londres 1893.

Hay un método local que merece unas palabras de atención. En las aguas cristalinas del norte de España se coge [el salmón] con regularidad por buzos expertos. Después de que sea marcada su posición exacta, el buzo, nadando cuidadosamente de arriba abajo, tiende un lazo corredizo alrededor de la cabeza del salmón. El lazo se tensa cuando el pez empieza a correr; entonces un segundo pescador desde la orilla tira de otra cuerda tensa[113].

Aun con un método tan, digamos, artesanal como el descrito por Buck y Chapman, el marqués de Camposagrado, abuelo de nuestro ubicuo marqués de Villaviciosa, capturó 12 salmones en una sola semana, según conocen los dos británicos por carta recibida de Pedro Pidal, que llama a esta práctica «capturar el salmón a brazo». En la temporada de pesca 2017 se pescaron 538 salmones en todos los ríos de España (Galicia, Asturias, Cantabria y País Vasco), 769 en 2018 y 986 en 2019[114], para dar una idea comparativa de lo que podría suponer hoy una extracción así.

Con el paso de los años y la mejor eficacia en la aplicación de las leyes, fue desapareciendo el empleo de redes y otras artes de pesca como medio de captu-

---

[113] Walter Buck y Abel Chapman. *España inexplorada*, 1910.
[114] *Ás orillas do Ulla. www.asorillasdoulla.es*

ra, quedando reducidos los medios al uso de la caña y el anzuelo. No fue tampoco la salvación de las especies fluviales, pues se siguieron utilizando en menor o mayor medida todas las artes furtivas ya conocidas, además de las consabidas prácticas de no respetar vedas, cupos de pesca, períodos hábiles y cuantas aplicaciones legales pretendían hacer de la pesca un deporte en el que el pescador no gozase de más ventajas sobre el pez que su pericia y conocimiento.

Tampoco se puede decir que los métodos masivos de capturas desaparecieran; al contrario, con el avance de la modernidad fueron mejorando en su eficacia destructiva, como el uso de la dinamita (tan accesible gracias a la minería), los venenos químicos (la lejía, un clásico desgraciadamente aún en uso) y la electricidad (todavía en 2003 murió un furtivo en el Parque Natural de Redes realizando esta práctica, tan eficaz por su capacidad de aturdir a los peces como peligrosa cuando se realiza sin cuidado).

La trucha, siendo mucho más numerosa que el salmón, no tuvo sin embargo mejor suerte. Por su menor tamaño, su presencia en casi todos los ríos y arroyos, por pequeños que fueran, y en todas las épocas del año (a diferencia de los adultos del salmón, cuya biología los empuja al mar a desarrollarse), las artes y los modos de pesca fueron sensiblemente diferentes a los del salmón, pero igualmente productivos. Su accesibilidad y su abundancia permitían su captura en cualquier momento o necesidad, y de todas las formas posibles, incluyendo la mano, tal y como la describe el conde de Saint-Saud durante su viaje de exploración a los Picos en julio de 1890:

> Mi guía era un excelente pescador de truchas a mano, golpeando el agua a bastonazos y sorprendiendo, con mano ágil, al pez bajo la piedra en la que se refugiaba; el pez se escapaba a menudo, pero lo perseguía hasta el aburrimiento. Se requiere para este ejercicio mucha destreza, más tiempo y un torrente casi seco. Una docena de truchas aumentaron el fondo de nuestra cena en Portilla de la Reina.

Ildefonso Llorente, en su libro *Recuerdos de Liébana*, publicado en 1882, narra una curiosa escena llamada «la deseca», muy practicada en otros lugares también, que consistía en vaciar un pozo del río, cerrándolo previamente con piedras, y en el que se abría un pequeño canal de desagüe, con el fin de capturar cuantas anguilas y truchas hubieran quedado atrapadas en él. Lo mismo se hacía con los canales que recogían el agua para los molinos, muy frecuentados también por los peces.

Lo cierto es que truchas y anguilas se consumían con mucha frecuencia, no sólo en los hogares de los pueblos por donde pasara un curso de agua, sino incluso en los refugios pastoriles de verano, donde vaqueros y vaqueras aprovechaban las estancias en los puertos para extraer las truchas de los regatos más altos. Pero su pesca no solo abastecía a particulares, sino también a fondas y hospedajes varios, donde se servían con frecuencia truchas recién capturadas en los ríos más cercanos, como atestiguan numerosos textos de viajeros del pasado, casi siempre con indisimulada satisfacción. Dionisio Pérez, un escritor gaditano, llega a afirmar en este sentido, durante una excursión a Covadonga, acerca de la dificultad del transporte y de la calidad de las fondas para alojarse durante el viaje, que «si no fuera porque os servirían truchas recién cogidas en el regato pedregoso, sentiríais el deseo de suicidaros o regresar a tierras llanas, por donde el tren os lleve rápidamente a vuestros hogares».

A lo largo del siglo XIX, como complemento innecesario a la que ya era extracción abusiva de crías, jóvenes, adultos y zancados (salmones exhaustos que intentan regresar al mar después de la reproducción), llegaría la nefanda contaminación industrial. Téngase en cuenta que por entonces, y hasta que empezaron a generalizarse las redes de abastecimiento ya bien entrado el siglo XX, buena parte de la población rural se proveía de agua directamente de los ríos y arroyos, como refleja el conde de Saint-Saud.

> El pueblo de Arenas se alza donde desemboca el camino que viene de Camarmeña. Allí el Cares gira en ángulo recto y a sus ondas puras y frescas vienen cada mañana las mujeres a aprovisionarse de agua potable.

Sirva como ejemplo también lo referido en la *Topografía médica del concejo de Cabrales*, publicada en 1921, donde por entonces ya se utilizaban en los pueblos las fuentes («cuyas aguas son preferidas a las demás»), pero aún seguía bebiéndose de los ríos directamente, sobre todo los que habitaban «invernales, majadas y a los que viven y trabajan fuera de los pueblos, y alejados todavía de todo otro manantial».

No fue óbice, sin embargo, ni tampoco aliado de los peces, esta provisión de agua potable por los vecinos, para que las industrias extractivas se extendieran por toda la geografía, incluidas las zonas de montaña, y cuyos lavados se efectuaban directamente en los mismos ríos o en balsas desbordadas a los mismos, lo que hizo desparecer de muchos cauces poblaciones enteras de salmónidos. Félix de Aramburu y Zuloaga consideraba que todo se conjuraba para agotar el recurso.

> … desde los abusos que supone el incumplimiento de los reglamentos de pesca, hasta los que cometen las empresas hulleras al convertir en impuras y negras corrientes las antes limpias y cristalinas, merced a los despojos del carbón que arrojan a ellas en grandes cantidades[115].

---

[115] Félix de Aramburu y Zuloaga. *Monografía de Asturias*, 1989.

Joaquín García Cuesta. Pescador practicando la pesca del salmón en el río Sella.
1930 (*Muséu del Pueblu d'Asturies*).

Aunque cueste imaginarlo a la vista del enfoque industrial y desarrollista de la época (si bien no caló en todos los espíritus, por supuesto), alguna resistencia hubo contra estas industrias abusivas. Sirva por ejemplo la denuncia presentada el 2 de noviembre de 1922 por la alcaldía de Cangas de Onís contra la empresa minera «The Asturiana Mines Ltd.» por enturbiar las aguas de los ríos Reinazo y Güeña, hasta el punto de hacerlas inaprovechables. Manuel Gutiérrez Claverol y Carlos Luque Cabal, en su libro *La minería en los Picos de Europa* (2000), recogen parcialmente el informe de inspección enviado por el ingeniero de Minas al Gobierno Civil de la Provincia.

> El Ingeniero de Minas señor Arango informa que en la visita girada con este objeto a Comeya pudo comprobar la certeza de los extremos de la denuncia encontrándose con la rotura del muro de la balsa, a consecuencia de lo cual son arrastradas a cada riada los sedimentos depositados en los soplados, enturbiando con ello extraordinariamente el agua y haciendo desaparecer la pesca que en aquellos ríos existía y señala e impone a la compañía minera citada ciertas prescripciones para evitar en lo sucesivo los daños y perjuicios originados a los pueblos ribereños con este motivo.

Otro testimonio bien expresivo de la contaminación que debía existir en las masas de agua, del tipo que fuesen, la recoge Saint-Saud al llegar al collado de Liordes, donde se explotaban unas minas:

> A pocos pasos cría moho el agua grisácea donde unos destajistas lavan el mineral.

No obstante la contaminación causada por las minas, sobre todo en los ríos de las cuencas carboníferas centrales, en las aguas ajenas a estas industrias la abundancia de truchas debió de ser importante hasta las décadas centrales del siglo XX. Según el anónimo médico que escribió la «Topografía médica del término municipal de Caso», en 1945, «la riqueza en truchas es importantísima, viéndose muchos pescadores, ya que en esta zona se conserva el Nalón completamente puro de residuos carboneros». No obstante, hay testimonios contradictorios, y así Florentino Martínez Torner en su *Estudio geográfico y etnográfico* sobre la parroquia de Llanuces, en Quirós, publicada en 1917, escribe:

> Las corrientes de agua son tan pequeñas en la parroquia de Llanuces que la pesca falta en absoluto; solo en el río de Lindes hay algunas truchas pero su cantidad es lo bastante pequeña para que el vecino de Llanuces no se moleste en bajar desde el pueblo.

Cuestión de percepción sin ninguna duda. Lo cierto es que desde el último cuarto del siglo XIX numerosos autores comenzaron a dar la voz de alarma ante el acusado agotamiento de los recursos fluviales y la pérdida económica que ello significaba, como Félix de Aramburu y Zuloaga, en su *Monografía de Asturias* tan citada.

> Hoy el pobre jamás prueba ese alimento, y los salmones que se pescan en la provincia, a la que está casi exclusivamente reducida la pesca del salmón en España, apenas satisfacen una pequeña parte de los pedidos de los principales mercados nacionales, donde se pagan a subido precio.

A finales del siglo XIX y principios del XX la situación del salmón y otras especies piscícolas era alarmante. Los esquilmos que sufrían los ríos eran tan evidentes y abusivos que la objeción que hacen a los mismos los autores decimonónicos cobra una dimensión aún mayor, pues hay que tener en cuenta que escribían en un contexto de arbitrismo y culto al desarrollo industrial por encima de todo. Sus textos pueden resultar desagradables para oídos adiestrados en sinfonías pastorales de agrarismo y *ecoconvivencia*, si existe esa palabra, o ese mito moderno y tan repetido del «buen salvaje»; de las poblaciones ribereñas, en este caso, que aprovechan los recursos sin acabar con ellos, renovándolos y cuidándolos, dotando a la especie humana de una suerte de «freno biológico» que ninguna otra tiene, y que, mirado con perspectiva, resulta absurdo, pues nadie deja pasar a su presa, aunque sea la última que habita en el mundo, a cambio de un hambre perpetua.

> La escasez de pescado de agua dulce, de igual modo que la desaparición de las mejores especies, es, por desgracia, un hecho comprobado, en el que han intervenido varios factores. Por un lado, el egoísmo de los pueblos ribereños abusando constantemente de artes fijas; la colocación de presas y atajadizos en los ríos, causantes del libre paso de los peces, sobre todo del querencioso salmón, obligado a emigrar de modo periódico del río al mar y del mar al río; lo deficiente de nuestra legislación en materia de pesca fluvial; la inobservancia del periodo de veda; el uso de explosivos y el de sustancias venenosas, como la coca mezclada con cal viva, la cicuta, el gordolobo, etcétera; la falta de personal técnico encargado de vigilar el cumplimiento de la ley; y, por otra parte, el inficcionamiento producido en las aguas transformadas en verdaderos ríos de tinta, al utilizarlos los lavaderos de hulla para desagüe de las inmundicias de los mismos, contribuyeron eficazmente a la casi total desaparición de las truchas, anguilas, lampreas y salmones[116].

Lo vieron bien los autores patrios del pasado, como Rafael Fuertes Arias en su *Asturias industrial: estudio descriptivo del estado actual de la industria asturiana en todas sus manifestaciones* (1902), pero más chocante les resultó a los foráneos, especialmente a los hijos de la Gran Bretaña, que llevaban siglos en su país conviviendo con la caña y el anzuelo.

> En Arriondas, un poco más abajo de Cangas de Onís, el Sella recibe refuerzos del Piloña, y desde aquí hasta que desemboca en el mar es un río de bastante caudal en el que se van alternando las corrientes rápidas en zonas amplias con los pozos profundos y tranquilos típicos de los mejores ríos salmoneros. Tiene fama de ser un río excelente para la pesca y, de hecho, su aspecto parece garantizarlo. Pero temo que pueda ser maltratado porque las artes de los pescadores de la zona no pueden ser calificadas precisamente de «deportivas». Cuenta la tradición que una vez llegó un «inglesito» a Arriondas que se las arregló para engañar a las truchas con pedazos de cuero y lana. ¡Y cogió alguna! ¡De veras que lo hizo! ¡Incluso intentó convencernos para que hiciéramos lo mismo! Pero aquí en Arriondas sabemos hacerlo mejor. Nosotros pescamos con escopetas y bombas[117].

---

[116] Rafael Fuertes Arias. *Asturias industrial…*, 1902.

[117] Edgar T. A. Wigram, *Northern Spain,* 1906 (J. A. Mases: *Asturias vista por viajeros románticos…*, 2001.

El autor del texto anterior, Edgar T. A. Wigram, dibujante y viajero inglés que recorrió el norte de España a principios del siglo XX, se muestra aquí cruelmente socarrón, como se puede advertir, pero hay que decir en su descargo que la atrevida soberbia de la que hace gala en ocasiones el natural ribereño puede conducir para sobrellevarla al empleo de esa técnica de tolerancia psicológica que llaman ironía.

A pesar de todo, lo peor estaba por llegar: los grandes obstáculos de las infraestructuras hidráulicas que cortarían el paso aguas arriba (y aguas abajo, según el caso) a la migración reproductora de salmones y anguilas, ejemplos paradigmáticos cada una de ellas de lo que los biólogos llaman especies anádromas (nacen en el río, se desarrollan en el mar y vuelven al río para desovar, como el salmón) y catádromas (en este caso la anguila, que nace en el mar —de los Sargazos, qué bellísimo nombre de ensoñaciones literarias—, se desarrolla en el río y vuelven al mar para desovar y después morir).

Así, a lo largo del siglo XX desaparecieron para el salmón ríos enteros como el Navia, uno de los mejores de todo el norte peninsular hasta la construcción del salto de Arbón en 1967 (por aquellas fechas se pescaban en él hasta 1.200 salmones por año), o partes muy extensas de otros tan prolíficos como el Narcea en Asturias o el Nansa en Cantabria, reducido a 9 km de hábitat favorable para el salmón, además de interrumpir o dificultar el paso a las zonas altas de freza en ríos de alto valor ecológico como el Cares o el Esva, ambos en Asturias.

Jamás nadie pudo volver a ver espectáculos como el que observó en 1835 el botánico francés Durieu de Maisonneuve, contado en realidad por Jacques Gay (*Viaje botanico de Durieu de Maisonneuve por Asturias*). Un texto citado muchas veces como reflejo de algo que debía ser habitual en aquellos tiempos en todos los ríos cantábricos, y hoy prácticamente inexistente incluso donde no existen los paredones de hormigón, sencillamente por la rarefacción de la especie.

> Es notable lo mucho que abundan los salmones en aquellas aguas. Cuando se aproxima el tiempo de la reproducción (es entonces su carne rosada y excelente), comienzan a subir del Cantábrico, Nalón arriba primero, llegando por el Narcea casi hasta el nacimiento del mismo. Y esto a pesar de que el cauce se estrecha más y más, quedando al fin hasta tal punto obstaculizado por las piedras que nadie creería suficiente ni su amplitud ni el agua misma para que puedan remontarle. Superan audazmente, sin embargo, cualquier dificultad: se arrastran con las aletas, casi en seco, y vencen los obstáculos mayores apoyándose lateralmente, arqueándose y dando saltos fuera del agua, como en volandas, sin que les detenga otra cosa que la temperatura excesivamente baja de aquélla cuando recibe ya

el río las últimas torrenteras medio heladas. Hallan tal temperatura un poco por debajo del pueblo llamado Venta de Rengos, a tres leguas de Cangas y a veinte casi de la desembocadura del Nalón; pero ni siquiera entran, por esa misma causa, en las aguas, más frías, del subafluente Naviego. Una vez que se detienen, acostumbran a desovar en los sitios profundos del cauce (que son llamados pozos). Más tarde, a favor de corriente, regresan al mar con las crías de un año (las nacidas el año anterior en los mismos pozos, que proporcionan a los naturales del país un bocado apetecidísimo, aunque apenas alcanza su tamaño las dos o tres pulgadas). Los adultos, al descender, son de carne blancuzca, mucho menos sabrosa y apenas comestible (entonces se los llama zancados). Tal migración constituye un espectáculo gratísimo para los habitantes de Cangas, que esperan el paso en día calculado previamente[118].

Michel Charles Durieu de Maisonneuve. Fotografía de 1878. Licencia Wikimedia Commons.

Finalmente, y como una forma de introducir *avant la lettre* lo que puede ser sin duda un enemigo más para unas especies no necesitadas precisamente de ellos, apareció el fenómeno de la introducción de las especies foráneas. Al principio, tímidamente y en escasos puntos, normalmente cuencas cerradas como lagos y embalses, y más tarde en ríos enteros. Estas repoblaciones comenzaron a finales del siglo XIX y continuaron a lo largo del XX, sin que se sepa en qué fecha se introdujeron especies hoy abundantes en nuestras masas de agua como el piscardo, o incluso si algunas son autóctonas o introducidas, como sucede con la boga de río en el Eo, o incluso con el cangrejo de río autóctono, del que hace muy poco se publicó un estudio que parece demostrar que fue introducido en España en el siglo XVI, procedente del noroeste de Italia, y que incluso a Asturias bien pudiera haber llegado a principios del siglo XX, dada la falta absoluta de referencias anteriores a esta fecha en la literatura viajera y científica del momento. No obstante, en algún caso concreto se tiene constancia de la fecha exacta en la que se intro-

---

[118] Jacques Étienne Gay. *Viaje botanico de Durieu de Maisonnnave por Asturias*, 1958.

dujo alguna de estas especies llamadas alóctonas, como las truchas de fontana (*Salvelinus fontinalis*), soltadas en el lago Enol en 1881, según Rafael Fuertes Arias en su libro *Asturias industrial* (1902).

> En 1881 comenzó a ensayarse con excelente éxito para criadero de truchas la laguna de Enol, depositando en la misma 1000 huevos de la variedad Truta lacustre, traídos de París, lográndose a los pocos meses verla poblada de numerosa cantidad de este pescado, muy sabroso y algunos de cuyos ejemplares llegaron a medir 45 centímetros de largo. También dieron análogos resultados los ensayos que hizo en su posesión de Deva el Marqués de San Esteban del mar, así como los del cultivo de tencas en un estanque.

Lo más curioso es que en este caso, a diferencia de casi todos las demás y hasta hoy mismo, en que es delito penal introducir especies invasoras sin autorización, razón por la que siempre dichas sueltas son anónimas, podemos saber quién fue el autor de esta introducción, gracias a Manuel de Foronda y Aguilera, geógrafo e historiador abulense que visitó el lago el lago Enol al año siguiente de que se produjera.

> Notables por su tamaño y sabroso gusto, son las truchas [de Fontana] que el lago Enol produce, merced a la inteligente intervención y estudios del citado señor máximo de la Vega, canónigo de la Colegiata, que trajo del lago de Ginebra la simiente, habiendo logrado la aclimatación y multiplicación en condiciones excepcionales[119].

Para animar aún más la biodiversidad del lago, en 1918 se soltaron tencas, según hace constar Aurelio de Llano en su libro *Bellezas de Asturias de oriente a occidente*. En cualquier caso, la introducción de especies foráneas no fue un problema para salmones y truchas en el pasado. Es un problema más bien del presente y seguramente lo será más en el futuro. La especie humana no descansa en su labor de desequilibrio, cuyos resultados casi siempre son inciertos y sorprendentes. Por eso me maravilla la firmeza de quien todo lo da por sabido, y para cualquier problema encuentra rápidamente una solución, razón por la que huyo siempre de quien parece aprehender toda la complejidad de la naturaleza en un sólo golpe; curioso mundo donde la ciencia y los científicos tienden a la especialización, mientras que los «entendidos en la naturaleza» tienden a la totalidad.

Centenares de años extrayendo peces de las aguas fluviales, en algunos periodos de forma casi industrial, tuvo que mermar necesariamente sus poblaciones.

---

[119] Manuel de Foronda y Aguilera. *De Llanes a Covadonga. Excursión geográfico-pintoresca*, 1893.

Pedro Álvarez, en su libro *Los lebaniegos*, recopila testimonios de las décadas centrales del siglo XX de hábiles pescadores que capturaban diariamente entre 2,5 y 3,5 kg de truchas, cuando la temporada de pesca era desde San José (tercer domingo de marzo) al 15 de agosto, llegando a veces a cantidades superiores a los 10 kg en un solo día.

La pesca deportiva sigue extrayendo año tras año miles de ejemplares (treinta mil licencias de pesca sólo en Asturias en 2016). En los últimos 15 años se ha pasado de un cupo de 12 truchas por pescador y día a 6 ejemplares por pescador y día. En el caso del salmón, la reducción es mucho mayor. La amenaza de extinción se hace visible. El cangrejo autóctono —lo sea o no— ha desaparecido prácticamente, y de la anguila no se sabe que le vaya mucho mejor.

En 1966 se pescaron 1.939 salmones entre los cuatro principales ríos salmoneros de Cantabria (Deva, Nansa, Asón y Pas), según datos del ICONA. Cincuenta años después, sólo 93. En Asturias los datos no son tan estruendosos, pero en 50 años se bajó de 4.262 salmones a 1.162: una cuarta parte de lo que se pescaba. En ambos casos no son fechas al azar o engañosas, sino elegidas ponderadamente para reflejar bien la tendencia de los últimos años, evitando así es-

Pesca del salmón en el río Deva.
Fotografía E. Bustamante.

coger por ejemplo el año 2010, cuando sólo se pescaron 45 salmones en Cantabria y 251 en Asturias, la cifra más baja desde que hay registros.

Hay que decir en este sentido que el colectivo de pescadores deportivos libra en la actualidad un crudo debate entre los que creen que la situación es alarmante y sólo entienden posible la práctica de una pesca sin muerte (con liberación del pez) y los que defienden su derecho a seguir llevándose las capturas, en un egoísmo que, creo sinceramente, dentro de cien años será visto como difícilmente entendible.

Y es que la introducción de las especies exóticas puede ser la puntilla. En las masas de agua de Asturias tenemos ya cacho, perca americana, colmilleja, tenca, gambusia, salvelino, carpa, carpín, cangrejo rojo americano, cangrejo señal, y lo que habrá... (Un muestreo reciente en la laguna de Arbás, situada a unos 1.700 metros de altitud, en el extremo occidental de la Cordillera, a los pies del pico más alto del concejo de Cangas del Narcea, ofreció tencas, truchas comunes y hasta una boga del Duero, peces todos que no llegaron a la laguna saltando, evidentemente). En el año 2018 se localizó por primera vez el lucio (*Esox lucius*) en un embalse de la zona central asturiana[120]. Quién sabe lo que puede aparecer cualquier día.

También es cierto que la población de cormorán grande, garza real y nutria ha aumentado notablemente, y todas ellas comen truchas y juveniles de salmón en mayor o menor medida. Pero la garza escasea en los regatos de montaña, el cormorán no tiene cauce para bucear en ellos y la nutria no explica por sí sola la desaparición de truchas en esos tramos. Según va avanzando el inexorable colapso, los pescadores incorporan otras especies al catálogo de culpables: ánades y mirlos acuáticos por su potencial consumo de alevines el primero y huevas de pez el segundo. La anguila se ha desplomado también, y no se cuenta a ninguna de estas especies, salvo la nutria, y quizá la garza, como depredadores. Teniendo en cuenta que para protegerla se prohíbe su pesca, pero se permite la captura de sus crías (muy valoradas económicamente, como es sabido), es posible que no haya más esperanza que creer, después de todo, que fue verdad que hubo un tiempo en que criados y sirvientes exigían comer salmón solamente dos veces por semana. En una región que gusta vivir de los mitos del pasado antes que afrontar los desafíos del presente es, sin duda, el mejor paliativo posible, y el desenlace más lógico.

---

[120] H. Mortera y J. de la Hoz. *Distribución de los peces de aguas continentales de Asturias*, 2020.

Capítulo VI

EXTRANJEROS Y OTRAS HISTORIAS EXTRAORDINARIAS

1. Extranjeros inventores de topónimos y otros que dan a oler flores raras

> Después recibimos la visita de Pedro Cos, nuestro guía de 1891, quien se acercó a saludarnos, y entretenemos nuestros ocios escuchando sus relatos de cacerías y excursiones. Cuenta, con la mayor seriedad del mundo, que cierto botánico francés vino por aquí buscando flores raras. Todas son raras en la «mala tierra». Cuando las encontró, pasó un manojo bajo la nariz de su guía local, el cual se durmió en el acto y perdió la memoria, olvidando el lugar en que tales plantas crecían…[121].

Saint-Saud contrató para una de sus expediciones los servicios de un guía local llamado Pedro Cos, reputado cazador de rebecos y otras piezas. Debía de ser todo un personaje; fabulador y cuentista —en el mejor sentido de la palabra— como tantos otros que abundaron en el pasado de los pueblos. Saint-Saud más lo debió sufrir en silencio, a juzgar por lo que escribe de él, pero nos transmite una anécdota que se puede poner en relación con el impacto que debieron causar los primeros extranjeros que llegaron a los Picos de Europa, sobre todo los que lo hicieron con fines científicos.

Sin embargo, muchos años antes, hubo unos extranjeros que vinieron a los Picos no precisamente por motivos de estudio, pero a los que podemos tener por los primeros foráneos de los que se tiene conocimiento en estas montañas, pues dejaron para la posteridad una bonita historia y seguramente un buen puñado de muertos. Son los soldados musulmanes que vinieron al encuentro de Pelayo y sus huestes. La famosa batalla, escaramuza o como se quiera llamar, que casi todo el mundo conoce, tuvo lugar en algún punto cercano a lo que hoy llamamos Covadonga, o más ampliamente el monte Auseva, en el año 722, y se sabe que buena parte del contingente sarraceno sobrevivió a la derrota, retirándose hacia el sur a través de los Picos de Europa. Un gran historiador patrio, Claudio Sánchez Albornoz, estudió a fondo las fuentes cristianas y musulmanas, imprecisas, exageradas y tendenciosas ambas, pero que marcan a fuego tres lugares bien reconocibles en ellas: Covadonga, Amuesa y Cosgaya. Y con el rastro dejado en la toponimia y en la leyenda, además de la lógica topográfica, fue trazando la posible vía de regreso de estas tropas invasoras a sus cuarteles sureños.

---

[121] Conde de Saint-Saud. *Monografía de los Picos de Europa (Pirineos cantábricos y asturianos)*, 2011.

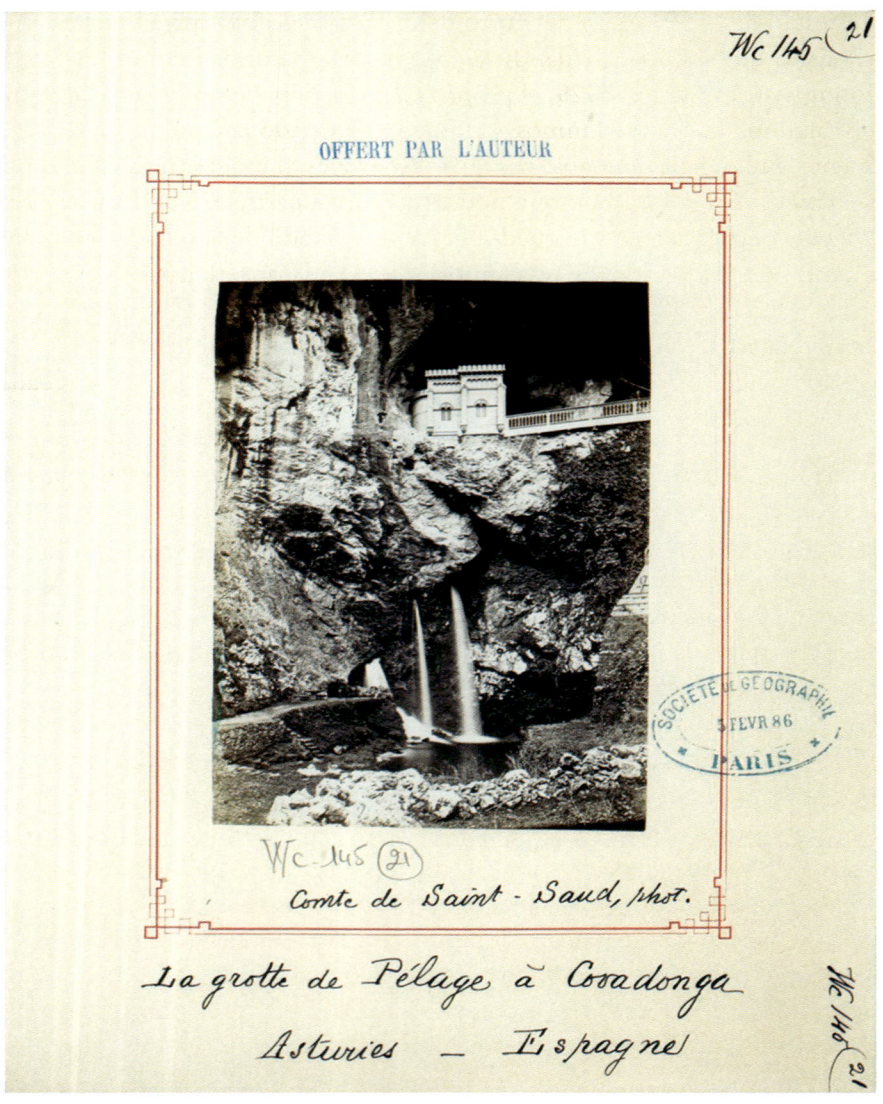

«La cueva de Pelayo en Covadonga». Fotografía del conde de Saint-Saud realizada en 1886.

Atque per locum Amossa ad Lieuana descenderunt
[Por el lugar de Amuesa descendieron hacia la Liébana][122]

El resultado es un *«trail»* del gusto de los amantes de las pruebas de alta resistencia física que tanto se estilan hoy, y de hecho se conoce como «la ruta de la Reconquista». En el año 1929, el propio Claudio Sánchez Albornoz, acompañado por algunos amigos y alumnos, siguió este recorrido para demostrar que, efectivamente, hubiera sido factible para un destacamento de guerreros con sus caballos e impedimenta. Y así fue que hoy se cree que, partiendo de lo más extremo del Macizo occidental, donde quedó fijado el resultado de la masacre en forma de topónimo («La Huesera», hoy una famosa curva en la carretera a los Lagos de Covadonga), y después de atravesar los Picos de Europa de oeste a este, pasando por la terrible tajadura del Cares, los supervivientes serían finalmente masacrados al parecer por una avalancha de tierra y piedras cerca ya de Cosgaya, en Liébana, según cuenta la *Crónica albeldense*.

> Entonces los de las huestes de los Sarracenos que habían sobrevivido
> a la espada, al derrumbarse un monte en Liébana, fueron sepultados por
> el juicio de Dios, y así surge por providencia divina el reino de Asturias.

Está claro que el dios de los perdedores no preparó muy bien su papel de abogado en aquel juicio, y aquellos soldados habrán de figurar por derecho propio entre los primeros tragados por el esófago de la montaña, si no fuera porque nunca sabremos qué hay de cierto en todo esto; si no serían, en definitiva, más duros y adaptados de lo que creemos, y si no tomarían en buena lógica rehenes entre los pastores de la zona que los llevaran por los caminos más seguros posibles, y pudieron regresar sanos y salvos al dulce arrullo de sus jardines de mirtos y arrayanes. Dejando a aquellos cristianos indómitos pervivir en sus húmedas tierras, propietarios de una montaña decididamente hostil y vengativa hasta para con los suyos.

> Treinta asnos salvajes, ¿qué daño pueden hacernos?
> *Crónica de Al-Maqqari*

Tendrían que pasar 1.100 años para que tengamos constancia escrita de que volvió a haber extranjeros en los Picos. En este caso fue un notable geólogo e inspector de Minas alemán llamado Guillermo Schulz —no confundir como sucede a menudo con su colega de profesión y de nacionalidad, el escalador Gustavo

[122] Claudio Sánchez Albornoz. *A través de los Picos de Europa. Una ruta histórica*, 1979.

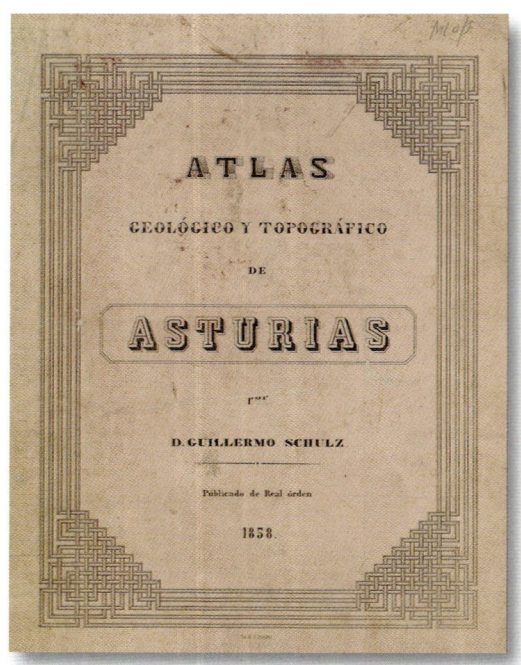

Atlas Topográfico y Geológico de Asturias.
Guillermo Schulz, 1858.

Schulze—, que se supone recorrió los Picos de Europa sin adentrarse mucho en ellos, pero al que debemos dos cosas fundamentales para este libro y la historia montañera de España: en primer lugar, la elaboración de un magnífico mapa muy superior a cualquiera conocido hasta entonces (*Mapa topográfico de la provincia de Oviedo,* 1855), y por ello, el empleado por gran parte de los pioneros que se acercaron a los Picos; y, en segundo lugar, la «invención» del Naranjo de Bulnes, el topónimo que rápidamente venció al vernáculo «Urriellu».

Nadie sabe por qué Guillermo Schulz le cambió el nombre al «Urriellu», ni tampoco de dónde procede el nuevo que le puso. Unos dicen que se debe al color anaranjado de sus paredes verticales cuando el sol las acaricia al atardecer, pero hay otras teorías más jocosas relacionadas con sevillanos jactanciosos y cabraliegos socarrones (parece ser —y no es broma— que muchos turistas se acercan a Bulnes y preguntan a los vecinos por el famoso árbol que da las naranjas tan grandes). Lo único cierto es que antes de que Guillermo Schulz lo escribiera en su mapa, ningún documento había registrado tal nombre. Después lo reprodujo en sus escritos Casiano de Prado y ya su avance fue imparable, favorecido por la excelente herramienta que suponía el mapa del geólogo alemán. Y no es que Schulz fuera un «chapuzas» y pusiera los nombres al albur de su criterio. Para nada. Era un alemán escrupuloso y metódico. Y de hecho en su cuaderno de campo consta que anotó el nombre vernáculo por el que era conocida la imponente cumbre: «Urriello», aunque luego lo dejase en «Urriel». Pero por razones que se desconocen, lo nombró finalmente «Naranjo de Bulnes».

No me llames Naranjo
que frutos no puedo dar;
llámame Picu Urriellu
que es mi nombre natural.

Eso dice una conocida copla que expresa la larga lucha por volver a recuperar su nombre real, o al menos que no se utilice el más chirriante «Naranco de Bulnes», a pesar de que etimológicamente este no se halle muy lejos de la realidad. Y es que José Luis Odriozola sospechaba que el origen del neologismo «Naranjo» pudo haber sido una errónea interpretación del hidrónimo «Naranco», bastante difundido por toda la cordillera Cantábrica.

Lo cierto es que los doctos se impusieron a los sabios, y los antiguos nombres se vieron sustituidos por los nuevos, como le pasó también a su vecina Peña Santa (a la que Saint-Saud le añadió, como vimos, un innecesario «de Castilla») o a la Torre de Santa María, rebautizada también como Peña Santa de Enol, para distinguirla de la otra, en una confusión que Francisco Ballesteros, en su tenaz lucha por recuperar los topónimos antiguos, trata de corregir desde hace años.

Y ya que la historia va de topónimos, no se puede dejar sin citar a otro alemán inclasificable llamado Roberto Frassinelli Burnitz, el siguiente extranjero conocido en recorrer —y en este caso habitar, pues se afincó en Corao, un bello pueblo de Cangas de Onís— los Picos de Europa, inventor involuntario de un famoso topónimo conocido por casi todos los que visitan el Macizo occidental: «el Pozo del alemán», un remanso del río Pomperi situado junto al camino que conduce al refugio de Vegarredonda y en cuyas aguas frías como cuchillas solía bañarse al regresar de sus correrías cinegéticas. Curiosamente, según Francisco Ballesteros (*Pastores y majadas del Cornión*), el pozo al que en realidad dio nombre se encuentra más abajo, y se accedía por un sendero que fue olvidado al construir el camino actual. Ballesteros, en su afán por documentar, palmo a palmo, cada espacio de los Picos como si fuera un orfebre de la geografía, aspira a corregir los errores toponímicos del pasado, aunque en este caso parece resignarse a que sea algún día cumplido («espero y deseo tener suerte en la recuperación del verdadero lugar»).

Sobre el inventor del topónimo escribió Alejandro Pidal unas palabras que su hijo, el primer conquistador del Urriellu, incorporó en el libro que publicó en 1918 junto con José F. Zabala.

> Su verdadero teatro eran los Picos de Europa, Peña Santa, la Canal de Trea, los gigantescos Urrieles asturianos. En ellos se perdía meses enteros, llevando por todo ajuar un zurrón con harina de maíz y una lata para tostarlo al fuego de la hierba seca, su carabina y cartuchos. Vino no bebía, bebía agua en la palma de la mano; carne sólo la del rebeco que abatía con certero disparo de su escopeta y cuya asadura tostaba sobre la misma lata del mismo fuego. Dormía entre las últimas matas de enebro;

se bañaba al amanecer en los solitarios lagos de la montaña y al regresar de la penosa excursión a los Picos, se refrescaba revolcándose desnudo sobre la nieve…[123].

Roberto Frassinelli Burnitz.
Licencia Wikimedia Commons.

Esta áurea de montaraz leyenda mantiene a Roberto Frassinelli en el olimpo de los extranjeros locos, sabios y extravagantes que habrían de dejar honda impresión a los habitantes de las zonas rurales hasta marcar en el cincel de la toponimia el gentilicio de su patria, como pasa igualmente con la «Cabaña del Inglés», situada en los puertos del Aramo, peculiar homenaje a un ingeniero inglés que trabajó en unas minas de cobre cercanas, aficionado, al parecer, a beber sus depósitos de *whisky* en las soledades de aquella cabaña.

Tras Frassinelli, la aparición de extranjeros en los Picos se acelera, sobre todo a partir del último cuarto del siglo XIX, la mayoría de ellos con fines de estudio de la naturaleza (aunque curiosamente se les adelantó un escalador, John Ormsby, quizá presagiando la vocación montañera que marcaría el futuro del macizo).

Los primeros de los que tenemos noticias son dos ornitólogos ingleses —no podían ser de otro país—: el teniente coronel Howard Irby y Lord Lilford, que vinieron en 1876 para estudiar la avifauna local del sector oriental de los Picos de Europa. Parece ser que publicaron una lista de 182 especies sin detallar mucho más, a pesar de que se pasaron un mes explorando el macizo desde su cuartel general en Potes. Aséptica pulcritud británica que bien lamenta una posteridad ayuna de conocimientos ornitológicos sobre el pasado.

Algo más prolijos fueron los tres botánicos suizos (Edmond Boissier, Louis Leresche y Émile Levier), que en dos campañas entre 1878 y 1879 recogieron y herborizaron numerosas plantas también del Macizo oriental. Estos sólo estuvieron

---

[123] P. Pidal y José F. Zabala. *Picos de Europa: contribución al estudio de las montañas españolas*, 1918.

dos semanas, una por cada año, lo que no dio para mucho más que escribir un libro con el resultado de sus investigaciones y tomar algunas fotos, que están, eso sí, entre las más antiguas que existen de esta parte de la cordillera Cantábrica. Desgraciadamente, no hay en él mucha información ajena a la recolección e identificación de las flores, más allá de la constatación de que por aquel entonces nevaba más y por más tiempo:

> El 12 de julio de 1879 toda esta vaguada [Los pozos de Lloroza] estaba cubierta de nieve […] El invierno de 1878 a 1879 había sido por extremo abundante en nieve para las montañas. Zonas enteras que habíamos encontrado brillantemente florecidas en 1878, estaban por completo cubiertas de nieve en 1879 para gran desilusión nuestra[124].

Poco más nos legaron aquellos primeros científicos, si no es la extraña conexión con un geógrafo que llegaría unos años después; pues yo me pregunto si no serían estos tres botánicos suizos, que quizá hablarían entre ellos en la lengua de Molière, quienes imprimirían en la mente fabuladora de Pedro Cos la historia de las flores raras que un francés dio a oler a su guía, derrumbándolo en el acto. Extraordinario perfume aquel ya perdido en la leyenda de la «Mala Tierra», como tantas otras historias olvidadas, como la fuente que mana de la cumbre inaccesible de la Peña Santa, que nadie beberá ya ahora que ha sido tantas veces hollada. Quizá no fueron los botánicos suizos los que dieron a oler las flores raras, quizá fueron otros de cuyo rastro nada queda, o quizá todo fue un invento de Pedro Cos, en una época donde circulaban tradiciones como la de la «yerba cabrera», insólita planta que sólo se daba en

Edmond Boissier a los 65 años. Fotografía de 1875. Licencia Wikimedia Commons.

recónditos desconocidos y que dotaba a su poseedor de extraordinaria fuerza. Pero qué nos queda de nuestra mágica y legendaria humanidad sino estas historias que Saint-Saud tuvo a bien consignar, para disfrute de quienes no buscan sólo las

---

[124] J. A. Arias Corcho, F. Soberón y J. M. Bustamante. *Reconstrucción del itinerario de los botánicos suizos en los Picos de Europa*, 1979.

paredes, las piedras o las cumbres…, sino también las historias. Las eternas historias que, como no podía ser de otra manera en una naturaleza pródiga y extraordinaria como la de la cordillera Cantábrica, tuvieron lugar casi siempre entre árboles, ríos, animales y montañas.

De lo que trata precisamente este libro.

2. Hijos de la minería y de la Gran Bretaña

> Es sorprendente que las montañas tan pintorescas de los Picos de Europa hayan escapado hasta ahora a las investigaciones de los naturalistas…
> Los ingenieros y los industriales en busca de metales y de minas parecen ser los primeros y casi únicos que hayan visitado estas montañas[125].

No era del todo cierto esto que Louis Leresche y Émile Levier escribieron, porque ya vimos que les precedieron dos ornitólogos y les sucedería otro zoólogo, de renombrado prestigio, además: Alfred Edmund Brehn. Pero no cabe duda que fue la búsqueda de minas y metales lo que atrajo a la gran mayoría de cuantos extranjeros se avecindaron en los Picos, que no fueron pocos.

Napoleón se refería a los ingleses con desprecio como un pueblo de tenderos. En el siglo XIX llegaron a ocupar o a tener bajo su dominio una cuarta parte del mundo conocido, y el Imperio británico es el más extenso de todos los imperios que ha conocido la historia. Conociendo a gente como la que desfila por este capítulo se comprenderá enseguida por qué.

No parece que hubiera un rincón del mundo conocido donde no apareciera de una u otra manera un inglés, ni tampoco un nicho de negocio que no aprovecharan. Y la cordillera Cantábrica no fue una excepción. Es el caso de James Pontifex Woods, concesionario de unas minas en Tresviso, William Mackenzie, director de la mina de Buferrera, William Selkirk, que nos ha dejado un legado de buenas fotografías de 1895 o James Honghton, don Jaime «el de los Navares». Y, supongo, además, que, arrastrados por el carro triunfador de la patria, aun cuando fracasan tienen éxito, aunque no se den cuenta de ello; como el caso de John Ormsby, a quien ya conocimos. Incluso cuando viajan a la búsqueda de nuevas opciones de negocio, salen deliciosos libros de viajes, o quizá es lo contrario, quién lo sabe; es el caso de Mars Ross y H. Stonehewer-Cooper. Y si ya juntas a un inglés de adopción con un alemán de formación y pensamiento, lo que obtienes es un

---

[125] J. A. Arias Corcho, F. Soberón y J. M. Bustamante. *Reconstrucción del itinerario de los botánicos suizos en los Picos de Europa*, 1979.

ornitólogo y científico experto en sistemática viajando con su esposa por una de las regiones más inexploradas y abruptas de Europa; es el caso de Hans Gadow.

El siglo XIX fue el siglo de Gran Bretaña, no cabe duda. Cuando Mars Ross y H. Stonehewer-Cooper se encuentran en Ribadesella con el hacendado Antonio Pelayo, que les llevará al día siguiente de excursión a Covadonga, orgulloso como estaba de la que consideraba la mejor silla de montar de toda España, les dirá: «Todos los de aquí compran las sillas y los correajes en ese gran almacén que llaman ustedes Inglaterra».

La verdad es que además de comerciantes eran expertos mineros, así que, aparte de las compañías inglesas que invirtieron en las primeras explotaciones de hulla de la región carbonífera central asturiana, no fueron pocos los ingleses que, por iniciativa personal, o empleados en compañías mineras, residieron en la zona de los Picos de Europa, rica también en yacimientos metalíferos. Algunos incluso lo hicieron por muchos años, hasta mezclarse con los naturales, como don Jaime «el de los Navares», que vivió más de treinta años en plena montaña, a dos horas de Lon, un pueblo de Liébana, dirigiendo las concesiones mineras de «La Inagotable», o el ya citado también William Mackenzie, director durante 25 años de las minas de manganeso que la «Asturiana Mines Ltd.» tenía entre Buferrera y Belbín, en el Macizo occidental, y a quien los naturales de la zona llamaban «el inglesín de Covadonga», por vivir allí con su familia.

Lo cierto es que es sorprendente el alto número de ingleses que vivía en la región de los Picos en el último cuarto del siglo XIX. Cuando Edgar T. A. Wigram, viajero y dibujante inglés y autor del libro *Northern Spain* (1906), llega a Carreña de Cabrales, una anciana se los enumera de carrerilla: «… don Jorge, don Juan, don Jaime, su esposa y familia…», nombres todos ellos vinculados a la minería. No es de extrañar que Wigram se quejara de la inmediata asociación que establecían los nativos entre minas e ingleses:

> … parece que en España no está permitido viajar simplemente por placer. Los cotillas enseguida te otorgan un cometido si pareces no tener ninguno. Si en la zona de La Rioja te catalogan como bebedor de vino, en Asturias enseguida te relacionan con la mina.

Nada raro, a juzgar por la realidad, pues a lo que parece allí donde un yacimiento mineral afloraba aparecía más temprano que tarde un inglés. De ahí que los nativos, siempre a rebufo, se pusieran en alerta en cuanto veían uno (no digamos si eran dos: M. Ross y H. Stonehewer-Cooper).

> Como en todo el Cantábrico, aquí [Infiesto] abundan los minerales de todo tipo, y la presencia de dos ingleses forasteros enseguida des-

pierta la sospecha entre los astutos nativos de que pudiera haber alguna mina por allí[126].

Lo mismo le sucede a Gadow cuando en el mercado de Potes intenta pedir información a los lugareños para alquilar una casita en alguno de los pueblos altos, con el fin de explorar mejor los Picos de Europa.

> El problema residía en que no éramos capaces de hacer comprender a nadie nuestro propósito. La mayoría de la gente empezó a mirarme como si fuera a dedicarme a explotar minas. El vecindario se hallaba en un verdadero estado de excitación, ya que el rumor que corría era que se había descubierto un filón de oro en las montañas y que aquel terreno había sido vendido rápidamente y adquirido como futura mina[127].

No es de extrañar, pues, que los naturales se fueran animando a registrar en la Inspección de Minas los yacimientos que iban conociendo, empujando a los ingleses a disimular mejor sus intentos.

> Ansiosos por encontrar un buen yacimiento, dimos con un campesino a quien pedimos que nos mostrara la mina y que, en ningún caso, contara por ahí nuestros propósitos, ya que los españoles (incluso los más pobres han ganado fortunas gracias a descubrimientos hechos por pura casualidad) siempre están al tanto de todo, y los primeros en declarar un depósito minero en España son quienes luego tienen derecho a él, sean señores o campesinos. Así que los ingleses que abandonan las carreteras principales son a menudo objeto de chismorreo, y por eso le dijimos a nuestro guía que no comentara nada sobre nosotros[128].

Precisamente a estos afanes debemos uno de los mejores y más sabrosos libros que se hayan escrito sobre el norte de España: *Las Tierras Altas del Cantábrico* (Ed. Kattigara, 2012). *The Highlands of Cantabria*, en su título original, es un libro de viajes escrito por dos ingleses (Mars Ross y H. Stonehewer-Cooper) que durante varios meses de 1883 recorrieron todo el norte de España desde Pasajes de San Juan hasta Gijón, centrándose sobre todo en los Picos de Europa. La edición inglesa fue publicada dos años después y de alguna manera dio a conocer a los Picos en el extranjero, aunque en España fuese casi desconocido hasta su reciente traducción y publicación.

---

[126] Mars Ross y Horace Stonehewer-Cooper. *Las Tierras Altas del Cantábrico*, 2012.
[127] Hans Gadow. *Por el norte de España*, 2015.
[128] Mars Ross y Horace Stonehewer-Cooper. *Las Tierras Altas del Cantábrico*, 2012.

Los dos ingleses más parecían buscar oportunidades de fortuna en la riqueza mineral de la región que otra cosa, pero del resultado de su búsqueda nos legaron un libro delicioso. Los dos tipos calaron con maestría el carácter de los montañeses norteños. Tienen agudas observaciones y demuestran haber tomado muchas notas sobre su viaje. Son entusiastas, apasionados y atrevidos hasta lo inconsciente. Muchas de sus observaciones enriquecen este libro, y mi gratitud y homenaje alcanza hasta el mismísimo título, que confieso haberles copiado de un capítulo del suyo. No pretendo ser original, tan solo me rindo ante los maestros.

De entre sus muchas andanzas y aventuras recojo como ejemplo algunas que hacen mención a buena parte de los verdaderos protagonistas de este libro: el paisaje y la fauna que lo habita. Así sucede con una cacería de rebecos a la que son invitados a participar a fi-

Hans Friedrich Gadow. Retrato aparecido en la edición de *Por el Norte de España*, publicado por la editorial Trea en 1997.

nales de agosto, para lo cual se alojan en una posada de Panes (un pueblo que ambos viajeros consideran bellísimo y a fuer que debió de serlo por las fotos de Schulze, pero que, como tantos otros, resistió mal la embestida del siglo XX). A la posada llega un grupo de gente importante con los que en seguida traban relación, compartiendo esa costumbre, a lo que se ve universal entre cazadores, de cazar una y contar veinte.

> Pasamos muy buena tarde con toda esta gente. Se contaban historias de caza en Picos, todas ellas más o menos exageradas al estilo Munchausen: nuestros amigos españoles son muy adeptos a la aplicación de esta última tendencia, y la mantienen incluso ante dos ingleses que a la hora de competir en exageraciones hasta harían ondear la meteórica bandera de Gran Bretaña[129].

---

[129] Mars Ross y Horace Stonehewer-Cooper. *Las Tierras Altas del Cantábrico*, 2012.

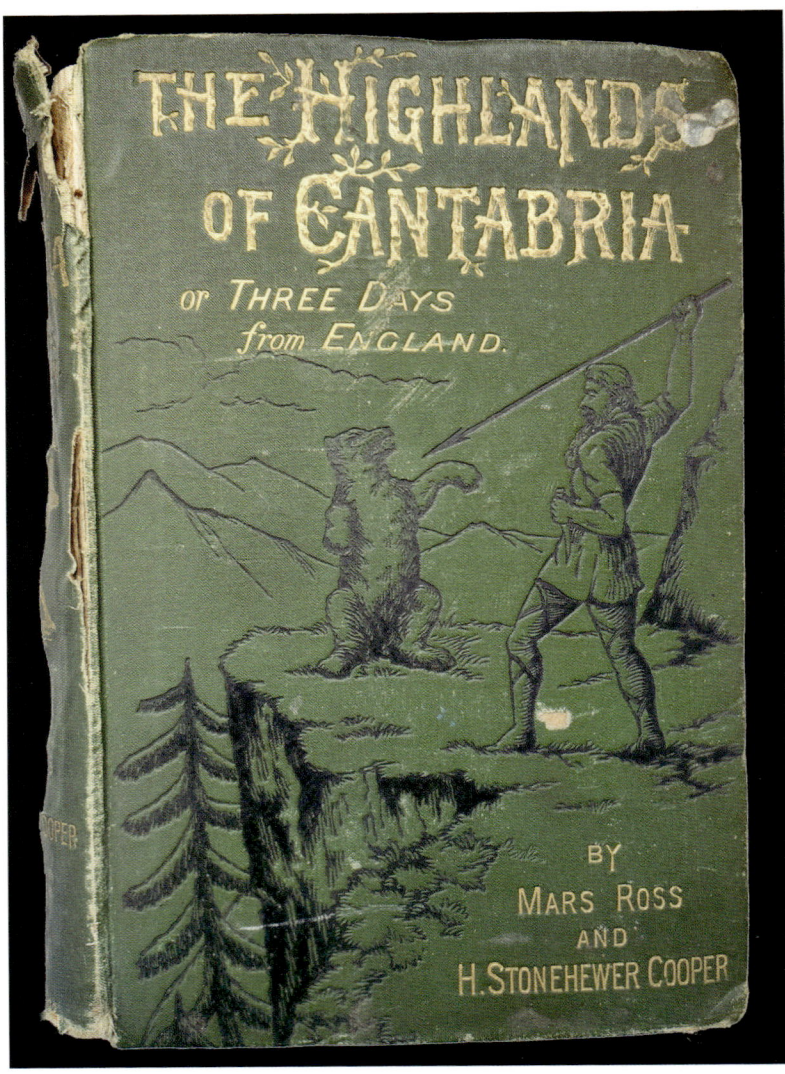

Portada de la edición inglesa de *Las Tierras Altas del Cantábrico*
(The Highlands of Cantabria, año 1885.

A la mañana siguiente, pernoctan en Ándara y allí conocen a otro famoso cazador local, don Andrés Bustamante, citado también en los libros de Gadow y Saint-Saud. Curiosamente, este lebaniego omnipresente les participa de forma indirecta la presencia en España de uno de los grandes y legendarios personajes de la Inglaterra victoriana, el coronel Frederick Gustavus Burnaby, viajero, explorador y después escritor de un clásico de la literatura de viajes (*A ride to Khiva*), además de un militar de caballería de enorme porte y carisma, que sufrió el desprestigio social por una de esas espurias razones clasistas que impregnaban a la selecta sociedad británica del momento, y que trató de redimir liderando una precipitada carga de caballería que lo condujo a la muerte en la batalla de Abu Klea (Sudán) en 1885.

> Nos parece todavía ayer cuando recordamos los dos la muerte del pobre coronel Burnaby en Sudán; por eso, nos resultó extraño relatar aquí que, durante la cena, escuchamos que Andrés Bustamante le contaba a Mister Harrison (cónsul de Estados Unidos en Santander) varias de sus experiencias de caza con el coronel Burnaby en España. El entusiasmo que sentía aquel español por el hombre que fue abatido por lanzas en el desierto africano era inconfundible.

He buscado pero no he encontrado ninguna mención a Burnaby en nuestro país. Puede que fuera un invento de Bustamante, o que Ross y H. Stonehewer-Cooper lo entendieran mal, pero no hay razón para pensar ni una cosa ni la otra. Pero si Burnaby cazó con Bustamante bien lo haría en el «territorio» de este: los Picos de Europa. No sería el primer ilustre que desconocemos. Quizá haya otros. La historia de los locos extranjeros que visitaron estas tierras está por escribir.

Nuestros dos viajeros visitarían después Potes, a la que llaman la «metrópolis de los Picos de Europa». Y escriben esta maravillosa frase de alma socarrona:

> ¡Cuánto barro hay en Potes!; no es de extrañar que sus habitantes sueñen con una eternidad de margaritas.

Desde Potes se dirigen a Lon, un pueblecito de la Liébana donde vive un «solitario inglés que había escogido Picos como su residencia habitual». Por alguna extraña razón, quizá vinculada al motivo de su viaje, quizá por simple descuido, no citan su nombre, pero sabemos por Hans Gadow que el «solitario inglés» era don Jaime, y que vivía en los Navares, a una hora de camino por encima de Lon y bajo la canal de las Arredondas. El ornitólogo inglés lo describe así:

> Durante su estancia de casi 30 años Don Jaime de los Navares, como se le conoce en la Liébana, se ha ganado la simpatía y el respeto de

la gente y es probablemente el hombre más conocido en muchas millas a la redonda.

Ross y Stonehewer describen el lugar donde vive este «solitario inglés», a cuya casa llegan ya de noche por una senda que discurre entre robledales y hayedos, atravesada por numerosos arroyos en los que encharcan sus pies.

> Al fin llegamos, bastante cansados, y aunque nadie le había anunciado nuestra llegada, fuimos recibidos con la amable hospitalidad que un británico dispensa a otro en tierra extranjera. No podemos dar datos exactos de la altitud a la que está la casa de nuestro anfitrión, pero suponemos que a unos 4000 pies. Es una casa grande, con cuadra y cuarto para las cosas de la granja. Está vallada entera para prevenir los ataques de los lobos y otras bestias salvajes. No hay ni casas ni gente más cerca que las que hay en Lon, y arriba sólo están las cumbres nevadas de los picos, oscuras, inertes y desiertas.

Tuvo suerte este don Jaime, pues poco después de abandonar su vivienda, de esas cumbres nevadas, oscuras, inertes y desiertas se desprendió una avalancha de nieve que arrasó gran parte de la hacienda, según un estudio llevado a cabo por Elisa Villa Otero sobre este extranjero de los Picos, al que sorprendentemente ningún viajero llamó por su verdadero nombre inglés ni dejó dicho a qué se dedicaba, aunque es de suponer que a la dirección de las minas del «Grupo del Evangelista» en la canal de Las Arredondas. Curiosamente, el 30 de noviembre de 1904, el quincenal *La Voz de Liébana* informaba del fallecimiento en Inglaterra de un tal míster James Honghton, «que había residido más de 30 años entre nosotros»; sin ninguna duda, el archiconocido don Jaime, «el de los Navares».

Pero antes de que todo eso sucediera, el anfitrión y Mars Ross emprenden, se supone que para varios días, un extraño viaje a pie hasta Covadonga, mítico emplazamiento que Ross quiere conocer; H. Stonehewer-Cooper opta, sin embargo, por quedarse en la casa. Según el relato de Ross, los dos caminantes suben con gran riesgo por pendientes heladas, cruzan los rastros de tres osos pardos, encuentran una manada de lobos y llegan, siempre avanzando entre nieve, a un altísimo collado rodeado de terribles precipicios. En este punto deciden dar la vuelta y, tras alguna caída peligrosa, alcanzan la casa en plena noche. En su interior, H. Stonehewer-Cooper se entretiene abriendo nueces al lado de la chimenea y, sin levantar la vista, les saluda con típica flema británica: «Les esperaba, cojan una nuez».

Está claro que el despiste que traían era considerable. Fuera por desconocimiento, descuido o porque el tal «Jaime» no conociera otro camino mejor, ascendieron por la canal de Las Arredondas hasta alcanzar el collado del Mojón o quizás el de la Rasa, con el fin, se supone, de llegar después, tras otro fuerte desnivel de bajada, al pueblo de Sotres, quedándoles todavía un mundo de desniveles y precipicios antes de llegar al famoso santuario. Por suerte para ellos, decidieron dar la vuelta.

Pretender llegar a Covadonga atravesando las altas cumbres de los Picos de sur a norte y en pleno mes de febrero es más que una temeridad, es una locura. A estos ingleses les sobraba osadía o les faltaba sensatez, difícil es saberlo. Lo que no les sobraba es mesura, a juzgar por las extraordinarias interacciones que tienen con la gran fauna local (parte de las cuales ya han sido narradas en el capítulo V), y que sirve para comprobar que a veces es necesario poner en cuarentena —que no en solfa— algunas de las afirmaciones de estos viajeros decimonónicos.

A pesar de todo, nuestros dos ingleses extraordinarios merecen el lugar que empiezan a ocupar en nuestra literatura de viajes, ahora que por fin contamos con una traducción completa de su periplo. Cuando llegaron a Tresviso, el lugar «donde las montañas tocan el cielo», dejaron por escrito su forma de entender el paisaje que los rodeaba. Unas palabras que más de 130 años después puede suscribir cualquiera que se acerque a este pequeño municipio cántabro, y por extensión a cualquier lugar de los que componen este libro.

Sea cual sea el tiempo que haga, un grandioso panorama es el que se extiende ante los ojos de quienes saben apreciar de verdad la naturaleza[130].

3. El rincón de los ingleses olvidados

Debemos a Mars Ross y H. Stonehewer-Cooper la foto más antigua de Tresviso que se conoce. No es muy nítida, pero pueden servir perfectamente también las fotografías tomadas por Hans Gadow de otros pueblos como Riaño, Llánaves o Portilla de la Reina, o las de Gustavo Schulze, más cercanas en el tiempo, pero seguramente muy próximas aún a lo que era Tresviso en 1884. Cualquiera de estas imágenes permitiría hacerse una idea de cómo eran los pueblos de los Picos de Europa y del extraordinario impacto y singularidad de que precisamente en uno de ellos existiera una casa ocupada por anglicanos ingleses, en la que se respetaban escrupulosamente todas las costumbres victorianas. No cabe duda de que, como se suele decir, «donde hay un inglés está Inglaterra entera».

Mars Ross y H. Stonehewer-Cooper tomaron su foto de Tresviso, se supone, desde la vivienda donde residía este matrimonio inglés, a cuya cabeza se encontraba James Pontifex Woods. Evidentemente, un nombre como este no podía co-

[130] Mars Ross y Horace Stonehewer-Cooper. *Las Tierras Altas del Cantábrico*, 2012.

rresponder a alguien convencional, y desde luego no lo era; pero no subió a ninguna cumbre, ni acertada ni equivocadamente, ni dejó una huella indeleble en la memoria de nadie, hasta el punto de que sólo el empeño de unos apasionados de los Picos, Elisa Villa y Jesús Longo, lo extrajeron del olvido («Don Jaime, el inglés de Tresviso», *Boletín Peña Santa* n.º 5). Y aunque su nombre aparece en varias publicaciones vinculadas a la minería de los Picos de Europa es el libro de nuestros dos ingleses extraordinarios el que más detalles aporta sobre su vida y la de su familia.

Ascenso a Tresviso. Expedición de los viajeros Lewis Clapperton y Cecil Ogilvie, año 1894. Colección J. Antonio Torcida.

Ross y Stonehewer-Cooper accedieron a Tresviso por el vertiginoso camino abierto pocos años antes por la sociedad minera que explotaba los minas de Ándara para bajar el mineral a Urdón, en cuya posada pernoctaban todos los viajeros que querían llegar a Tresviso al día siguiente. En ella, precisamente, los lugareños les contaron una graciosa anécdota sobre cierto caballero inglés «que sobresalía algo de la media por su estatura», y que a la hora de descender por aquel temible camino pasó indecorosos apuros que sus compatriotas no ahorraron exponer.

> … el hombre no conseguía andar derecho y contemplar a la vez las profundidades de ahí abajo sin sentir vértigo, así que de forma bastante poco heroica terminó su experiencia montañera por España bajando de culo a cuatro patas, necesitando a la llegada de Urdón un buen remiendo en la parte más trasera de sus pantalones.

Nuestros dos ingleses no encontraron, sin embargo, ninguna dificultad y alcanzaron Tresviso sin más esfuerzo que el impuesto por el desnivel. Allí les recibió con cordialidad británica su compatriota, míster Woods, al que definen como «un caballero que investiga por los Picos en busca de minerales y del desarrollo de las riquezas que circundan su retirada casa». Más que investigar, en realidad es de suponer que dirigía las minas de zinc y plomo de los Invernales de Pría, cuyos restos son aún visibles en la actualidad.

> La casa del señor Woods es un edificio sólido de madera al estilo de los bungalows, situado a un costado de la montaña, cuyas vistas —obvio es decirlo— son de gran belleza e interés. Un pequeño jardín de flores y hortalizas se extiende hacia el lado del barranco, y pegado a la casa hay un pequeño establo para un pony o un burro.

La casa desde donde se tomó la primera fotografía conocida de Tresviso no se encontraba en realidad en el mismo pueblo, sino que estaba bastante más retirada hacia el este. Su recuerdo se perdió con el derrumbe de los muros y de la memoria campesina, y cuando en 2005 se personaron en Tresviso un grupo de ingleses descendientes del matrimonio inquiriendo la exacta localización del lugar donde habían vivido sus antepasados, ninguno de los vecinos del pueblo acertó a ubicarlo con exactitud, si bien suponían que podría corresponderse con la base de unos muros de piedra situados en una pequeña planicie por encima de la canal de Pría.

Cuando Elisa Villa y Jesús Longo se propusieron convertir estas conjeturas en una verdad coherente, examinaron en profundidad el terreno y lo cotejaron con el material fotográfico y los textos de Ross y Stonehewer-Cooper, llegando a la conclusión de que las sospechas de los vecinos eran ciertas.

> … la posición de la casa, sus grandes dimensiones, las vistas de que disfruta, la distancia al pueblo… todo coincide con la descripción que dejaron Ross y Stonehewer-Cooper. Los muros de piedra debieron soportar las paredes de madera del edificio[131].

Unos 120 años atrás, aquellas ruinas hoy tomadas por la maleza constituían un perfecto hogar inglés rodeado de un hermoso jardín en el que se cultivaban flores y hortalizas, «con las paredes del recibidor cubiertas de arriba abajo, techo incluido, con diferentes especies de pájaros», incluido un águila real con las alas extendidas, se disfrutaban hermosas veladas apretujados frente al fuego de la chimenea y se cantaban baladas inglesas que sonaban infinitamente dulces lejos de la patria.

Cuando Mars Ross y H. Stonehewer-Cooper llegaron allí, el señor Woods tenía ya otro invitado inglés (¿de dónde demonios salían tantos?): la esposa de Mr. Brindley, el ingeniero de unas minas de cobre cercanas, razón por la cual tuvie-

---

[131] Elisa Villa Otero y Jesús Longo. *Don Jaime, el inglés de Tresviso*, 2008.

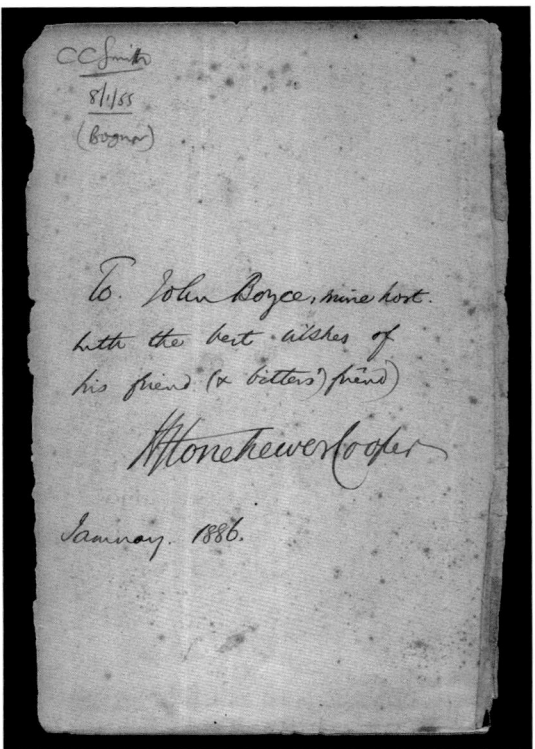

Autógrafo de H. Stonehewer-Cooper estampado en un ejemplar de *Las Tierras Altas del Cantábrico (The Highlands of Cantabria)*, año 1885. Colección R. Villegas.

ron que alojarse en la vivienda del párroco de Tresviso, la única, por cierto, «que tenía una o dos ventanas de cristal en todo el pueblo».

La estancia en el que ellos mismos llamaron «el pueblo más pintoresco de toda España» les permitió conocer muchos aspectos de la vida tresvisana, que no dejaron de llamarles (llamarnos) la atención: la sencillez espartana de sus viviendas, «aunque todas están limpias y bien cuidadas», la inestabilidad del suelo de la antiquísima iglesia, la extraordinaria longevidad de sus gentes, su famoso queso Picón (que sirve para introducir una nueva anécdota producida por otro caballero inglés interceptado por las autoridades francesas en la aduana con un notable —y oloroso— número de ellos), o su tradicional vestimenta, herencia de generaciones pasadas, en el sentido literal del término («los trajes de unos y otras duran una eternidad, existiendo la tradición de pasarse abrigos y faldas de una generación a otra. Parece prácticamente imposible desgastar una tela hecha en Tresviso»).

Nos dejaron, además, dos descripciones sobrecogedoras de lo que era la vida en aquel tiempo: la escuela del pueblo, donde un joven maestro se afanaba en introducir unos pizarrines recién llegados de Madrid, que sustituyeran a las paletillas de buey —sí, hasta entonces, y no solo en Tresviso, los alumnos escribían sobre un hueso plano— y el camposanto situado junto a la iglesia, donde, pegada a la pared exterior, estaba la única tumba inglesa de Tresviso, un bebé de seis meses muerto en 1883.

> Este elocuente legado de las «divisiones poco felices» que existen entre cristianos es el lugar del último descanso de uno de los niños del señor Woods[132].

---

[132] Mars Ross y Horace Stonehewer-Cooper. *Las Tierras Altas del Cantábrico*, 2012.

Cuando Elisa Villa y Jesús Longo realizaron su investigación en Tresviso se entrevistaron con varios vecinos, entre ellos el alcalde y el secretario del ayuntamiento, lo que les permitió acceder al archivo municipal y conocer más detalles acerca de la desgraciada muerte del bebé de los Woods.

> Por ellos supimos que, junto a la tapia del cementerio, tal como señaló Mars Ross, se conserva una lápida sin inscripción que corresponde a la tumba de un bebé de origen inglés, nacido en Tresviso hace 125 años y fallecido pocos meses después. Esta losa es el ara de un antiguo altar, a la que, quizá por el hecho de ir destinada a cubrir el enterramiento de un no católico, dieron la vuelta[133].

En el Ayuntamiento de Tresviso se conserva todavía el acta de defunción, en el que se especificaba que el pequeño había muerto del «mal de alferecía» a las siete de la mañana del 4 de septiembre de 1883. En aquellos tiempos, como recuerdan los autores de la investigación, a las enfermedades infantiles (muchas, y altamente virulentas) se las denominaba de múltiples maneras genéricas, englobando síntomas semejantes y compartidos por muchas de ellas, como fiebres elevadas, diarreas y deshidrataciones, que podían desembocar finalmente en convulsiones como era este caso.

Finalmente, Elisa Villa y Jesús Longo recabaron más datos sobre esta singular familia de ingleses. Debido quizás a que la mina que Woods explotaba dejaría de ser rentable, se mudaron al más confortable pueblo de Comillas, en la costa oeste de Cantabria. Allí benefició otras explotaciones y abrió incluso una piscifactoría. Era un tipo emprendedor, sin duda. En el puerto de La Rabia mandaría construir una hermosa casa de estilo inglés, habitada hoy por los descendientes del hombre que se la compró a su viuda poco después de su muerte: el conde Eusebio Güell, yerno del primer marqués de Comillas. Curiosamente (y es que parece que todos los extranjeros de los Picos estaban condenados a conocerse), en noviembre de 1906 Gustavo Schulze estuvo visitando San Vicente de la Barquera y Comillas en su compañía, si bien en sus cuadernos el geólogo alemán lo rebautizó como «James Pontifere Wards».

Y si inquieta fue la vida de James, no lo fue menos la de su esposa Charlotte, que a la muerte de su marido se vio obligada a regresar a Inglaterra ante las dificultades económicas. Según Elisa Villa y Jesús Longo, había huido de la casa de sus padres cuando era casi una niña, y James Pontifex Woods se la encontró un día llorando en un café de París. Fue entonces cuando le ofreció ir con él «a un lugar que estaba en el fin del mundo».

Concretamente, donde las montañas tocan el cielo.

---

[133] Elisa Villa Otero y Jesús Longo. *Don Jaime, el inglés de Tresviso*, 2008.

4. Ornitólogos que matan pájaros, príncipes que se suicidan

> Alfred Brehm asegura que en algunas zonas de la Europa meridio-
> nal al alimoche lo llaman «caballo del cuclillo», pues ambas aves emigran
> simultáneamente y aparecen a un tiempo, lo cual hizo nacer la tradición
> de que los cucos cruzaban los mares cabalgando sobre los alimoches[134].

Seguramente, un libro que hable de naturaleza, pájaros, montañas o pastores no es un libro con un gran tirón comercial, para qué engañarnos. Una buena manera de suscitar un mayor interés sería incorporar personajes «del corazón». Y qué mejor para ello que uno de los más famosos de todos los tiempos: Isabel de Baviera, más conocida como «Sissi».

Esta emperatriz austríaca de desgraciada vida no estuvo nunca en la cordillera Cantábrica, pero su hijo sí. Y no era un hijo cualquiera, era el archiduque Rodolfo de Habsburgo-Lorena, príncipe heredero de Austria, Hungría y Bohemia, nada menos, un joven interesado por la ornitología más allá de la mera afición; sin duda, el personaje más ilustre y poderoso que haya visitado nunca los Picos —mucho más que Pedro Pidal y que el propio rey Alfonso XII, España no pintaba mucho en la geopolítica de aquellos tiempos—. Lo hizo en compañía de su admirado amigo y maestro Alfred Brehm, el mayor zoólogo en lengua alemana del momento y casi el más famoso de Europa gracias a su obra *La vida de los animales*, traducida a casi todos los idiomas importantes del mundo, incluido el español.

Rodolfo era un príncipe hipersensible educado en una rigidez áspera como la piel de un erizo. Alejado emocionalmente de un padre autoritario y físicamente de una madre amargada, con razón encontraba la paz entre la naturaleza salvaje. Sirva lo que un día escribió al atravesar unas grandes repoblaciones de árboles:

> … soy enemigo de todas las alineaciones que son claro exponente
> de lo que hacen las manos humanas, que todo lo igualan[135].

Un espíritu como este, en una corte como la de Viena y con una responsabilidad como la suya, o se entrega o decididamente acaba mal. Su madre se entregó parcialmente y acabó asesinada en Suiza por un anarquista ofendido, con equivocada razón, por «la felicidad insolente en que vivían»; y digo «equivocada razón» porque visto desde fuera aquello era una gran verdad, pero la mujer asesinada era profundamente infeliz. Rodolfo prefirió no entregarse y se suicidó (otros dicen

---

[134] A. de Urquijo. *Altos vuelos, precursores insólitos del turismo cinegético en la España del XIX*, 1989.
[135] A. de Urquijo. *Altos vuelos, precursores insólitos del turismo cinegético en la España del XIX*, 1989.

«lo suicidaron») junto con su amada María Vetsera en el pabellón de caza de su residencia de Meyerling.

Pero unos años antes, cuando el príncipe tenía solo 20 años y era un joven liberal e hipersensible que solo encontraba acomodo en una naturaleza salvaje y aún no domeñada del todo, visitaría España integrando una expedición científico-cinegética organizada por quien era ya su maestro y amigo: Alfred Edmund Brehm.

Sobre esta expedición y sus protagonistas (formarían parte, además, el príncipe Leopoldo, el conde de Bombelles y el conde Juan Wilczek) escribió Alfonso de Urquijo un libro titulado *Altos vuelos*, publicado en 1989 por Aldaba Ediciones, y de donde obtengo cuantos datos aparecen aquí, incluido el texto de introducción. El autor hubo de rebuscar aquí y allá entre los testimonios escritos de los expedicionarios, pues de este viaje no salió un relato único, lo que hubiera sido de bastante interés. No obstante, el propio príncipe heredero escribió varios artículos sobre su viaje, los cuales recopiló bajo el título *Cacerías y observaciones. Esbozos ornitológicos de España*, publicados en Viena en 1887.

Erzherzog Rudolf Kronprinz von Oesterreich, Rodolfo de Habsburgo-Lorena, príncipe heredero de Austria, Hungría y Bohemia. Grabado publicado el día de su fallecimiento, el 30 de enero de 1889. Licencia Wikimedia Commons.

En este pequeño ensayo, dedicado a los tres buitres europeos, al quebrantahuesos y a varias de las águilas mayores, ordenó el príncipe Rodolfo los capítulos por especies, dando de cada una de ellas multitud de datos sobre los distintos lugares en donde las observó y cazó en España, contando de paso algunas anécdotas y detalles de sus andanzas por nuestro país[136].

---

[136] Ídem.

Puede sorprender la extraña conexión entre caza y ornitología, pero ciertamente no tenían otra manera de estudiar las aves si no era abatiéndolas primero. Les interesaba el estudio de sus plumajes, su anatomía y sus mediciones, y eso no era posible con la mera observación. El país y su peculiar idiosincrasia, tan escasamente proclive hacia la ciencia, no ayudaba mucho a mejorar estos estudios, como descarnadamente refleja Alfred Brehm en 1857.

> Nadie conoce mejor que yo la diligencia y el celo de los ornitólogos españoles. No es ningún placer andar vagando por el campo y los bosques, cazar aves, recoger insectos, buscar plantas y tener que aguantar el calor y las privaciones sin la esperanza de ser elogiado, sino al contrario, poder estar seguro de que la gentuza que quiere parecer inteligente te llame loco o idiota. No es divertido recolectar cosas y, según mi experiencia, no existe ningún lugar donde esto sea más difícil que en España, sin contar con el apoyo de nadie[137].

Otra cosa era la sorprendente falta de escrúpulos que tenían a la hora de hacerse con los especímenes, pues solían matarlos aproximándose a sus nidos y esperando la llegada de los adultos, única manera, por otra parte, de tenerlos a tiro de arma de fuego. Pero matando a la pareja cuando estaba criando, o a veces incluso mientras incubaban, dejaban a los pollos sin esperanza, lo que aceleraba aún más el colapso de la especie estudiada, en una paradoja digna de toda la extraordinaria contradicción que envuelve. «La finalidad científica que perseguían les parecía que justificaba plenamente estos actos», constata Alfonso de Urquijo.

> Nuestras dos águilas gritaban incesantemente, tanto mientras volaban, como cuando estaban posadas. Nunca había oído chillar a un águila junto al cebo con anterioridad. Pasado algún tiempo se les unió un tercer ejemplar, que pronto abandonó de nuevo a sus compañeras, para descender con un vuelo susurrante a solamente unos pocos pasos de nuestro escondrijo. Con un tiro de escopeta puse fin a su vida.

Precisamente uno de los motivos de la expedición a España era recolectar ejemplares de quebrantahuesos, especie que por entonces había desaparecido ya de la mayor parte de su área de distribución en Europa, encontrándose sólo en la península ibérica y la balcánica, en Córcega y en Cerdeña. El primer lugar al que se dirigieron con este fin fue Sierra Nevada, donde quedaban todavía algunos ejemplares. Alfred Brehm tenía un buen conocimiento de la naturaleza española

---

[137] A. de Urquijo. *Altos vuelos, precursores insólitos del turismo cinegético en la España del XIX*, 1989.

por haberla visitado en un primer viaje efectuado en 1856 y por tener un hermano médico residiendo en Madrid, aficionado también a la caza. A pesar de abatir una pareja y apoderarse del pollo, que se desarrolló en cautividad, y al contrario incluso de lo que su propio y admirado maestro Alfred Brehm sostenía, el príncipe Rodolfo consideraba acertadamente a esta especie poco común en Europa, pues se había extinguido de los Alpes y él mismo alertaba de su pronta desaparición en España, debido también a la inquina que los pastores sentían hacia ellos.

> A los pastores no les gusta la proximidad de esta ave, y por ello tratan de destruir sus nidos, o por lo menos de ahuyentar a los adultos. Pocos días antes de que yo llegara fue arrasado un nido de quebrantahuesos lanzándole piedras.

Curiosamente —como el propio Alfonso de Urquijo le reprocha en el libro— él mismo, enfatizando que el único lugar donde todavía quedaban quebrantahuesos era España, estaba contribuyendo, indirectamente, a un coleccionismo agresivo que en nada ayudaría a detener su extinción.

> Seguramente, la mayoría de los ejemplares de quebrantahuesos de los Museos, gabinetes de Historia Natural y colecciones particulares de toda Europa proceden de España, así como también los ejemplares vivos de los zoológicos. Con frecuencia, la manía del coleccionista lleva a aquellos que están poseídos de ella en grado extremo a cometer desafueros contra la naturaleza, sacrificando ejemplares de especies en vía de extinción, o muy amenazadas de desaparición, para satisfacer su propio egoísmo, y sin tener en cuenta las consecuencias. La práctica disminución de los quebrantahuesos en España sería sin duda alguna acentuada por esas expoliaciones que, teórica y aparentemente, perseguían fines científicos y pedagógicos.

Después de recorrer Andalucía y la capital de Portugal, regresan de nuevo a España recalando en Ribadesella, desde donde se dirigieron a los Picos de Europa, en su segundo intento de recolectar más ejemplares.

> En la cordillera cercana a Ribadesella y Santander, en los renombrados Picos de Europa, esas magníficas montañas calizas de hechuras pintorescas, cimas blancas, valles deliciosos y exuberantes hayedos, allí donde viven sin ser molestados el oso, el gato montés, el lobo, el rebeco, el urogallo, el quebrantahuesos y muchos otros vistosísimos animales, en aquellas zonas realmente hermosas...

Rodolfo de Habsburgo no dejó ninguna indicación toponímica en sus *Esbozos ornitológicos de España*, más allá del santuario de Covadonga, que sin duda debió visitar, por lo que resulta imposible, pues, determinar qué parte del territorio exploró, aunque conoció sin duda los puertos altos, donde probablemente pernoctaría en alguna de sus cabañas.

> … ya desde la primera mañana recorrí algunos valles altos y contemplé las verdes brañas con sus chozas pastoriles, que son exactamente del mismo modelo que las de nuestra alta montaña.

En los Picos de Europa consiguió matar dos águilas reales y tres buitres leonados. Respecto a la otra ave que más interés le suscitaba, el quebrantahuesos, encontró un nido abandonado en una alta pared de roca que se elevaba «sobre un agreste valle de alta montaña». Por unos pastores —«capaces de distinguir perfectamente el quebrantahuesos de otras rapaces»— supo que el año anterior ese nido había estado ocupado por una pareja.

> En la misma cordillera, no lejos del nido abandonado, por encima de Covadonga, vi una mañana entre un gran cortejo de buitres que sobrevolaban los últimos restos de una vaca muerta un quebrantahuesos de colorido aún muy oscuro, que no tendría más de un año y medio de edad. Cuando, a continuación, coloqué una oveja como cebo para los buitres, apareció de nuevo el quebrantahuesos juvenil entre muchos leonados, sobrevoló persistentemente y a considerable altura la carroña, vigilando el festín de los mismos. Cuando me di cuenta de que ya no bajaría, sino que cada vez iba trazando círculos mayores, le disparé, cayeron algunas plumas, y, gravemente herido, se precipitó hacia un profundo valle. Como no pudimos ver el punto exacto en donde había caído, lo buscamos sin éxito. Fue aquél el único quebrantahuesos que vi en el norte de España.

Quiero pensar que no fuese el último, pero realmente muchos más ya no irían quedando. Es sorprendente que no le suscitara ninguna reflexión contribuir activamente a la extinción de una especie a la que estaba pretendiendo estudiar. No era mal ornitólogo, a pesar de eso, ni tampoco acomodaticio, pues en la disputa que se daba entonces acerca de si existían dos especies de águila real, o era una sola con las leves diferencias típicas del hábitat en el que cada una se desarrolla, el archiduque tomó partido muy inteligentemente por la segunda opción, contra la opinión de su maestro Alfred Brehm, utilizando argumentos que suscribiría la ciencia posterior. No fue la única apreciación correcta que no se correspondería con la de

Brehm, porque, como escribí antes, Rodolfo consideraba con buen criterio que había pocos quebrantahuesos en España, frente al eminente zoólogo que los consideraba abundantes. El tiempo —no hizo falta mucho— le dio la razón, y el quebrantahuesos desapareció de los Picos de Europa y Sierra Nevada, quedando tan sólo en unos Pirineos que —afortunadamente, todo hay que decirlo— los expedicionarios no pisaron. Rodolfo propuso además una explicación ecológica, pero también un tanto romántica, a su más que probable extinción.

Al percibir un quebrantahuesos surge en nosotros involuntariamente el pensamiento de que se trata de un animal que ya no pertenece a nuestra fauna actual, un residuo de una época anterior que va desapareciendo paulatinamente, y eso es así. Indiscutiblemente, van sucediéndose las especies de animales con el correr de los tiempos. Los más genuinos representantes de las primitivas montañas del plegamiento alpino europeo, el macho montés y el quebrantahuesos, se extinguen simultáneamente. Ambos son hijos de las más altas montañas, de la absoluta libertad y del sosiego ante el hombre, que todo lo va liquidando, se han retirado a unos pocos y determinados macizos montañosos, y también en ellos sus últimos contingentes afrontan su desaparición integral.

Quebrantahuesos (*Gypaëtus barbatus*) según un antiguo grabado holandés de finales del siglo XVIII. Licencia Wikimedia Commons.

Es curioso y quizá expresivo del carácter fuertemente contradictorio del siglo XIX: un príncipe liberal, heredero de uno de los más arcaicos imperios de Europa, culpando al ser humano de la desaparición de unas aves cuyos últimos ejemplares él mismo estaba contribuyendo a matar.

5. Un ornitólogo, una mula y una mujer

Tresviso, hasta entonces desconocido en el mundo entero, se vio homenajeado en otoño de 1881, cuando el rey Alfonso XII lo visitó con ocasión de una gran cacería. Se contaba que este rey bondadoso había preguntado a un cazador del pequeño pueblo de Sotres, que estaba armado con un viejo y destartalado fusil, a qué bestias salvajes le tenía más miedo. Respondió éste que las únicas bestias a las que temía eran los guardias civiles. Al rey le hizo tanta gracia su sinceridad que le prometió mandarle un buen fusil y una licencia de caza permanente, y así lo hizo[138].

Hans Gadow, alemán e inglés no sé en qué proporciones, escribió un libro delicioso y a ratos incluso divertido sobre su viaje a la España inexplorada del norte. Inaugura, además —o continúa, no podría decir, pues no tengo lecturas suficientes para decir si él fue el primero o no—, el género de la crítica a las costumbres típicamente españolas, como la pereza, la indolencia o la falta de formalidad. Para los que hemos vivido la última crisis bajo el yugo económico de Alemania puede resultar a ratos antipático, pero en el fondo hay algo de comprensión y simpatía en sus textos. No escribes un libro de doscientas páginas sobre un país que no aprecias.

Al fin y al cabo, llegar a un rincón remoto y salvaje dentro de la apartada y agreste España de entonces, procedente del corazón cultural del Imperio británico, con intereses sorprendentes, cuando no extravagantes, para los nativos, en compañía, además —¡y en igualdad de condiciones!—, de una mujer, y pasando las noches, si resulta oportuno, en una tienda de campaña, no era seguramente la mejor carta de presentación para que dos concepciones del mundo se abrazaran en pacífica armonía. Es así que esta conciencia subjetivamente crítica y a la vez objetivamente delicada, fruto de la doble naturaleza de Gadow, impregna el resultado de su obra, como bien expone Marcos Pereda Herrera en el prólogo del libro editado en 2015.

> Un tipo curioso este Gadow. Curioso de curiosidad por todo lo que le rodea, de necesidad por aprehender los pueblos, los hablares, las gentes, de ese intentar saber más que nadie y además demostrarlo… en ocasiones equivocándose. Y curioso en el otro sentido de la palabra. Curioso por peculiar.

Hans Gadow era un alemán nacido en Pomerania el 8 de marzo de 1855, hijo de un inspector de los bosques reales de Prusia, que suena desde luego mucho más bonito y sugerente que cualquiera de las múltiples denominaciones que se dan hoy en cada comunidad autónoma para nombrar a los herederos de lo que en España eran por entonces los guardabosques reales.

---

[138] Hans Gadow. *Por el norte de España*, 2015.

Sé muy bien que para quienes, como yo, viven con angustia su presente, no les resulta nada difícil entregarse a la mentira consciente de que cualquier tiempo pasado fue mejor. Pero la inteligencia y las lecturas no engañan: en materia de necesidades básicas nunca hubo en España una época mejor que la actual, al menos para la inmensa mayoría de la población. A pesar de ello, palabras como «Pomerania», «guardabosques» o «Imperio británico» adquieren un agradable sabor a inmutabilidad. Uno, que se educó en un sistema educativo que permitía reunir bajo unas mismas siglas a millones de personas a la vez, y que vive hoy en un marco de leyes y valores de vida media inferior a una flor de pascua, se siente cómodo con palabras que denotan un entorno estable. Supongo que es el conservadurismo propio de la madurez, si la madurez es asumir impasible el desconcierto.

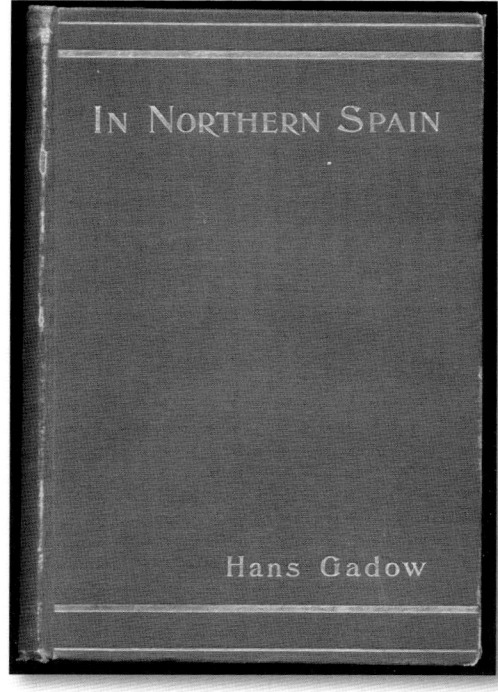

Volviendo al hijo del guardabosques alemán, en 1880 se trasladó a Inglaterra, donde pronto se convierte en ayudante del Departamento de Zoología del Museo Británico, especializándose en ornitología. En 1884 consiguió el puesto de profesor de morfología de vertebrados en la Universidad de Cambridge, a la vez que adquirió la nacionalidad británica y contrajo matrimonio con Clara Maud, a quien dedicó su libro: «A mi esposa, la mejor de las compañías».

En Gran Bretaña logró un notable prestigio científico y al parecer personal, cosa que a veces puede extrañar al leer su libro, por lo que no parece que administrara sus prejuicios colectivos igual que los personales.

Portada de la primera edición del libro *In Northern Spain* («Por el Norte de España»), de Hans Gadow, Londres 1897. Colección R. Villegas.

De su viaje por el norte de España, efectuado entre 1895 y 1896, nació un interesantísimo libro titulado *In Northern Spain*, traducido y publicado al español por la Editorial Trea en 1997, y más recientemente por la Editorial Librucos, de donde copio los contenidos que aquí se citan. El libro es en realidad una crónica de viajes donde da cuenta de numerosos aspectos de la España norteña y finisecular de entonces, pero con una especial incidencia en los aspectos naturales, como no podía ser de otra manera en un científico de su formación. Su extremada curiosidad —pareja por otra parte a su credulidad— favorece, además, la existencia de numerosas digresiones de todo tipo (históricas, lingüísticas, artísticas, etnológicas, etc.), tratadas con un espíritu de cierta superioridad intelectual que no le impide cometer errores de bulto, así como constantes juicios de valor —casi siempre peyorativos— sobre los pueblos y las gentes que va conociendo, en una suerte de impertinente arrogancia que, aun así, resulta perdonable en el personaje. Quizá porque a veces el pasado es sólo un estado de ánimo, y por eso algunas miradas hacia él se tiñen de ensoñaciones melancólicas, como la mía. Quizá porque el libro es una delicia y ofrece mucho de ese encanto especial por mostrar una época del pasado donde todo estaba por descubrir, y observar un treparriscos, por ejemplo, no era una marca de distinción entre el competitivo mundo de los ornitólogos. Quizá también por lo que Marcos Pereda Herrera escribe sobre él en el prólogo del libro editado en 2015:

> Gadow quería saberlo todo, explicarlo todo, y por eso se equivocaba tanto. Por eso también, seguramente, acertaba en muchas ocasiones. No olvidemos que Hans Gadow era, ante todo, un científico, un biólogo comparativista especializado en morfología y sistemática de las aves. […] Es desde ese punto de vista distante, a veces cínico, como Gadow se permite enjuiciar el carácter de los pueblos que recorre. O, más bien, el carácter de sus habitantes.

Valga como delicioso ejemplo el relato de sus aventuras en Tanarrio, un pueblo de Liébana, en las estribaciones meridionales de los Picos de Europa, donde se dirige a cazar rebecos y de paso a visitar las minas de Áliva. El camino más directo y fácil era atravesar Mogrovejo, pero como no quiere que la gente del pueblo conozca sus intenciones, toma otro camino donde Gadow va dando cuenta de la flora existente («escobas, *urzes* —brezos, en castellano— y musgo del género usnea…»). Le llaman la atención unos cercados, en pleno bosque de robles, donde se recoge el ganado por las noches: «… los pastores los vigilan desde fuera, especialmente cuando se acercan manadas de lobos». Después pasan por encima del pueblo de Espinama, llegando a un terreno pedregoso donde describe lo que era por entonces una majada de pastores:

> … había numerosas cabañas de piedra bastante toscas. Estaban cubiertas de césped y cerradas con barricadas; en estos primitivos edificios se almacenaban la leche y el queso antes de ser llevados a los pueblos. Estos cobertizos quedaban ya desiertos desde finales de agosto, puesto que las noches eran demasiado frías para el ganado. Estábamos en una enorme morrena a 4.600 pies de altura.

A Hans Gadow el paisaje de Áliva, donde hay varias minas de zinc en explotación, le recuerda «a ciertas fotografías de la luna [*sic*], con enormes huecos como cráteres, rodeados por picos dentados y áridos que proyectaban extrañas sombras negras, las cuales ensalzaban la rareza del lugar». Él y su mujer se alojan en la barraca del capataz de las minas, «sucia y llena de ápteros», como él mismo escribe. Después hace mención a algunos aspectos interesantes sobre la vida de los obreros.

> La vida en la otra barraca, en la que se alojaban los mineros y el resto de nuestro grupo, era entretenida e interesante. Cada noche se contaban alrededor del fuego las historias más increíbles; era gente tosca y humilde, pero no carente de buen humor. Entre ellos siempre suele encontrarse alguna persona más sombría, que se oculta aquí por un motivo o por otro. Todo el mundo lo sabe, de ahí que los guardias civiles visiten de vez en cuando estos sitios inhóspitos para ver si encuentran alguna persona perseguida por la justicia.

El mismo día de su llegada se disponen a cazar un rebeco, y Hans Gadow se coloca en un paso esperando la aparición de los animales, mientras se entretiene con la presencia de unos pájaros preciosos y muy desconocidos, cuyo vuelo y color se asemeja al de una enorme mariposa. Es el treparriscos.

> … Su color grisáceo se confundía con el de las rocas, y las manchas color carmín de sus hombros se asemejaban a las de las flores del ajo, rosas y moradas, que crecían abundantemente donde quiera que hubiese un poco de tierra tras la retirada de la nieve. […] Estos pájaros son muy típicos de la zona.

A la mañana siguiente se dirigen a «las altas montañas» por la canal del Vidrio, alcanzando la cumbre que marca la frontera entre la provincia de León y la de Asturias, desde donde observan a los mineros corriendo colina abajo con sus pesos sobre las espaldas y cantando alegremente, sobrecogidos por el comportamiento temerario de algunos de ellos. Allí los cazadores se disponen en puntos estratégicos a lo largo de unas montañas que se extienden, según Gadow, en forma de herradura de caballo, en cuyo centro se dispone la llamada «Peña Vieja».

> No se oyen más ruidos que los gorjeos de un par de gorriones alpinos.

Resulta asombroso encontrar en un relato de viajes de finales del siglo XIX citas relativas a treparriscos o gorriones alpinos, aves características de la alta montaña cantábrica y que tal vez explican la extraordinaria afición de los ingleses por los pájaros, para envidia de los españoles, admirados de que las asociaciones ornitológi-

Áliva. *Casetón de la Compañía Minera «La Providencia»*. Tarjeta postal de principios del siglo XX. Colección R. Villegas.

cas en Inglaterra superen el millón de socios, cuando en España apenas se quedan en dos decenas de miles. No es de extrañar que desde hace tiempo haya británicos en España dedicados profesionalmente a guiar a sus compatriotas en la observación de aves, actividad económica a la que, con el retraso habitual, se van sumando cada vez más los indígenas. Sirva por ello este pequeño ejemplo, casi marginal, como testimonio fiel de cuánto ha cambiado la economía y la sociedad en un siglo.

Si a su cuidado texto se suman las fotografías aportadas (bien que de escasa calidad, quizá por su estado de conservación o debido a su traslado al papel impreso) y los dibujos realizados, tenemos sin duda el mejor libro posible, junto con el de Ross y Stonehewer-Cooper, para mejor conocer los paisajes naturales y humanos de las zonas rurales norteñas de finales del siglo XIX. Con el valor añadido, además, de que gran parte de esos paisajes se encuentran ya totalmente perdidos, como refleja con descarnada rotundidad Marcos Pereda Herrera en el prólogo de la edición de 2015.

> El mundo que Gadow recorre a finales del siglo XIX, ese tercio norte rural montañoso, frío y áspero, ya no existe. Y eso es algo que debemos tener en cuenta antes de sumergirnos en la lectura de esta obra. Quizás la mejor metáfora de ello sean las páginas dedicadas al bonito pueblo de Riaño, que hoy se ha transformado en el bonito pantano de Riaño.

Afortunado el bueno de Gadow, que los vivió y los escribió para nosotros sin saber que componía una balada triste por los paisajes perdidos.

Capítulo VII

BALADA TRISTE POR
LOS PAISAJES PERDIDOS

1. El Riaño que confundió a Hans Gadow

> Una descripción estadística de Riaño puede ser la siguiente: es un pueblo situado en el extremo de un llano, a 3.500 pies sobre el nivel del mar, y consta de aproximadamente un centenar de casas y unos 150 vecinos, es decir, entre 600 y 700 habitantes, que poseen 800 cabezas de ganado, además de unos miles de ovejas y cabras. Al no haber ciudad alguna en muchas millas a la redonda, el pueblo ha sido elevado a la dignidad de partido judicial[139].

En una hermosa mañana de principios de septiembre, Hans Gadow y su esposa salen de Potes evitando la carretera principal, hartos de las habladurías y los parloteos de los naturales. Va con ellos un guía lebaniego llamado Miguel Cueva, a quien contratan para que los acompañe hasta Riaño. Al final de la primera jornada alcanzan un lugar indeterminado donde algunos pastores pernoctan también con sus rebaños. Allí montan su tienda, mientras Miguel Cueva se dispone a dormir hecho un ovillo cerca de la hoguera.

> Entonces disfrutamos de una escena inolvidable: a las 10 de la noche vimos como la luna llena se elevaba por las montañas del Este iluminando con su luz plateada todo nuestro alrededor y dibujando sombras negro azabache.

La tranquilidad duró poco. A media noche les despierta la voz de su guía hablando con unos muchachos del pueblo de Bejo, que traen consigo algunos sapos, pues Miguel Cueva les había dicho el día anterior que sus excéntricos patrones mostraban mucho interés por ellos. Gadow les informa de que los sapos son unas criaturas beneficiosas y para su sorpresa les da varias monedas. Fue su

Los pastores que Gadow fotografía de camino a Riaño. *In Northern Spain*. Londres 1897.

---

[139] Hans Gadow. *Por el norte de España*, 2015.

perdición: en realidad, los muchachos no esperaban que les pagara por ellos, solo los habían traído para que pudiera echarles un vistazo, por lo que se dispusieron entonces a recoger cualquier animal que pudieran encontrar. Les llevaron de todo: multitud de ranas y renacuajos, lagartijas, culebras y hasta «un terrible animal venenoso que imploraron que no tocara»; se trataba de una inofensiva salamandra. A Gadow le llama profundamente la atención un par de pastores a los que fotografía, sobre todo por su aspecto físico y su enanez, y también por una curiosa prenda que llevan.

> … un extraño delantal o mandil de piel de oveja sin curtir que llevan por la parte delantera y que usan principalmente en los días lluviosos para no mojarse al caminar entre los arbustos húmedos y también cuando ordeñan, pero acaban llevándola siempre, esté húmedo o no.

Abandonan la comarca de Liébana por el vasto collado de San Glorio. Al otro lado se encuentra la Tierra de la Reina, una jurisdicción formada por varios pueblos, la mayoría dispuestos a lo largo del curso del recién nacido Esla, y cuyo nombre se atribuye a la reina de Castilla, doña Berenguela, por haber recibido esta comarca como dote para su boda.

El primer pueblo que se encuentran es Llánaves de la Reina, el cual, a juzgar por la descripción de Gadow y sus propias fotografías, presentaba una arquitectura poco acorde con su monárquico apelativo:

> … un lugar mísero, sucio y triste que tan solo cuenta con una treintena de casas que más bien son cabañas con el tejado de paja y unos pequeños huecos que sirven de ventanas embadurnados con cal blanca en su exterior.

Gadow está describiendo la vivienda que era característica no solo de esta comarca, sino de las vecinas de Riaño y Valdeburón, y de casi toda la cordillera Cantábrica leonesa: casas de una sola planta con armazón de madera, muros de mampostería y techumbre de paja de centeno. No es de extrañar que, sobre un fondo amenazante de rocas grandes y oscuras, este tipo de viviendas ofrecieran un aspecto triste y arisco. A partir de aquí, además, la pobreza de los suelos no hace honor a su regia toponimia: suelos ácidos y descarnados se suceden hasta Barniedo de la Reina, por lo que se comprende la tristeza que se apoderó del espíritu de Gadow.

Para completar el cuadro, nada más dejar atrás el pueblo, se internan en la Hoz de Llánaves, garganta labrada por el río sobre un sustrato rocoso de conglomerados, esos cantos rodados unidos por argamasa, de cuando estas tierras hacían fron-

Campamento de la expedición de Gadow intalado en la Hoz de Llánaves.
In Northern Spain. Londres 1897.

tera con el mar. Por este pedregoso desfiladero se había tallado un mínimo cami-no de carros que iba pasando de una vertiente a otra, y que solía permanecer ce-rrado por la nieve casi todo el invierno.

> Sin demasiadas ganas de poner a prueba la miserable y problemática hospitalidad de estos pobres pueblos, nos decidimos una vez más por la acampada, ocultándonos en el fondo de la garganta, en un lado del es-trecho barranco a orillas de un riachuelo.

Este lugar quizá se trate de un pequeño rellano donde vierten dos afluentes al arroyo principal: el que viene de Orpiñas por la izquierda y el de Valle Estreme-ro por la derecha. Hans Gadow escribe que en el río ve «un curioso topo de agua, pero no pude cogerlo porque con una rapidez inusitada se desliza entre las rocas». Es el desmán de los Pirineos, una especie muy rara hoy en día que todavía —se supone— habita los cursos fluviales de la cordillera Cantábrica. Por entonces de-bía de ser mucho más numeroso que ahora, o Gadow un tipo con verdadera suer-te para los avistamientos.

A la mañana siguiente aparece el guía, que, inquieto por el lugar elegido para per-noctar, había preferido ir a dormir al pueblo. Viene contándoles una historia oída allí y que, cierta o no, refleja lo que debía nevar en las últimas décadas del siglo XIX.

Por lo visto, el 8 de septiembre del año anterior, que era un día festivo, había nevado tanto en aquel valle que un hombre había perdido la vida. Del final de octubre hubiera sido más fácil de creer, pero lo cierto es que a nuestro buen Miguel no le gustaba aquel solitario paraje, y se mostró más que contento cuando levantamos la tienda.

Continúan río abajo dejando atrás Portilla de la Reina, comenzando a mejorar su impresión de la comarca:

… fue muy interesante observar la mejoría gradual en el estilo y el aspecto de los pueblos según bajábamos milla tras milla por el valle, que se va abriendo más y más con franjas de prados bien regados, y patatales que alternan con campos de centeno y de cebada.

Pasan por Barniedo, Los Espejos, Villafrea (todos ellos «de la Reina») y finalmente Boca de Huérgano, capital del ayuntamiento. Más allá se encuentran con Pedrosa («del Rey», para distinguirla del resto de la jurisdicción), donde sobre uno de los chopos encuentran un nido de cigüeñas, lo que sorprendentemente llamó la atención de Miguel Cueva, «pues en Liébana, de donde nunca había salido con anterioridad, no hay cigüeñas».

Es curioso que en Pedrosa del Rey Hans Gadow no hiciera mención al magnífico puente de tres grandes ojos que salvaba el cauce del río Esla, sirviendo de encrucijada de caminos desde la antigüedad romana, ni tampoco al hecho de que la villa hubiera sido incendiada el 9 de abril de 1809 por las tropas francesas durante la guerra de la Independencia. Reconstruida después por sus habitantes, quizá ya nada quedaba en la memoria o en el paisaje que pudiera informar a Gadow sobre aquel suceso. Lo que no podía imaginar el ilustre ornitólogo, ni nadie en aquel momento, es que lo que no habían conseguido los soldados extranjeros durante una cruenta guerra de ocupación sería finalmente logrado por las propias administraciones públicas españolas el 22 de julio de 1987, cuando esta villa doblemente desgraciada sería demolida y finalmente anegada por las aguas del embalse de Riaño.

Pero entonces, Hans Gadow no podía imaginar algo así. Siguieron hasta la cabeza del partido judicial, donde la pareja esperaba encontrar una villa más grande y confortable que la mismísima Potes, donde poder tomarse al fin unos anhelados «pastelillos de crema».

Por fin, después de una marcha fatigosa pleno sol, aparecieron en la llanura, a lo lejos, algunas casas que pensamos pertenecerían ya a Riaño, nuestra meta final. Nuestras expectativas eran elevadas; sabíamos que Riaño era cabeza de partido judicial; cartas de presentación del gobernador civil de León para el alcalde nos debían esperar aquí y, por último, la Guardia Civil de Potes, que curiosamente no conocía el sitio, nos había dicho que era mayor que Potes. En resumen, nos habíamos hecho a la idea de otra curiosa población antigua; nos habíamos congratulado mutuamente durante la larga e interminable marcha de 20 millas con la perspectiva de una suntuosa comida que no tendríamos que guisar nosotros mismos. ¡Cómo íbamos a disfrutar del resto de la tarde en un café, tomando limonada fresquita, pastelillos crujientes y refinamientos parecidos…! Pero de un modo u otro el pueblo no acababa de surgir ante nuestros ojos, ni campanarios ni edificios merecedores de ese nombre hacían su aparición. ¿Es que no se trataba aún de Riaño, sino todavía de otro lugarejo más que había que atravesar? El camino pedregoso se fue haciendo más sucio, los prados más verdes, los chopos más abundantes, el suelo más pantanoso, unas cuantas casas dispersas, más suciedad, pero ni una pista del pueblo. Entramos en el lugar por el camino más mugriento imaginable: agua de riego, pilones para el ganado y arroyuelos, llenándolo todo de fango. No estaba adoquinado ni tenía firme; el camino estaba flanqueado por las casas diseminadas, algunas de ellas con techo de paja: ¡resultaba que aquello era Riaño…!

Sorprende sin duda que dos municipios tan cercanos pudieran estar a la vez tan alejados, hasta el punto de desconocerse por completo. No es de extrañar, porque la topografía contribuyó a darles la espalda. Además de la barrera orográfica del puerto de San Glorio estaba la Hoz de Llánaves, impracticable al tránsito rodado al estar cubierta de nieve buena parte del año.

En Riaño permanecen varios días, alojados en la fonda local, atentos a las novedades que allí encuentran, muchas desconocidas para ellos hasta entonces, como los hórreos, estructura que a Gadow le llama poderosamente la atención y a la que dedicará varias páginas de su libro; los potros de herrar el ganado, o los barallones o barahones, unas rústicas raquetas de nieve hechas con madera y cuerdas, características de muchas partes de la montaña cantábrica.

En su posada, Gadow recibe la visita de los notables del pueblo, que enmudecen al entrar en la habitación y encontrarse allí a la esposa del inglés. La situación de las mujeres en el siglo XIX haría sonrojar al más acérrimo defensor del «cualquier tiempo pasado fue mejor», así que encontrarse allí a una fémina en condiciones de igualdad con el extranjero supuso para los naturales del país un impacto de tal calibre que los dejó literalmente sin palabras, como el mismo zoólogo se encargó de consignar. No se olvide que Gadow dedicó su libro a su esposa, «la mejor de mis compañías». Era antipático y a veces inflexible con el carácter de los

Pedrosa del Rey en 1972. Gustinlasai. Licencia Wikimedia Commons.

españoles, pero el tipo mejoraba con mucho la media de los varones de la época, en especial en el respeto a sus esposas. Al fin y al cabo, los tiempos no habría cambiado mucho respecto a lo que había dejado escrito un siglo antes un párroco destinado precisamente en Llánaves de la Reina, Juan Antonio Posse Varela:

> Los hombres son algo feroces y algunos tratan mal a las mujeres. Su amor se reduce a lo físico, y apenas conocen lo que llamamos sentimiento. […] Casi no he hallado otro vicio que reprenderles el rigor con que algunas eran tratadas de sus maridos, que las golpeaban, arrastraban y trataban brutalmente.

Gadow hizo varias fotografías de la villa: la posada en la que se alojaron, el potro de herrar, una tienda y la plaza del mercado, con sus abundantes hórreos leoneses, y la cual describió de la siguiente manera:

> Un gran cuadrado irregular, sin pavimento alguno, al igual que las calles, rodeado por casas de dos plantas encaladas, con los tejados del fren-

te formando un alero sobre los balcones de madera del piso superior. Uno de los lados de la plaza está compuesto por edificios más humildes, con tejados de paja que albergan a un tiempo establos y moradas.

Pero la plaza, el potro de herrar, los hórreos…, todo desapareció en el transcurso de un siglo; cambió la suerte, que diría el poeta. El magnífico puente de origen romano que Gadow no citó, los chopos que orlaban el cauce del Esla, los nidos que vio por primera vez Miguel Cueva…, todo se cubrió bajo las aguas de un inmenso embalse que durante el mes de julio de 1987 se tragó siete pueblos, Riaño entre ellos.

En la memoria de los nacidos como yo unos cuantos años antes de esa fatídica fecha permanecen vivas las imágenes de la Guardia Civil enfrentándose a los vecinos que se resistían a abandonar sus hogares, mientras las excavadoras lo reducían todo a escombros. Hubo detenidos, grandes manifestaciones, insultos, agresiones y hasta un hombre que decidió matarse antes que abandonar el pueblo. Pero nada detuvo el embalse.

Riaño es para muchos el mejor reflejo de las tensiones y fracturas que se producen en aquellas zonas donde confrontan deterioro paisajístico y trabajo. Salvan-

Un potro en Riaño, fotografiado por Hans Gadow. *In Northern Spain*. Londres 1897.

do todas las distancias posibles para un caso como este, es el mismo enfrentamiento que existe hoy, por ejemplo, en Tapia de Casariego, en el occidente costero de Asturias, en relación con una mina de oro que se pretende explotar en Salave, y donde unos centenares de vecinos que ven sus intereses económicos debilitados o, simplemente, transformado el paisaje de su vida, se enfrentan a otros centenares que ven en la mina una legítima oportunidad de empleo, que, además, aquella sabe explotar (nunca mejor dicho) inteligentemente. Pasó y seguirá pasando en más lugares, y se hará más fuerte según se vaya consolidando entre las gentes el amor por su patrimonio natural y mayores sean los empleos vinculados a este.

Pero ya dije que en el caso de Riaño había que salvar unas cuantas distancias; aquí no se trataba de apostar por una industria agresiva contra el medio ambiente pero que al menos respetaba las casas, las tierras arables o los caminos. No. En Riaño y los demás pueblos se luchaba por conservar la tierra misma, los lugares de habitación, el cementerio donde reposaban los muertos. En este caso todo desaparecía bajo unas aguas que supuestamente resultarían muy beneficiosas para la agricultura de Tierra de Campos, algo que en verdad —una lección que jamás aprenderemos— no sucedió del todo.

Sobre el decorado imponente y grandioso de las montañas de Riaño doblan las campanas de todas las iglesias que han quedado bajo los embalses, cayó un telón azul de agua y quedó fijado para siempre un monumento que no lo es a la leyenda, ni a los vecinos de los pueblos asaltados por el progreso, ni desde luego a los arquitectos que construyeron el nuevo Riaño. Debería ser un monumento a la ponderación entre el valor de un paisaje y el precio por su explotación. Entre lo verdaderamente obtenido por unos cuantos y lo sacrificado por todos.

2. El hombre que hizo navegar un hórreo

> … Durante la era de Franco no sólo se proyectó, sino que se realizó 10 veces más política hidráulica que en los 2.000 años anteriores. Del beneficioso impacto ecológico de estos embalses da una idea el hecho de que crearon 8.000 kilómetros de riberas interiores, casi el doble que nuestras costas marítimas[140].

Gonzalo Fernández de la Mora fue, entre otras muchas cosas, ministro de Obras Públicas entre los años 1970 y 1974. Años más tarde escribió un artículo que sería publicado en la edición de *El País* de 8 de junio de 1992, alabando la política hidráulica del gobierno de Franco en los términos que indica el párrafo anterior.

---

[140] Gonzalo Fernández de la Mora. *El agua en la era de Franco*, 1992.

José Ramón Lueje Sánchez. Salto de Grandas de Salime.
Febrero de 1955 (*Muséu del Pueblu d'Asturies*).

Todas las razones que se quieran esgrimir a la hora de defender la política hidráulica de la dictadura franquista y primeros años de la democracia pueden ser razonables y aun plausibles si lo que se pretendía legítimamente era el beneficio del bien común y el desarrollo de grandes territorios a costa del sacrificio de otros. En este caso bien podríamos utilizar con la mayor propiedad la conocida frase atribuida a Churchill: «Nunca tantos debieron tanto a tan pocos». Ahora bien, lo que no puede ser defendible bajo ningún concepto es que entre los «beneficiosos impactos ecológicos» obtenidos por la inundación de millones de hectáreas en todo el territorio nacional se encuentren los «8.000 kilómetros de riberas interiores» que cita el autor. Cualquiera que haya pasado alguna vez por un embalse, si en el mejor de los casos este se encuentra en su mayor grado de capacidad, observará cómo el agua llega al borde mismo del límite ordinario de las aguas sin vegetación transicional alguna; un puro corte. No digamos entonces cuando se encuentra por debajo del nivel máximo de las aguas… Lo que Fernández de la Mora entendía como riberas ecológicas no son entonces más que taludes de piedra descarnada en la que se pueden identificar los restos cadavéricos de lo que alguna vez fue el cierre de una finca, los contrafuertes de un camino o las paredes de una habitación donde tal vez murió un anciano, parió una mujer o cerraron los ojos a un niño.

Una consideración semejante, escrita se supone sin ningún tipo de pudor en un medio de la importancia de *El País*, solo puede obedecer a una perversa interpretación de lo que es el equilibrio ecológico, o a una forma, bien que enfermiza, de amortiguar la mala conciencia por la ejecución de una política de tan colosal impacto ecológico y humano.

Porque lo cierto es que si «geografía» significa, etimológicamente, «escritura de la tierra», la construcción de un embalse es un tachón de consecuencias imborrables. Y así, en una comarca del suroccidente de Asturias, en el curso alto del río Navia, el paisaje que la Naturaleza escribió con su mano lenta de millones de años se vio transformado en el tiempo que lleva escribir un solo nombre: Salime. Un embalse de formidables dimensiones inaugurado en 1955 que anegó 685 hectáreas pertenecientes a tres municipios asturianos (Grandas de Salime, Allande e Ibias) y dos gallegos (Negueira de Muñiz y Fonsagrada), transformando para siempre la fisionomía del alto valle del Navia.

En uno de los pueblos sumergidos bajo tan colosal obra nacía en 1948 José María López Díaz, un paisano al que no conozco, ni sé su oficio, ni siquiera qué rostro viste, pero al que un día se le ocurrió visitar el antiguo emplazamiento del caserío de San Feliz, desaparecido bajo las aguas del embalse, y del que sólo perviven hoy las ruinas del palomar y un «cortín» (una estructura circular de piedra que protege a las colmenas de los ataques de los osos). Después de buscarlos durante un buen rato entre los altos matorrales que han tomado ya la pedregosa ladera, cuando por fin José María López Díaz los encuentra, decide sentarse junto a los restos, con la mirada hacia el embalse, reteniendo su cuerpo con los pies para no caer al agua de cuán fuerte es la pendiente.

Y entonces… cerré los ojos y dejé volar mis recuerdos…[141].

Y los recuerdos formaron algo extraordinario: un monumento a la evocación como no he conocido otro, una crónica minuciosa y sentida de un paisaje que jamás volverá a ser visto, una emocionada carta de despedida escrita desorganizadamente, con faltas de ortografía y ligeros errores sintácticos; pero un texto, en definitiva, bañado por el mismo asombro de las aguas del Navia.

Y este hombre, que escribió en 2012 un blog de una sola entrada titulado «Embalse de Salime, pueblos y aldeas bajo el agua», ofrece en él tal cantidad de información, datos, fotografías, anécdotas…, referidas no sólo al mismo embalse de Salime, sino también a la amplia comarca que anegó, que constituye en sí mismo uno de los tratados de geografía física y humana más extensos, fecundos y deslavazados que se hayan escrito. Porque que nadie espere sistematización, empleo de lenguaje científico y abstruso —una redundancia, normalmente—, profusión de notas a pie de página o una bibliografía formada por decenas de folios y miles de títulos. No. Quizás ni siquiera un rigor absoluto en cada dato, cifra, palabra o topónimo, como oportunamente le reprocha en el mismo blog uno de esos espíritus dolidos por antiguas afrentas, dispuestos siempre para el uso afilado de la condescendencia.

Que no es un texto científico, vaya, salta a la vista de cualquiera que no sea un severo censor de las purezas lingüísticas «nacionales». Y es que José María López Díaz lo abarca todo: el tipo de hormigón utilizado para el dique, lo que ganaba un obrero de entonces, los metros cúbicos de roca removidos, la longitud del muro de la presa, la potencia de las turbinas para generar electricidad o la sección del túnel construido para desviar el río; el nombre de cada casa que formaba cada pueblo desaparecido, los caseríos, los puentes y los cementerios que quedaron sumergidos; el precio irrisorio de las expropiaciones, las colonias que se fundaron en la Terra Chá lucense para los expulsados, la esperanza no buscada de una vida mejor para los jóvenes, el drama de los viejos que se marchaban para una vida decididamente peor; la emigración secular de la comarca, el precio de un vapor en tercera clase a Buenos Aires, el funcionamiento comunal de los molinos…

---

[141] José María López Díaz. *embalsedesalimepueblosyaldeasbajoelagua.blogspot.com*

Es una geografía total. Nada queda fuera de lo que puede ser recordado o leído en algún libro: cada muerto ahogado en el río Navia, cada árbol que se plantaba y su producto, cada casa y cada dueño, cada historia que merezca ser recordada.

No creo que exista en España —más allá de las estructuras etnográficas descontextualizadas que se muestran en Nuevo Riaño— un museo dedicado en exclusiva al éxodo causado por las políticas hidráulicas, o sus efectos sobre las poblaciones anegadas. Pero si hay un museo virtual sobre el tema, sin ninguna duda es este. Todo lo que significa una obra de estas magnitudes, todo lo que supone para una población rural y su forma de vida una infraestructura de estas características, se puede leer —hasta se puede ver— en «Embalse de Salime, pueblos y aldeas bajo el agua». Y bajo el agua quedaron ocho puentes, cinco iglesias, cuatro cementerios, varias capillas y numerosos pueblos y caseríos (Salime, Subsalime, San Feliz, Riodeportos, Barcela…), además de siete millones de metros cuadrados de fincas de cultivo, montes y viñedos. Treinta kilómetros de riberas naturales se convirtieron en las riberas «ecológicas» que tanto alabó Fernández de la Mora —o talud descarnado, o nada—.

> Se me viene a la imaginación una anécdota ocurrida hace unos años en mis continuas correrías en verano por este valle. Saliendo de Grandas hacia la presa, giré a la derecha por la carretera cortada que en su día pasaba por el puente Salcedo y en la curva cerrada que se encuentra frente al pueblo de Salime decidí parar y hacer unas fotografías, pues el sitio es precioso y el embalse estaba casi vacío. Al poco, paró otro coche con dos jóvenes y un señor bastante mayor y delicado de salud que incluso le ayudaron los jóvenes a salir del vehículo. Hablando con él supe que era de Riodeporto [pueblo desaparecido bajo las aguas] y que antes de hacerse el embalse de muy joven se fue a Buenos Aires con otro joven de Salime y un tercero de Subsalime que al final parece ser que decidió no acompañarles a emigrar. De muy mayor regresó de Argentina a España y al enterarse de que los pueblos del embalse se veían por la falta de agua, convenció a dos sobrinos para que lo llevaran a verlo pues temía que su final estaba próximo. De este señor me impactó una frase que no se me olvida y que decía:
>
> «Mi amigo y yo marchamos a Buenos Aires y nos fuimos de este valle de noche, para no ver lo que dejábamos atrás, y ojalá ahora hubiese vuelto de noche para no ver lo que me encuentro».

Pero no sólo hubo un impacto evidente sobre la superficie embalsada, ocultada para siempre bajo un espeso manto de agua y sólo emergida cada cierto tiempo de sequía o de interés eléctrico, como si fuera un cadáver removido de entre

Grandas de Salime en 1952. Licencia Wikimedia Commons.

la tierra. Muchos pueblos que no quedaron anegados perdieron sus mejores fincas y se vieron obligados a emigrar (la mayoría a Terra Chá, en Lugo, donde el Estado les entregó algunas tierras); y así sucedió con los pueblos gallegos de la margen derecha del embalse, como Ernes, Foxo o Escanlar… Además de eso perdían toda comunicación con la orilla contraria, al quedar bajo las aguas los puentes que ancestralmente habían servido de comunicación entre ambas márgenes. Hasta el punto de que la carretera que unía el concejo de Grandas de Salime con Pola de Allande por el valle del Valledor (y perdón por la aliteración, derivada del expresivo nombre —valle de oro—, donde los romanos excavaron en busca del preciado metal) fue tragada también por las aguas de la presa, de tal manera que hoy se puede circular por ella hasta el mismo punto donde se introduce en el embalse, en un paisaje sobrecogedor de turbadora belleza que inspira una inquietante sensación de abandono y fin del mundo.

La inundación de esta carretera provocó el estrangulamiento de la salida natural de los pueblos y aldeas que quedaron aislados en la margen derecha, viéndose obligados a dar un imponente rodeo por la nueva carretera que se construyó para salvar la enorme masa de agua embalsada. La consecuencia fue que la comarca del Valledor y la franja este del municipio de Grandas de Salime se abandonó hasta la práctica desertización, siendo hoy uno de los espacios más despoblados de la montaña asturiana, que ya es decir. A este respecto, la empresa concesionaria del embalse quedó obligada a mantener en servicio unas barcas, con sus correspondientes barqueros, que sirvieran de paso para los vecinos incomunicados, con el fin de salvar este obstáculo que se les imponía. Sorprendentemente para lo que es España y su conocido rigor a la hora de mantener cargas que puedan ser onerosas —aunque sea ridículamente— para las grandes empresas, dicho servicio nunca fue revocado y aún hoy se mantiene, bien con carácter residual y para servicios muy puntuales, casi como una reliquia absurda que merecería ella sola todo un libro, una metáfora contundente de la transformación industrial, o, bien mirado, un insólito caso de involución tecnológica en materia de infraestructuras, regresando a un pasado ya lejano en el que los grandes ríos se cruzaban en barcas y muy raramente por puentes.

No creo que ninguna zona de España pueda volver a sufrir un impacto de esta colosal dimensión. Afortunadamente, los tiempos son otros, y la respuesta ciudadana, muy distinta. Las grandes empresas hidroeléctricas cuentan sus beneficios anuales por miles de millones de euros, y no es fácil explicar —ni mucho menos consentir— impactos de esta envergadura para incrementar aún más la cuenta de resultados.

Sin embargo, este libro no va de políticas hidráulicas en su sentido amplio, sino sobre sus efectos en su sentido estricto. Por eso el blog de José María López Díaz es tan ilustrativo y desolador a partes iguales: precisamente por su nivel de detalle. Acostumbrados a leer sobre el asunto desde una más que prudente distancia, solo el haber recorrido minuciosamente sus paisajes y leer las historias contenidas en su blog permiten hacerse una idea —terrible idea— de la devastación interna que ocasiona el abandono del lugar en el que naciste, te criaste y están tus antepasados.

Entre ellas se encuentra la del hombre que hizo navegar un hórreo:

> Pero creo no sería justo, si no indicara que en otros caseríos, sus dueños también consiguieron en el desmantelamiento de las casas algunas «hazañas» que también son dignas de figurar en este Museo, pero debido a que sus protagonistas no las comentaron han pasado inadvertidas. Sirva como ejemplo las dos que más adelante intentaré narrar, y que se trata de cómo se consiguió transportar un hórreo flotando, sin desmontarlo, desde A Barqueiria (donde se encontraba) hasta Negueira, donde otro paisano de este valle se comprometió a comprarlo.

La forma en que aquel hombre consiguió hacer flotar el hórreo es un ejemplo de cómo hasta en las situaciones más difíciles converge el ingenio y el aprovecha-

Embalse de Grandas de Salime. Fotografía del autor.

miento de los recursos del entorno. De un alcornocal próximo, de los que abundan mucho en la cuenca alta del Navia, considerada una singularidad mediterránea dentro de las provincias atlánticas, extrajo el corcho de cuatro grandes árboles cortados casi de una pieza. Bien atados con cuerdas, los llevó en su barquita al otro lado del embalse, cuando el agua ya alcanzaba las patas del hórreo, y con paciencia los fue clavando sobre las cuatro vigas que forman la base del hórreo, de tal manera que los paneles de corcho sirvieran de flotador cuando el agua los sobrepasara.

> … lo cual fue una ardua labor, pues el agua ya llegaba a las patas del mismo y el trabajo lo tenía que realizar con sumo cuidado desde dentro de la barquita. Ató con una cuerda resistente un travesaño del hórreo a un madero horizontal que existía a la entrada de su casa con el fin de que si su «invento» funcionaba, cuando el agua levantara el hórreo no se lo llevara la corriente.

Todos los días, sigue contando José María López Díaz, aquel paisano anónimo miraba continuamente desde la orilla opuesta. Sin embargo, el hórreo permanecía en su lugar, a pesar de que el agua ya llegaba a las vigas de madera de la base. Pero una mañana, al fin, vio que el hórreo ya no estaba en su sitio; durante la noche el agua había terminado por elevarlo y el suave viento lo había desplazado hacia un lado, si bien permanecía sujeto por la cuerda que el previsor paisano había atado a un madero de la casa, situada un poco más elevada.

¡Pero qué alegría, el hórreo «navegaba» perfectamente! Sin dudarlo se subió a su barquita y remando apresuradamente cruzó el embalse (pues ya se podía llamar así). Soltó la cuerda del madero, la ató a la barquita de remos y comenzó a remar enérgicamente embalse arriba en dirección a Negueira; un chavalín de poco más de 5 años llamado José María le acompañaba, totalmente sorprendido que una cosa tan pequeña como la barquita fuese capaz de «tirar» de algo tan grande y pesado como un hórreo.

Al principio el hórreo y la barquita apenas avanzaban, pero poquito a poco con mucho tiento y más paciencia, unas 4 horas después, hórreo y barquita llegaron a la parte de abajo del cementerio de Negueira.

En este sitio, el terreno hace una especie de bancal con muy poca inclinación, y el referido señor de la barquita se metió en el agua y empujó el hórreo hasta que este se apoyó en el suelo, llegando así sano y salvo a su destino.

Una de las cosas más espeluznantes y sorprendentes del rellenado de los embalses es el hecho de que las culebras intuyen la llegada de las aguas y se encaraman a los tejados de las viviendas, tratando de escapar inútilmente de la avenida. Y es curioso, porque este instinto de los ofidios para detectar los movimientos del terreno que les son hostiles se observa también en los incendios, como me contó una vez un vecino de Traslacruz, en el concejo de Lena, cuando en una ocasión se les llenó el pueblo de serpientes que huían del fuego provocado en una ladera cercana.

Viene esto a cuento porque a veces me pregunto cómo debieron reaccionar los vecinos a la expulsión forzada de sus hogares. En la historia del hombre que hizo navegar un hórreo, o en la de las culebras reptando hacia una salvación imposible, quizá se halle la respuesta. Supongo que quien pudo extraería lo más sólido de sus recuerdos; después cada cual se subiría a su propio tejado y ahí permaneció, hasta que la resignación, el olvido, la aceptación o la muerte lo fue bajando.

Hasta que al final no quede nadie, y las riberas ecológicas que tanto ponderó Fernández de la Mora sean el contorno feliz que dibuje el progreso en estas tierras. El mejor resultado posible para tanta desmemoria.

3. Todo lo que vive y muere en los Picos de Europa

> Al cruzar Caldevilla [Valle de Valdeón] hubo una gran conmoción. Hombres y mujeres, viejos y jóvenes, vacas y perros, todos acudieron, curiosos y apresurados, para ver al extranjero. Se había corrido la voz de que era portador de algo nunca visto en el valle, de una cajita que ella sola hacía retratos de las gentes. Y todos se arremolinaban en racimos alegres y confusos, rodeando el objetivo y pidiendo dejarse aprisionar por el ojo encantado. Tres preciosas jóvenes, sobre un carro que sube lentamente, aparecen en encantadora postura. ¡Ay! Todo este colorido y toda esta luz se pierden en el frío gris de las placas fotográficas, cuyo revelado no da más que un pálido reflejo de la luminosa realidad[142].

Es verdad que este capítulo va sobre paisajes perdidos, y cierto es que a la vista de las fotografías de los Picos tomadas por nuestros viajeros del pasado, poco o nada ha cambiado, más allá de algunas transformaciones de cierto calado, como la desaparición del lago de Ándara a causa de las labores mineras, la superficie cubierta por matorrales en los puertos de Áliva (mayor antes que ahora, cuando todo hacía pensar que sería lo contrario) o la impactante ocupación de algunos espacios por instalaciones mineras, como la Vega de Comeya, hoy felizmente recuperada. Pero este libro va también de quienes habitaron los paisajes, y ahí el cambio ha sido radical, inconmensurable en su auténtica acepción de imposible de medir o valorar.

Los testimonios escritos de los primeros viajeros, (como el del conde de Saint-Saud que encabeza este artículo), así como sus fotografías —en la mayoría de los casos las primeras que existen sobre el territorio—, bien confrontado todo ello con lo que cualquier ciudadano medio hoy en día conoce, ya permiten hacerse una idea de lo radical de algunos cambios, tanto

El lago de Ándara, según un grabado aparecido en el libro *Santander*, de R. Amador de los Ríos (1891). Colección R. Villegas.

---

[142] Conde de Saint-Saud. *Monografía de los Picos de Europa (Pirineos cantábricos y asturianos)*, 2011.

materiales como sociales. Incluso en los mismos años en los que transcurren gran parte de las historias de este libro ya se debían de estar produciendo, y es significativo en este sentido la transformación que se operó entonces sobre un pueblo del noreste de León llamado Valverde de la Sierra, punto de partida para ascender el Espigüete, una de las cumbres más llamativas de toda la cordillera Cantábrica. José Antonio Valbuena, que estuvo por dos veces en este pueblo intentando subir a la cumbre de este emblemático pico, dejó escrito en un sólo párrafo el rápido paso de la arquitectura antigua de los pueblos a la moderna, enriquecida después por múltiples y no siempre estéticos matices.

> ¡Pobre Valverde! ¡Medio año después de esto, en noviembre del 86, ardía todo, de punta a cabo! Verdad es que, como no hay mal que por bien no venga, el que antes era un pueblo viejo y feo, con las casas negras, cubiertas de paja, ahora, gracias a Dios y a la caridad fraternal de los pueblos convecinos que le han ayudado a levantarse, es un pueblo nuevo y alegre, con las casas cubiertas de teja, y tan reblanqueadas que da gloria[143].

En Valverde de la Sierra desparecieron de una sola vez las casas de mampostería y techumbre de paja típicas de la montaña leonesa. En el resto de la provincia lo irían haciendo de forma más gradual, pero tan intensa, a la postre, que hoy ya es imposible encontrar alguna. En el viaje de Gadow por las Tierras de la Reina, o en la estancia de Ross y Stonhewer-Cooper en Tresviso, o en las descripciones de Caín hechas por Casiano de Prado aparecen también numerosas menciones a estos poblados primitivos que pasaron del siglo XV al XX en apenas una ráfaga de lustros.

Es el caso de Bulnes, el corazón de todas las montañas, parafraseando al poeta; el pueblo que da nombre a la cima sobre la que se han construido todos los mitos montañeros del siglo XX; encarnación del aislamiento y la mejor forma de romperlo, y uno más de entre los muchos ejemplos de mentiras urdidas al amparo de una buena causa, cuando en la década de los 90 del siglo XX el gobierno del Principado de Asturias defendió la construcción de un funicular que llegara al pueblo desde Poncebos en vez de una carretera, y que sólo fuera para uso exclusivo de los vecinos y no para fomento del turismo. Los vecinos se quedaron sin libertad para transportar sus cargas, sujetas a horario y precio a partir de un peso, mientras miles de turistas con indisimulado mohín por lo desorbitado del billete se aprestan a pagar la oportunidad de visitar «el único pueblo de todo el gran macizo», como lo llamó, con un cierto punto de exageración, Jean Marie Hippolyte Aymard d'Arlot, conde de Saint-Saud.

---

[143] Antonio de Valbuena. *Caza mayor y menor (no hay metáfora)*, 1913.

José Ramón Lueje Sánchez. El Espigüete desde Valverde de la Sierra.
Abril de 1950 (*Muséu del Pueblu d'Asturies*).

> Es una pobre aldea regada por el torrente de los Urrieles, afluente por la derecha del Cares. [...] Alrededor de 35 hogares, de ellos una veintena en la aldea, he aquí todo lo que vi vivo o muerto en la cadena Central de los Picos de Europa.

Este es el escueto inventario de Bulnes que hizo el conde francés en 1893, según la traducción de Carmen Laguna Caviedes y Luis Bocos Arias publicada en 2011. Sin embargo, es más conocida la realizada por José Luis Odriozola en la edición de 1985, que traducía la última frase de Saint-Saud de una forma mucho más literaria:

> Eso es todo lo que vive, ama y muere en el macizo central de los Picos de Europa.

Como se ve, hay una diferencia en la traducción bastante apreciable, sin que en el fondo cambie mucho el contexto. Conociendo el episodio de las botellas de vino dejadas en la cumbre del Urriellu, seguro que la versión de Odriozola es la menos fiel al original. Aun así, hay que reconocer que quizás no era todo lo riguroso que habría de ser para una traducción, pero tenía bastante talante poético sin duda.

Marqués de Santa María del Villar. Pastora en Bulnes hacia 1940
(*Muséu del Pueblu d'Asturies*).

Lo cierto es que lo que vive, ama y muere en los Picos de Europa, entendiendo como tal «dentro» de los Picos de Europa, nunca fue —ni es— abundante. Y es que son muchos los pueblos que rodean el macizo, pero pocos los que se encuentran enclavados en su interior. Esto por razones obvias: resulta más fácil vivir fuera y aprovecharse de él por el verano que pelearse desde dentro todo el año.

La vida en el interior de los Picos era dura, muy dura. No lo era menos en el exterior, pues la subsistencia en la zona rural española del siglo XIX no era en general lo que se dice asequible, pero al menos los pueblos que contornean el macizo disponen de una situación geográfica mucho más favorable. Los que se localizan al sur gozan de un clima bastante benigno (se cultivaba la vid en Liébana) y unos valles más abiertos, con buenos prados en las vegas de los ríos; mientras que los situados al norte, aunque más abrupto, tienen aun así unas condiciones topográficas más suaves y la suficiente superficie llana, al menos, para los cultivos agrícolas más elementales. Pero los pueblos del interior no conocían clima benigno ni superficies planas, no hay valles abiertos ni siquiera cerrados, pues los ríos no abren la roca, sino que la tajan como lo haría el filo de un hacha; y los peligros por aludes, caídas y despeñamientos eran habituales, como vimos en el Capítulo IV.

> Sotres, Bulnes, Camarmeña, Tielve y Tresviso
> son los cinco pueblos del paraíso.

Esta conocida coplilla, añadiendo a Caín, engloba no sin ironía el sexteto de pueblos insertados en la «Mala Tierra». De todos ellos tenemos abundantes escritos e impresiones dejadas por los primeros exploradores y viajeros, testimonios elocuentes de lo que suponía la vida entre aquellas hostiles montañas, como el siguiente de Saint-Saud:

> En 1907 hice estación en la cima del pueblo de Tresviso conocido
> por su miseria, su aislamiento y su queso (Picón) del tipo de Cabrales.

En algunos casos, estos mismos viajeros llegaron a ser incluso los primeros extranjeros conocidos en muchas generaciones, como les sucedió a nuestros admirados Mars Ross y H. Stonehewer-Cooper:

> Según los más viejos del lugar, ningún extranjero había llegado antes a Bulnes y todo el mundo nos miraba como si nosotros mismos estuviéramos ante visitantes de otro planeta.

Su descripción de Bulnes es la misma que aparece en todos los libros sobre etnografía, en todas las fotos antiguas, y en casi todas las descripciones de las viviendas de montaña, empezando por la que hizo el irónico magistrado Eugenio de Salazar en la segunda mitad del siglo XVI, una de las más antiguas que existen de las viviendas de la cordillera Cantábrica, en este caso de su confín más occidental (Tormaleo, en el concejo de Ibias).

> … En las dichas casas no ay sala ni cuadra ni retrete; toda la casa es
> un solo aposento redondo como ojo de compromiso; y en él están los
> hombres, los puercos y los bueyes, todos pro indiviso…[144]

---

[144] José Antonio Mases. *Asturias vista por viajeros románticos extranjeros y otros visitantes y cronistas famosos. Siglos XV al XX*, 2001.

Menos irónicos en su apreciación fueron Mars Ross y H. Stonehewer-Cooper, a los que Bulnes no les parecía un sitio bonito «ni siquiera en un día soleado», cuando no directamente lo consideraban «un sitio penoso en mitad de la niebla y la lluvia». Pero su descripción de las casas sigue siendo prácticamente la misma.

> La arquitectura moderna de Bulnes, como las cabañas de los pastores, es de un tipo bastante primitivo, esto es, cuatro paredes y un tejado, sin chimeneas ni ventanas, a veces con una puerta colgando de las bisagras para ser puesta por las noches o cuando sea necesaria.
>
> En el centro del suelo hay un montón de cenizas con unas pequeñas brasas encendidas junto a él; a la hora de comer, se le añaden algunas ramas de brezo y arbusto. Al estar húmedas, producen un humo que escuecen los ojos y que resulta irrespirable hasta que uno se acostumbra.
>
> Había un banco corrido alrededor de toda la habitación y allí nos sentamos con los demás miembros de la familia.
>
> En cuanto terminamos la cena, nos retiramos todos a descansar, siendo nuestras camas unos duros jergones de paja puestos encima del banco corrido. Y también aquí fue donde nuestro anfitrión y su familia se estrecharon y se echaron a roncar plácidamente.

Quizá ninguno de nosotros podríamos soportar hoy un choque de comodidades igual, pero nos evocan unos sonidos —incluso unos olores— ya perdido para siempre en la balada del olvido.

> Hemos escuchado una gran variedad de ruidos durante nuestros viajes —el chirriar de las máquinas o de las locomotoras, el rugido de los leones, el barritar de los elefantes, el aullido de los lobos o el dulce discurso musical de los gatos cantando ad libitum— pero el balido de las ovejas de Bulnes los supera a todos juntos. No causa sorpresa alguna que los lobos bajen por la noche a intentar que se calmen, lo cual lo pone peor todavía, ya que hace que lo menos 100 perros pastores se pongan a ladrar también. Todo esto hace imposible conciliar el sueño a cualquiera que no esté familiarizado con este estruendo infame desde que era un bebé.

A Bulnes llegaron Ross y H. Stonehewer-Cooper para dejarnos desconcertados con las cinco cruces que ya existían en La Voluga (ver Capítulo IV). Luego vendría Saint-Saud y su inmortal frase; y de Bulnes salieron los dos primeros que vencieron y murieron el Urriellu en solitario: Gustavo Schulze y Luis Martínez «el Cuco». El primero escribió en su diario unas hermosas palabras que expresan la asombrada emoción de un encuentro entre un viajado científico procedente de una de las naciones más avanzadas del momento y una comunidad aldeana anclada en su más atávica dimensión.

> …Ya estaba el disco luminoso de la luna muy avanzada en su carrera nocturna, cuando se disgregó el grupo de hombres, mujeres y chicos que me habían entretenido la velada hablándome de sus vidas, de sus montañas, de sus faenas de invierno y verano, de los accidentes más frecuentes en aquel pequeño mundo tan elevado. Yo, en cambio, había hablado […] de grandes ciudades luminosas donde la nieve del invierno es quitada apenas caída, y donde la luminosidad de la luna casi se advierte borrada por la iluminación de potentes focos eléctricos[145].

El segundo, Luis Martínez «el Cuco», como no podía ser de otra manera en un pueblo tan sensible a los accidentes fatales en la montaña, fue honrado con la colocación de una placa en el cementerio del pueblo, quizá la construcción más llamativa que había entonces en Bulnes, al encontrarse techado con el fin de protegerse de las avalanchas, tal y como lo describió Aurelio de Llano en su libro *Bellezas de Asturias de oriente a occidente* (1928).

> El cementerio está cubierto de teja sobre armadura de madera, debido a que por el invierno se aglomera allí mucha nieve y no podrían inhumar si estuviese al descubierto, porque se formaría dentro de él un bloque de hielo. En su interior, en una capilla, está la Virgen de las Nieves rodeada de exvotos.

En los años cincuenta se quitó la techumbre a este cementerio y despareció un testimonio fiel, quizá el más gráfico, de todo lo que trata este artículo. No mucho tiempo más resistió otro monumento etnográfico que Gustavo Schulze menciona en su cuaderno, y que, si bien no estaba en Bulnes, le sirvió de salvoconducto el día de su llegada al pueblo

> La gente nos recibió con cierta reserva, que no desapareció hasta que se me ocurrió preguntar por un hombre con el que yo había pasado una larga noche en la garganta del Cares, en un lugar abandonado. La situación cambia entonces por completo, y los pastores nos señalaron con buena voluntad, en una barriada más arriba, la casa de Esteban Mier, desde cuyo emplazamiento se percibían las ruinas de un castillo cimentado sobre un peñasco, y otra parte del pueblo que aún me pareció más pobre.

---

[145] G. Schulze (E. Villa, E. Martínez, J. Truyols y P. Schulze. *G. Schulze en los Picos de Europa*, 2006).

Porque hay que decir que todo lo que vivía y moría en los Picos de Europa no lo hacía solo en las humildes casas de los humildes pueblos, sino también en las misérrimas cabañas y con mucha frecuencia hasta en los mismos abrigos de las rocas. Y es que días atrás Schulze se había internado en la hostil garganta del Cares, y en aquel peligroso corte de aguas color esmeralda le sobrevino la noche. Un pastor de Bulnes llamado Esteban Mier escuchó sus llamadas de auxilio y lo llevó a pernoctar a su cabaña, una singular construcción de dos pisos al abrigo de una gran cueva, llamada acertadamente Cuarmada (de «cueva armada», es decir, cerrada por una estructura de madera y piedras).

> Andaba yo completamente solo por aquel inmenso desfiladero, en uno de los puntos, entre altísimas paredes, en los que es más salvaje y más agreste, cuando me sorprendió la noche. No había allí ninguna oquedad que se prestara a servir de refugio, pero Esteban dio conmigo y me llevó a un lugar elevado, situado al abrigo de una pared de roca, en donde ardía su fogata. Él tenía pan de maíz y cigarrillos y los compartió conmigo en aquella noche de verano, bajo un cielo plagado de estrellas, charlando alegremente de sus montañas, de despeñaderos imposibles, del oso y del lobo.

Ese lugar elevado («campamento primitivo» como lo llamó después) fue registrado por la cámara fotográfica de Schulze, más precisa y preciosa aquí que nunca por el gran valor etnográfico de la imagen, recuperada ahora para documentar lo que fue absurdamente borrado por una imprudente hoguera realizada por unos excursionistas en los años setenta del pasado siglo. En Cuarmada debió vivir Schulze uno de esos momentos maravillosos en que comulgan naturaleza salvaje y sentimientos de solidaridad. Con razón le dedicó un precioso párrafo y un sentido homenaje en su cuaderno de campo.

> Al recuerdo de este hombre dedicó sentimientos de amistad, ya que a él van unidas preciadas y profundas sugerencias: la noche me había sorprendido solitario en un lugar desierto y feroz entre elevadas peñas que no ofrecían asilo. En ese mundo aislado tropezó conmigo, llevándome a su campamento primitivo, donde al calor de la lumbre repartimos su pan de maíz y también sus cigarros, contándome bajo las estrellas brillantes de aquella noche la historia de su vida entre estas montañas.

Así era la vida en aquella topografía áspera, ruda y en ocasiones cruel, recogida en cuevas, cabañas y en míseros pueblos en donde ni siquiera era posible estar a salvo. Sotres, Bulnes, Camarmeña, Tielve y Tresviso (junto con Caín) son los cin-

Así era Tresviso a finales del siglo XIX. Expedición de los viajeros Lewis Clapperton y Cecil Ogilvie, año 1894. Colección J. Antonio Torcida.

co pueblos del paraíso que dice la canción…, pero el paraíso de los turistas y los montañeros. Son pueblos que forjaron una leyenda a su pesar, y ahora la han hecho suya los pocos que aún viven. Ya no se mueren despeñados tras las cabras, —o mejor dicho, ya no lo hacen tantos como antaño, pues en diciembre de 2016 todavía fallecía un desafortunado pastor de Tielve tratando de recuperar sus cabritos—. Ahora viven del turismo y del poco ganado que va quedando, entre mil cuestiones relativas al futuro de las zonas de montaña, su viabilidad, y el riesgo evidente de poner todos los huevos en la misma cesta del turismo. La eterna conciliación entre desarrollo y conservación, en este caso de las esencias pastoriles y arquitectónicas, amenazadas por la explotación turística que todo lo convierte en bares, restaurantes y alojamientos rurales.

Quien esto escribe perdió hace tiempo la perspectiva y con ello la esperanza; ya no sabe lo que es bueno o necesario. El paisaje —como la economía— no es un piano donde una tecla sucede a la otra creando una bella melodía de sonoridad inmediata. En el paisaje una tecla desestabiliza a la otra y el resultado de lo

269

que se crea no se advierte hasta pasados muchos años, sea música o un estruendo. Me asusta la cantidad de intérpretes que se autoproclaman conocedores de la partitura correcta, como si la música —o el paisaje intervenido— pudiera ser un modelo cerrado. Si todo quedara reducido a un canon, la música se hubiera detenido hace muchos siglos y las ardillas españolas seguirían cruzando la Península entera de árbol en árbol, como decía, un poco exageradamente, el geógrafo griego Estrabón.

Quizá dentro de cien años los pueblos de los Picos tengan como dedicación principal el turismo y no haya una sola cabeza de ganado ni una cuadra en pie para recogerlo. O quizá haya que volver a los huertos y a las cabras, y el sistema que reguló estos paisajes por más de dos mil años regrese de entre las sombras y haya que levantar de nuevo las piedras caídas. Nadie lo sabe. Pero esta es una región que vive y debate su lamento con lentitud geológica, así que para cuando se haya consensuado una solución quizá vivamos en las colonias obreras de Marte.

Mientras tanto, consolémonos con las palabras eternas de los que nos precedieron. Ya que no existe monumento más grande que el que nos otorgaron aquellos que tuvieron el grandioso privilegio de vivir para nosotros un paisaje —que no un paraíso— ya perdido.

> Abajo, en la otra orilla, humean las casas de Caín. Volvemos a la tierra maldita, pues en este país donde los hombres, las piedras, las grutas, las leyendas se rodean de una aureola de misterio, y la maldición eterna se invoca al revés que en los lugares altos[146].

4. Un pasado demasiado presente
(O la huella de la deforestación en la literatura)

La fotografía, ese maravilloso invento generalizado a partir de la segunda mitad del siglo XIX, permite documentar a la perfección los extraordinarios cambios operados en los pueblos de montaña. Sin embargo, por su lógica dimensión, no permite rastrear tan fácilmente los cambios que tuvieron lugar en el paisaje a lo largo de los últimos cien años. Y esto por una razón bien sencilla: no han sido tantos ni tan espectaculares como se pudiera pensar. El poder transformador del hombre del siglo XX está más que demostrado, pero ha sido ínfimo comparado con el de nuestros antepasados. Esto puede resultar extraño a los oídos de quien tiene a la selva amazónica por referencia, pero no es el caso de la cordillera Cantábrica. Aquí

---

[146] Conde de Saint-Saud. *Monografía de los Picos de Europa (Pirineos cantábricos y asturianos)*, 2011.

El pastor de Áliva. Dibujo de Ricardo Balaga.
La Ilustración Española y Americana, 15 de noviembre de 1882.

el paisaje ha cambiado infinitamente más a lo largo de dos mil años de lo que lo ha hecho en los últimos cien, al revés de lo que probablemente ocurre en el Amazonas y en otras selvas ecuatoriales. La acción de nuestros antepasados era lenta pero incisiva, y tan prolongada en el tiempo que los cambios operados fueron de enorme envergadura. Curiosamente la segunda mitad del siglo XX ha supuesto un periodo de regresión, pues lo que algunos llaman, despectivamente, «matorralización», u ocupación de antiguos espacios agrarios por la vegetación silvestre, no es más que un estado transicional hacia el bosque maduro, el dominante en la cordillera Cantábrica antes de que el ser humano se hiciera poderoso en ella.

Es triste ver, y los propios paisanos son conscientes de ello, cómo todo lo actuado en los siglos pasados desaparece bajo la vegetación, o se desmorona piedra sobre piedra. Todo lo que se roturó, todo lo que se construyó, todo lo que se quemó, todo lo que se hizo y aun lo que se dejó de hacer, incluso todo lo que se conservó, fue por razones utilitarias y en base a un sistema económico de monocultivo basado exclusivamente en la ganadería. Extinguido de forma brusca este sistema económico, todo se viene abajo. No es culpa de los lobos, ni de los ecologistas, ni tampoco de los ganaderos. O es culpa de todos como sociedad que no ha sabido mantener con garantías ese sistema, si tal cosa en realidad hubiese sido posible.

La potencia transformadora de nuestros antepasados, esos pastores idílicos que vivían en armonía con su entorno, según las églogas de algunos autores modernos, fue contumaz y rotunda. Lo vieron claramente autores extranjeros y patrios que visitaron nuestras montañas a finales del siglo XIX y principios del XX. De su testimonio y de ese mismo proceso lento e implacable de alteración paisajística, en el que la principal víctima fue siempre el árbol maduro, va este artículo.

> Y cuando digo pobreza, ya va dicho que la riqueza forestal de Asturias, otro día opulenta, hállase en completa ruina. Dijéronmelo los colores de los planos que me enseñaron en aquella inspección de Montes; dijéronmelo los mineros que necesitan pagar muy cara la madera para las entibaciones de las galerías; dijéronmelo los artistas que ven desaparecer del paisaje majestuoso una de sus características notas; dícenmelo todavía en sendas cartas unos cuantos asturianos doloridos de ese perecimiento de una de las más espléndidas y provechosas galas de la región. […] el estrago ha llegado a todas partes, y en Asturias se señala por muchas hectáreas de terreno que muestran al sol calvas de aquéllas que más revelan muerte que vejez […] a estos problemas creados por la decadencia forestal se une ahora el que con ella se plantea la minería. Cada tonelada de carbón que se extrae cuesta por madera cerca de una peseta…[147].

Los testimonios son numerosos y abrumadores, como el anterior del periodista Salvador Canals (1900), y aun así debemos pasarlos por el tamiz de la subjetividad de quienes creían, invariablemente, que la industrialización había alterado lo que en el pasado había sido una montaña feraz cubierta de frondosos bosques. Se sospechaban contemporáneos del apocalipsis forestal y nada más lejos de la realidad, como reflejan Francisco Javier Ezquerra Boticario y Luis Gil Sánchez en su libro *La transformación histórica del paisaje forestal en la comunidad de Cantabria.*

> Esta visión, entre idílica y nostálgica, responde al paradigma que percibe parte de la sociedad de lo que pudieron ser los montes de Cantabria: una sucesión de valles y montañas tapizados de frondosos bosques. En su seno, las comunidades campesinas llevarían un modo de vida en «equilibrio» con ese bosque «natural», del que obtenían recursos precisos para su subsistencia. Según este esquema, la llegada de la Edad Moderna habría alterado esta situación, con cuantiosas talas propiciadas por industrias ávidas de ingentes cantidades de madera, que habrían determinado el fin de gran parte de estas masas «naturales». Primero, las ferrerías y la construcción naval; luego, los altos hornos para la fundición de cañones;

---

[147] Salvador Canals Vilaró. *Asturias: información sobre su presente estado moral y material,* 1900.

finalmente, las cortas para la minería o para el ferrocarril. Sin embargo, pese a que tales episodios desempeñaron un papel incuestionable en el devenir de los bosques cántabros, la historia de éstos resulta más antigua y compleja de lo que algunas interpretaciones dan a entender.

Es verdad que hubo fuertes procesos de deforestación vinculados a la industrialización moderna, pero en general esta no explica el grado continuado en el tiempo, ni tampoco la desaparición de grandes masas de arbolado en zonas donde aquella no se produjo. Por alguna extraña razón, quizá vinculada a una visión sesgada y un tanto mítica de las comunidades campesinas, nos hemos acostumbrado a culpar al mundo contemporáneo de la deforestación salvaje.

> El uso de los bosques por parte de las comunidades campesinas era tan intenso como la presión agropecuaria. [...] Las diferentes normas identifican las principales agresiones de que eran objeto los montes: cortas excesivas e incontroladas, actividad intensa de los carboneros, frecuentes incendios, cargas ganaderas que impedían la regeneración del arbolado y preconizaban su fin.

Lo dicen dos estudiosos del tema (los citados Francisco Javier Ezquerra Boticario y Luis Gil Sánchez), a los que no sé si les han expulsado ya del paraíso de lo «políticamente correcto», pero cuyo estudio constituye sin ninguna duda la demostración más evidente de que nuestros antepasados explotaron los recursos con la misma intensidad y falta de cuidado con la que lo hacen hoy en día otros países, a los que juzgamos con una cierta superioridad moral. Suena extraño tener que volver a insistir (extraño por cuanto de poco inteligente tiene esta pérdida de tiempo, pero es lo que hay): uno, que constatar algo no implica juzgarlo peyorativamente; y dos, que resolver los problemas implica reconocerlos.

> La Junta de Agricultura en Torrelavega (Domínguez Martín, 1996) denunciaba en 1854 cómo «se han hecho cerramientos de los terrenos desprovistos de arbolado que estaban más cercanos a los pueblos», mientras que en los montes «a pretexto de mejores y más abundantes pastos se hacen todos los años grandes quemas, siendo incalculable el valor de los millones de hermosos árboles que por este motivo se destruyen».

La valoración de un paisaje no es más que la interpretación subjetiva de un relieve modificado por el hombre. Es por eso que lo impregnamos de condición humana, y cuesta esfuerzo tratar de verlo desde una perspectiva temporal. Si nos dicen que el ser humano lleva interviniendo sobre él desde hace miles de años no

El pinar de Lillo. Licencia Wikimedia Commons.

resulta nada fácil visualizar esa secuencia, y más imaginando la desnudez tecnológica de nuestros antepasados. Tremendo error. Desde que se produjo la consolidación definitiva de las primeras sociedades humanas en la Cordillera, el impulso deforestador ha sido intenso, contumaz, incisivo y muchísimo más relevante de lo que la mayoría se pueda imaginar, hasta el punto de provocar la erradicación de extensas masas de pinares silvestres que ocupaban buena parte de las franjas más altas de la cordillera Cantábrica. Es algo absolutamente desconocido incluso para muchos de los más entendidos en la naturaleza —a tal punto, se quejan los autores arriba citados, de ignorar al pino silvestre como especie autóctona en casi todos los manuales botánicos referidos al hábitat orocantábrico—, pero gran parte de los extensos pastizales que hoy existen, de una belleza estética indudable, ocupan el espacio antaño reservado a los bosques de *Pinus sylvestris*, extinguidos por la acción combinada de la mejoría climática del Holoceno, la presión competitiva de las frondosas y la acción humana.

Aunque parte de la superficie de pinares existente en estas comarcas pudo ser sustituida de forma natural por bosques de planifolios, la ocupación de las zonas altas por grupos humanos y el uso pastoral del fuego son responsables de su sustitución por brezales y pastizales de altura. La alteración de la cubierta original de pinares, además, facilitaría el proceso de sustitución por bosques de frondosas que, en caso contrario, podría haber sido más lenta.

De hecho, la desaparición de estos bosques no llegó a ser total, y aún hoy, en condiciones geoclimáticas análogas a las de las zonas en que prosperó, se mantienen pinares naturales en algunos parajes de la cara sur de la Cordillera, especialmente en la zona del Alto Porma (León) y en Velilla del Río Carrión (Palencia). A estas masas forestales se las llama por ello «relícticas» (de reliquia, claro), y la mejor conservada y extensa se encuentra entre Puebla de Lillo y el Puerto de las Señales («el Pinar de Lillo»), tapizando en combinación con otras frondosas autóctonas las laderas que surcan los arroyos del Páramo y del Pinar, ambos afluentes del río Porma. Es un auténtico fósil viviente y no merece el desconocimiento que tiene, redimido un poco en los últimos años en que se empieza a reconocer su condición de reliquia de nuestro pasado botánico y paisajístico. Al otro lado de la Cordillera, en su cara norte mucho más húmeda por el conocido «efecto foehn», que libera las nubes cargadas de humedad procedentes del mar Cantábrico, se encuentra el Parque Natural de Redes, y en diversos puntos de su franja más alta se yerguen algunos pinos silvestres procedentes de la diseminación del Pinar de Lillo, colonizando o resistiendo —difícil es saberlo— lo que en otro tiempo fue su dominio y su reino.

Así pues, los primeros que fomentaron el matorral —a base de exterminar a los árboles— que tanto despreciamos hoy con insultante y sorprendente ignorancia fueron nuestros antepasados prehistóricos, que se pusieron a ello con un empeño grabado a fuego (nunca mejor dicho) en el código genético de sus descendientes, que han mantenido hasta hoy esta incesante lucha por promocionar a los más pequeños del reino vegetal, las hierbas, frente a los más grandes, los árboles.

Entre medias surgieron fenómenos deforestadores de carácter bien que intenso, aunque localizados, como el llevado a cabo por los romanos. Alguien ha sugerido que ellos serían los primeros consumidores de árboles a gran escala, y a juzgar por las huellas evidentes que nos han dejado sus explotaciones de oro, parece indiscutible que fue así. El descomunal vaciado practicado en las montañas, sobre todo en las de naturaleza silícea, aun sin llegar al grado de disolución alcanzado en Las Médulas (León) o Cabárceno (Cantabria), además de las ingentes cantidades de leña necesarias para provocar los fuegos con que ponían en práctica su sistema de *«ruina montium»*, permite suponer que la deforestación en las áreas circundantes a estas explotaciones tuvo que ser muy fuerte. En el suroccidente de Asturias abundan estas muescas en el paisaje, con ejemplos incluso espectaculares como la «Fana La Freita», o la «Fana de Bustantigu», («fana» es nombre vernáculo que designa un enorme derrumbe), ambas en las sierras de Carondio y Valledor (otro topónimo altamente expresivo de la riqueza aurífera, «valle de oro»). Los canales abiertos por los romanos para llevar el agua a sus explotaciones fueron llamados sabiamente «antiguas» por los montañeses de la zona, que los utilizaron después como senderos, dada su extraordinaria nivelación.

> Los romanos centraron sus principales esfuerzos en el norte peninsular en las zonas auríferas de Asturias y León, donde la transformación de bosques y paisajes como consecuencia directa (arrugias, corrugios, ruina montium, etc.) o indirecta (quema de grandes superficies, intensificación agrícola y ganadera, etc.) de la minería llegó a extremos insospechados (Manuel et al., 2003). En las zonas inmediatas a los centros mineros de mayor entidad los bosques sufrirían graves mermas (para proporcionar madera para los entibamientos o para facilitar las labores de extracción, construcción de canales, etc.) e incluso en algunos casos desaparecen (Aedo et al., 1990)[148].

Durante la época medieval es de suponer que la deforestación, vinculada en este caso a la acción particular o comunal de los pueblos, no cesó, y gradualmente se fueron abriendo espacios a los bosques para crear erías, morteras, cotos, guarizas y demás espacios primordialmente comunales destinados a pastos para el ganado o cultivo para los cereales. Particularmente, las zonas altas de montaña sufrieron un intensivo uso pastoral, consolidándose la costumbre de trasladar los ganados entre los puertos altos y las zonas bajas que ha permanecido casi inmutable hasta hoy.

Con la Edad Moderna, además de estos mismos usos extractivos, se consolidan otros basados en la construcción naval, iniciada ya a partir del siglo XII con fines pesqueros o comerciales, pero que se intensificaron especialmente a partir de Felipe II, en este caso con fines militares para sus Armadas, entre ellas la «Invencible». Muchas de las grandes masas de roble que cubrían todos los paisajes norteños desde el nivel del mar hasta cotas interiores desaparecieron por esta causa, sobre todo en Cantabria, donde se encontraban los mejores astilleros, pero es muy difícil deslindar lo atribuido a la Corona y lo roturado por los pueblos. Las masas de roble eran apreciadas para la construcción de viviendas, graneros y otras construcciones campesinas, también para calefacción y sobre todo para la obtención de carbón vegetal destinado a las primitivas ferrerías. Lo cierto es que de los astilleros cantábricos, especialmente los de Colindres y Guarnizo, salieron enormes toneladas de madera, buena parte de ellas hundidas en los mares que rodean a las islas británicas, como señalan Francisco Javier Ezquerra Boticario y Luis Gil Sánchez en *La transformación histórica del paisaje forestal en la comunidad de Cantabria*.

---

[148] F. J. Ezquerra Boticario y Luis Gil Sánchez. *La transformación histórica del paisaje forestal en la comunidad de Cantabria*, 2004.

Maqueta del Real Astillero en la Planchada, Guarnizo (Cantabria).
Centro expositivo Ayuntamiento de Astillero. Fotografía de Jesús Mª Rivas.

Gran parte de esa «Armada Invencible» de infausto recuerdo había salido de los puertos cántabros, en concreto de los astilleros de Guarnizo y Colindres. Para la confección de esa «Selva del Mar» de la que hablaría Lope, que rebasaba las 57.000 Tm, Bauer (1991) estima que se debieron consumir hasta un millón de metros cúbicos de madera en rollo.

Un millón de metros cúbicos de madera en rollo implica la corta de aproximadamente unas 4.000 hectáreas de roble maduro (unos 5.700 campos de fútbol). Es mucho, pero en términos relativos (Cantabria tiene 531.000 hectáreas de territorio), tampoco tanto. Aun así, en el siglo XVIII ya no quedaban montes en las zonas bajas, y los funcionarios y contratistas de la Marina tenían que adentrarse más hacia el interior, llegando hasta los montes de Liébana. Esta desaparición no estribaba sólo en las cortas para la construcción naval ni en las roturaciones para la agricultura y la ganadería, sino también en la producción de carbón vegetal con destino a las ferrerías y a los hornos de fundición, especialmente a los dos existentes en Cantabria (los de Liérganes y La Cavada) y, en menor medida, el de Sargadelos en Galicia.

Ferrerías, astilleros, fundiciones… durante los siglos XVII y XVIII una súbita presión se estableció sobre los robledales más accesibles de Cantabria, conduciéndolos a un expolio que la retahíla de cédulas, reales órdenes y ordenanzas no conseguiría evitar.

El total de leña consumida por ferrerías, fundiciones y fábricas de anclas alcanzaría en el periodo 1760-1860 los 5,5 millones de toneladas, lo que equivaldría, suponiendo que toda la leña procediese de árboles cortados por el pie, a 18,7 millones de pies y a 22.703 ha de bosque (Corbera, 1998).

Estos esquilmos se produjeron sobre todo en las franjas costeras y en las de media montaña, y afectaron sobre todo y en mayor medida a las zonas de influencia de estas industrias. Para en otras más alejadas, como la zona central de Asturias, donde no existían estas fábricas, irrumpió a partir del siglo XIX su equivalente industrial en forma de minería de carbón, gran consumidora también de madera en rollo para el entibado y sostenimiento de los pozos. Hacia el final del siglo, ya Félix de Aramburu y Zuloaga, en su *Monografía de Asturias,* llamaba la atención al estimar que las numerosísimas minas que había por entonces en Asturias (unas quinientas) venían a consumir al día entre 35 y 40 toneladas de madera en entibaciones y rellenos.

Y como la minería tiende a extenderse más y más, y el arbolado marcha en sentido inverso, no es difícil de prever la crisis aludida, con daño para todos.

La irrupción del carbón mineral trajo como contrapartida, sin embargo, el paulatino cese en la obtención del carbón vegetal, cuya actividad alcanzó no obstante hasta bien entrado el siglo XX, y no muy diferente seguro a como la llegaron a ver Mars Ross y H. Stonehewer-Cooper en 1885, cuando dejaron constancia de este viejo y durísimo oficio que conocieron al atravesar el desfiladero de La Hermida, entre Urdón y Potes.

Unas pocas cabañas carboneras hay por allá; es muy fácil contemplar todo el proceso de tala de árboles al borde de los vertiginosos barrancos, para luego ser apilados y quemados. La paga que reciben los hombres por esta tarea es una miseria, aunque ellos parecen contentos.

Pero la agresión mayor que se seguía produciendo al arbolado continuaba siendo el incendio forestal, identificado incluso en la época como uno de los problemas fundamentales, si no el mayor, de entre los que afectaban a los montes, para lo cual intentaban abordarlo con penas a sus autores y recompensas a sus atajadores.

José Muñiz. Minero delante de una bocamina en Turón, Mieres.
Año 1956 (*Muséu del Pueblu d'Asturies*).

Su ocurrencia se debe a la costumbre pastoril de incendiar los matorrales para producir pasto y un rebrote apetecible para los ganados. Las Ordenanzas del Valle de Toranzo del siglo XVII (González Echegaray, 2000), advierten «… que ninguno sea osado a hacer quema alguna en los montes comunales…».

[…] «… cualquiera que vaya a matar el fuego […] puedan beber una cantara de vino y la pague el que se justifique haberle puesto y si el tal fuego estuviere en alguna dehesa pague […] y si alguno pusiere lumbre algún roble, encina, o haya, pague de pena dos reales, si tal árbol se secase por dicha quema»[149].

Es sorprendente cómo los antiguos, que no sabían de presiones políticas ni lenguaje políticamente correcto, asumieron el problema e intentaron atajarlo. Incluso se observa un intento para evitar el fomento de los mismos semejante, hasta cierto punto, al puesto en práctica en la actualidad, como es el acotamiento al pastoreo, sorprendentemente revocado por el Parlamento asturiano en 2017, en una de las decisiones más irresponsables que haya tomado un parlamento (y ha tomado muchas). En 1735 lo que se pretendía, asumiendo la dificultad de identificar a los incendiarios, era compensar el daño por introducir los ganados en la superficie quemada, a no ser que se denunciara a su autor para quedar exento. No parece que nadie dudara por entonces que el pastoreo era causa y a la vez rédito de los incendios forestales.

… como acontece de ordinario que no se puede encontrar al autor de la quema por lo estendido de los montes estarán obligados los dueños de los ganados que apacientan en dichos Bosques a pagar en benefizio y provecho del Rey para resarcir el daño […] a menos que entreguen o denuncien con pruebas legítimas el autor del yncendio en cuyo caso quedaran libres de toda multa…[150].

Y es que, además, a partir del siglo XVIII se produjo una cierta explosión demográfica que trajo consigo un incremento notable de las roturaciones para el acceso a nuevas fincas y áreas de pastizal, ganadas casi siempre a los montes del común y en buena parte de los casos gracias al fuego. Las ordenanzas de la época ya preveían contra estas prácticas, estableciendo sanciones a quienes ocupasen y roturasen superficies comunales, sin conseguir ningún resultado, como suele ser habitual.

---

[149] F. J. Ezquerra Boticario y Luis Gil Sánchez. *La transformación histórica del paisaje forestal en la comunidad de Cantabria*, 2004.
[150] Ídem.

> Sobre la zona cultivada, por todas partes se alzan montes pelados. La base de sus laderas, en la zona baja de Asturias, se cubre de roble diseminados y algún que otro castaño[151].

Durieu de Maisonneuve, a quien conocemos de su vívida descripción del remonte de los salmones hasta la villa de Cangas del Narcea (Capítulo V), recoge esta observación en su diario de viaje. Este militar francés, que recorrió el occidente de Asturias en 1835, era también botánico, no un viajero cualquiera, y a pesar de que el diario de su viaje nos ha llegado escrito por otro botánico francés llamado Jacques Étienne Gay, no permite albergar dudas de que sus observaciones eran atinadas. Por eso resulta llamativo lo que escribe a continuación del párrafo anterior:

> En casi toda Asturias faltan asimismo verdaderos bosques, exceptuada la zona occidental extrema, en su límite con Galicia, donde sí los hay enormes en la quebrada comarca del Monte Muniellos.

Pero es evidente que no todo era consecuencia del ganado y sus exigencias, como tampoco de las necesidades de supervivencia de unas gentes que en buena parte vivían aún bajo un régimen cuasi servil de colonato, ocupando bajo diversas figuras jurídicas (foros, arrendamientos, comuñas…) casas, ganados y fincas que no eran suyos. Y así, otra actividad propia de la industrialización vino también a consumir grandísimas cantidades de madera, especialmente de roble: el ferrocarril. Como solía ir acompañada también de la creación de nuevas carreteras, espesos bosques antes protegidos a la acción de los maderistas quedaron ahora al descubierto, como amargamente se queja el anónimo autor de *Liébana y los Picos de Europa* (1913).

> Una de las razones de la construcción de la carretera de Unquera fue la de dar mayores facilidades para el arrastre de maderas que se extraían de los montes de Liébana. ¡Quién había de decir que esa misma carretera y esas mismas facilidades habían de ser la causa de la rápida y total ruina de riqueza tan prodigiosa! Y, sin embargo, así fue. Esas facilidades que la carretera daba para el arrastre de la madera estimularon la codicia de maderistas fraudulentos y contratistas sin conciencia que en el transcurso de poco más de 20 años convirtieron en traviesas todos los montes de roble que estaban en las proximidades de la carretera. Ellos habrán procurado y conseguido acaso el aumento de su riqueza particular, pero han causado la ruina de una riqueza pública valuada en muchos millones de

---

[151] Jacques Étienne Gay. *Viaje botánico de Durieu de Maisonnnave por Asturias*, 1958.

Sacando madera de un monte lebaniego. Fotografía de E. Bustamante.

pesetas, perjudicando con ello los intereses de los pueblos y los generales de toda Liébana. Hoy quedan pocos montes en Liébana; los que quedan son aquellos que por su situación especial, lejos de los caminos, se han librado hasta ahora de caer bajo el hacha del maderista.

En un artículo publicado en *La Voz de Liébana* el 10 de febrero de 1905, se explican con nitidez los manejos fraudulentos utilizados por los contratistas para obtener mayor madera de la subastada (en una maniobra, todo hay que decirlo, aún practicada hoy en día por algunos ganaderos para «recuperar» los caballos no identificados que se prindan en el monte).

Un maderista puede tener el compromiso con una compañía, pongamos como base de 15.000 traviesas para un día señalado; este se ha quedado con una o dos subastas de árboles que legalmente le van a producir 1.000 traviesas; con estas, por combinaciones que todos conocemos, se hace el milagro del pan y los peces de que nos habla la historia, pero a veces, por mucho que se multipliquen no llegan a cubrir el número de las 15.000 del compromiso y no hay medio alguno ya de multiplicar, porque se han agotado todas las combinaciones aritméticas; pues el caso es muy sencillo, cuenta nueva; dos o tres sirvientes del maderista cortan una noche 10, 15 o 20 árboles por el pie y los dejan tirados; al siguiente día, el guarda o alcalde de barrio da cuenta al ayuntamiento de que en el sitio tal se han encontrado tantos árboles cortados; parte enseguida a su Señoría y al Ingeniero, orden al capataz para que tase los árboles, que lo hace en poco menos que nada. Se señala día para la subasta, se presenta el cacique maderista u otro que sirve de tapadera, cubre la tasación y hecho el chanchullo, por poco dinero se queda con aquellos árboles que él mandó cortar. Y ahí tiene su Señoría la corta ilegal que no puede denunciarse a pesar de serlo.

De todos modos, si las cortas hubieran ido acompañadas de repoblaciones pudiera haberse mitigado en parte la deforestación, pero no debió ser costumbre, a juzgar por la queja de Félix de Aramburu en su *Monografía de Asturias* (1899):

> … son pocos los terratenientes acaudalados o propietarios que pensaron en reparar el desastre, y cuán significativo lo poco que por todos los conceptos se ha hecho para fomentar la «producción arbórea» […] en lo que nosotros podemos recordar, sólo pareció cundir la afición al arbolado cuando se dio a conocer la especie del eucaliptus, tan propia para el saneamiento de comarcas castigadas por el paludismo y para la utilización de suelos arenosos y estériles.

Félix de Aramburu se preguntaba de paso qué era lo que había provocado tal afición por el eucalipto, nuestra primer y más resistente planta invasora, introducida a mediados del siglo XIX, contestándose a sí mismo que aquel árbol «crecía pronto, muy pronto y permitía al plantador ser a la vez aserrador y colector del producto». No necesitaba mucho más el eucalipto para acabar colonizando toda la franja norte cantábrica hasta donde su altitud se lo ha permitido (a la par que una cierta resistencia de la Administración forestal, todo hay que decirlo). No obstante, hacia 1929 todavía era escaso, a juzgar por la descripción de Víctor de la Serna Espina.

> En Asturias apenas ha penetrado ese árbol gitano, que huele a botica y que es el único árbol que parece nacido para ser cortado; árbol como «de plástico», árbol anodino, cursi, glauco, sin primavera y que tanto irrita al gusto de Enrique G Camino: el «eucaliptus», en suma, que ni siquiera tiene nombre vulgar y anda por el mundo con su pedante nombre latino que todo lo más ha llegado a convertirse en ocalito en labios de los obreros de una fábrica que hay en Torrelavega[152].

---

[152] Víctor de la Serna Espina (J. A. Mases. *Asturias vista por viajeros románticos extranjeros…*, 2001).

En cualquier caso, fuera de esta especie concreta de tan rápido aprovechamiento, no parecía existir una cultura reponedora de lo extraído, como bien observaron Ross y H. Stonehewer-Cooper.

> Como las mismas montañas están ya al pie de Unquera, es raro encontrar árboles, no por el hecho de que la naturaleza no encontrase el sitio adecuado para que estos pudieran prender, sino más bien, por las gentes poco previsoras —las hay en casi todos los países— que usan estos regalos de Dios como combustible sin cumplir luego con la obligación de replantarlos.

No dejó de sorprender a nuestros dos ingleses, atentos siempre al sentido práctico del aprovechamiento de los recursos, el desinterés de los habitantes del país por la reposición de unos bienes como aquellos, que tanta riqueza podían generar.

> Recostado en las zonas sombrías, se ve un gran hayedo a pocas millas del pueblo: este es el último resto de riqueza selvática en esta parte de Asturias. El sentido común para el comercio no es una de las características principales del carácter español moderno, como demuestra el hecho de que millones de acres de este tipo de árbol hayan sido deforestados para usarlos como combustible sin haber siquiera pensado en replantarlos.

Como ironía cruel para el siempre maltratado árbol, cuando por fin se puso en marcha una política activa de repoblación, que fue la llevada a cabo por el Estado franquista a lo largo de los años 60 y 70 (con la creación incluso de un organismo específico llamado Patrimonio Forestal del Estado), y que consistió en la repoblación de extenas zonas con especies de aprovechamiento comercial maderero, sobre todo pinos, lo que provocó en realidad fue el efecto contrario, al ser muchos de ellos quemados con saña por la población rural, que veía desplazados sus usos ganaderos ancestrales en esos territorios.

Pero volviendo al escenario forestal del siglo XIX y comienzos del XX, el panorama no podía ser más desalentador. Puede ser que los autores que así lo vieron fueran de natural pesimistas, o ecologistas furibundos *avant la lettre,* que seguramente no es el caso, pero son muchas las sensibilidades que describieron la misma situación, como Rafael Fuertes Arias en su *Asturias industrial* de 1902.

> La riqueza forestal, en otro tiempo grande, hoy está casi decaída. Por un lado la apertura de caminos y las muchas roturaciones de terreno por las cuales extendió sus dominios la agricultura, y por otra parte la gue-

Un incendio forestal en Asturias. Fotografía del autor.

rra sin cuartel que hacen al arbolado desde el leñador furtivo hasta el labrador, unos por egoísmo y codicia, otros por ignorancia han contribuido y contribuyen a que disminuya ese factor esencialísimo de la agricultura y de la ganadería.

En este contexto pocos fueron quienes consiguieron llevar a cabo una defensa activa de los árboles, más allá de las imprecaciones recogidas en los textos. Espíritus sensibles al problema es evidente que los había, algunos incluso muy egregios, como el ubicuo Pedro Pidal.

> Si en lugar de España escribimos Erial, ¿de qué nos quejamos luego del separatismo y del acabamiento de la raza? todo se lo lleva el diablo. Si al propietario que corta se le quitasen los honores y las propiedades, y al palurdo que corta se le impusiese una buena multa de la que no le librasen caciques ni periodos electorales, otro gallo nos cantara.

Lo escribió en un artículo publicado en el periódico *ABC* el 25 de abril de 1923, un texto radical en su constatación del esquilmo y de la debilidad de la ley ante el tráfico de influencias y la volatilidad electoral; una crítica frontal al caciquismo hecha precisamente por un miembro de la dinastía que mejor encarnó esa práctica en Asturias durante la segunda mitad del siglo XIX, en una muestra de candidez y sinceridad sólo atribuible al bueno del personaje. Igual de contundente se manifiesta contra la compañía eléctrica que tala el inmenso tejo de Abamia, plantado, al parecer, por Alfonso I frente a la iglesia donde reposaron los restos de Pelayo, y después los de su buen amigo Roberto Frassinelli Burnitz.

> … hubo de pasar por allí un alambre de la Eléctrica del Viesgo, y, el animal mayor que conocieron los siglos… por no desviar el alambre medio metro cortó el Tejo por la mitad. ¿No es verdad que dan ganas de morirse de pronto?[153].

Pedro Pidal bastante hizo con porfiar con contumaz cabezonería —bendita cabezonería— por una ley de Parques Nacionales pionera en el mundo, aunque a la postre cubriese sólo un porcentaje marginal del territorio. El trabajo de protección general de los bosques, por ello, quedó reservada para una figura jurídica desconocida por la mayoría de los ciudadanos y que constituye curiosamente una de las primeras categorías de espacio protegido que existieron en España: el Catálogo de Montes de Utilidad Pública. Este catálogo no sirvió expresamente para proteger a los árboles —que lo hizo, en la medida de sus posibilidades y la de los funcionarios encargados de vigilarlo: los Ingenieros forestales y los Guardabosques—, sino que sirvió más bien para proteger a los montes en su conjunto, pues nació a mediados del siglo XIX para incluir en él a aquellos espacios forestales que, por diversas razones de utilidad y relevancia, se exceptuaban de salir a la venta en pública subasta, dentro de los diferentes procesos desamortizadores llevados a cabo, con desigual intensidad, por los gobiernos liberales del siglo XIX y primeros del XX. A pesar de ello, se vendieron millones de hectáreas de bosques pertenecientes a monasterios, obispados, órdenes religiosas y cofradías, pero también otros pertenecientes a los pueblos desde tiempo inmemorial, que perdieron en muchos casos por manipulaciones e influencias políticas de todo tipo, sobre todo si aquellos montes eran del interés de los poderosos (como sucedía con todos los que albergaban minas). Los que se exceptuaron de las ventas, por ser incluidos en los Catálogos de Montes previa su declaración de Utilidad Pública, vieron modificada su propiedad, pasando de los pueblos (a quienes el Estado liberal no reconocía, en su aversión hacia la propiedad colectiva) a los ayuntamientos, lo que ocasionaría no pocos abusos por parte de estos.

Así, todo se conjuró contra los árboles, que quedaron relegados a las franjas más abruptas de la cordillera Cantábrica, allí donde abundaban todavía grandes

---

[153] Pedro Pidal. «El Parque Nacional de Covadonga. La educación de las gentes», *ABC* 25-04-1923.

extensiones de hayas y robles, y los montes mantenían un uso colectivo y comunal desde tiempo inmemorial. Los grandes hacendados rurales los protegieron también en la medida de sus intereses, pues eran propietarios de la mayor parte de los ganados que llevaban los vecinos, a través de figuras jurídicas como la comuña o la aparcería, y no eran partidarios lógicamente de que los montes de donde extraían sus rentas fueran vendidos. Muchos de estos hacendados actuaron de intermediarios en las subastas de los montes, acudiendo a Madrid para adquirirlos y venderlos luego a sus legítimos propietarios: los vecinos de los pueblos. Hoy, estos montes de propiedad privada «colectiva» —una paradójica aberración desde el punto de vista del liberalismo decimonónico, consecuencia precisamente de la aplicación de su política— abundan y languidecen en amplias zonas sobre todo del noroccidente español y forman una maraña ingobernable por la misma naturaleza jurídica de su propiedad, difícil de esclarecer en muchos casos por la falta de documentación y por el tiempo pasado.

No fue lo que sucedió con los montes comunales protegidos por su inclusión en el Catálogo de Montes de Utilidad Pública, pero no por eso dejaron de sufrir el expolio masivo a cargo precisamente de sus antiguos propietarios: los vecinos.

> Los bosques ocupaban 13.010 hectáreas con numerosos ejemplares de robles, castaños y hayas, predominando estas últimas. Era una enorme riqueza que se explotaba en beneficio de las minas y se usaba para la extracción del tanino de los castaños viejos, que estaban esquilmando los bosques. El haya era utilizada principalmente por los madreñeros, que también utilizaban otras maderas, especialmente en Soto, Bezanes, La Foz, Pendones y Tarna, donde todos los hombres eran madreñeros y luego explotaban las madreñas y conseguían los primeros premios en los concursos celebrados en Oviedo[154].

Este significativo texto fue escrito por el desconocido autor de una *Topografía médica del término municipal de Caso* en 1945 (cuando ya estas «geografías» estaban en claro desuso), y sirve para hacerse una idea de la evolución final de los bosques en las postrimerías del gran cambio de ciclo que iba a surgir. La industria de la madreña (ese calzado de madera característico de la montaña cantábrica, tan útil para los embarrados caminos y pueblos de entonces) era más que notable en este precioso concejo, hoy miembro principal del Parque Natural de Redes. Vaqueros de toda índole aprovechaban las jornadas muertas en los puertos de verano para el tallado de las madreñas, elaborando entre cuatro y seis pares al día, que luego se vendían en todos los mercados de la región y limítro-

---

[154] Anónimo. *Topografía médica del concejo de Caso*, 1945.

Hayedos en el Parque natural de Redes. Licencia Wikimedia Commons.

fes (después de la Guerra Civil hubo una demanda extraordinaria, y salían camiones enteros cargados de madreñas para León, hasta el punto de que un almacenista llegó a acumular trece mil pares, según recordaba un vecino de Bezanes). El consumo de madera, en este sentido, era considerable (se necesitaba un largo mínimo de haya de entre 20 y 25 cm para una madreña), hasta el punto de dejar grandes superficies de bosque casi rasas, lo que impulsó a la Administración Forestal a endurecer las sanciones y a nombrar guardamontes. Historias de árboles apeados furtivamente tratando de burlar a estos vigilantes, que no irían a la zaga en astucia a los vigilados, las escuché de algunos ancianos de Caso durante los años más hermosos de mi trayectoria profesional que allí pasé. A la postre, lo que protegió al árbol y permitió la repoblación natural de las grandes masas de haya, que aprovecharon de paso para ir ocupando los espacios que no le había usurpado todavía al roble, no fue la labor de los guardabosques, sino la emigración masiva del campo a la ciudad que se produjo a partir de los años 50 y 60, llevándose a los hacedores de madreñas a la vez que también a sus consumidores. No hubo «freno ecológico», ni aprovechamiento sostenible, ni reposición de los recursos. No hubo nada de ese falso producto que nadie hubiera comprado en los años 40 porque todos hubiéramos hecho lo mismo —yo, tú, usted—: extraer del entorno todo lo posible para el sustento, y aquellos pares de madreñas hurtados al tiempo dedicado al ganado lo eran. Un sustento monetario nada despreciable, pero no lo suficiente para no cambiarlo, en cuanto se pudo, por un salario mensual en la mina o en la industria. Gracias a esa circunstancia de índole socioeconómica, y no a ninguna otra, no se cumplió la predicción de Rafael Fuertes Arias (1902):

> Siguiendo la afición a la tala y no reponiendo lo que se quita, lo bueno para madera y lo viejo y carcomido para leña, antes de 100 años Asturias se queda sin montes.

Es absurdo decir esto, pero la protección de los recursos naturales sólo se hizo efectiva cuando ya la mayoría de la población no los necesitaba. Es un lujo que le compramos a la industrialización. Y el éxodo rural, con todo lo que conllevó (demasiado para este libro), el precio que hubo que pagar. No puedo comprender cuantos análisis tratan de ignorar esta circunstancia, por otra parte tan humana y comprensible, al menos para mí, y pretenden a cambio mostrar un pasado de compromiso con el entorno y de autocontrol en el aprovechamiento de los recursos, una Arcadia feliz en la que el paisano —no el hacendado, el rentista o los grandes monasterios— podía elegir, y de hecho eligió, dejarnos en herencia un paisaje al parecer hermoso, justificando de paso las acciones que llevaron hasta él. Es curioso, porque a la postre es la misma mirada moral de los ultraproteccionistas que ven a las comunidades rurales como las culpables de la regresión de los bosques y el deterioro de los hábitats de las especies, como si pretendieran dar a entender que la explotación o no de los recursos es un acto voluntario, sujeto sólo a condicionantes morales o éticos. Y digo que es curioso porque ambas percepciones, antagónicas en su visión del paisano, confluyen en su ausencia de determinismo y confieren una libertad de elegir que los convierte en agresores o en «arquitectos» del paisaje, según sea el ángulo adoptado.

Los primeros se equivocan porque no parecen comprender que la explotación del territorio era fundamental para la supervivencia, y en esa explotación se incluye la quema de la vegetación, la tala de árboles y el exterminio de la fauna competidora, por citar tres acciones bien rotundas.

Los segundos, con esa visión de los paisanos como unos «jardineros del paisaje», pretenden elevar su consideración social y ecológica, muy degradada en este país de urbanitas recién llegados y complejo de inferioridad, que consideró de siempre a las gentes campesinas poco menos que iletradas y burdas, cuando no en muchos casos innecesarias para el desarrollo industrial de la región, hasta el punto de que el gobierno de Franco hizo todo lo que pudo para estimular la emigración de estas comunidades campesinas hacia ultramar.

> Mientras en España no podamos ofreceros lo que encontráis en otros
> países, el Gobierno español está decidido a defender vuestro sagrado de-
> recho a emigrar[155].

Es un loable objetivo el que busca esa visión, pero ha dado como resultado innecesario la justificación de ciertas actitudes del pasado que permanecen en el presente, y que si bien antes tenían una lógica implacable de supervivencia, ahora la han
perdido por completo. Además, envuelve los problemas ambientales en una suerte de
concepto estético que a la larga los comprende y los disculpa, basándose en lo que
no es más que un engaño visual: el paisaje. Y es un engaño porque pasa por natural
lo que no lo es (la cordillera Cantábrica está 100% intervenida y modificada desde la
antigüedad), pasa por forestal lo que no es tanto como parece (Asturias y Cantabria
sólo tienen un 30% de su superficie —menos de un tercio— ocupada por árboles
de especies autóctonas, según el IV Inventario Forestal Nacional del año 2014) y pasa por bonito lo que no lo es, o al menos no lo es de manera unívoca y justa, estableciendo referentes estéticos sobre paisajes que han sufrido una degradación diferente por su distinta población, topografía o naturaleza de los suelos, por ejemplo.

Los autores del pasado, que no gozaban de esta visión ideologizada del paisaje, sólo veían la consunción de unos recursos que les parecían merecedores de una
mejor y racional explotación.

> Pero la Asturias frondosa de ayer, que aun en los alrededores de su
> capital mostraba lozanos y hermosos bosques, viene perdiendo año tras
> año ese calificativo […] y lo viene perdiendo en tal forma, que informes
> fidedignos contienen noticias como estas dos que aducimos a guisa de
> espécimen: para recoger las cortezas curtientes que el roble, con la enci-
> na y el fresno, proporciona a la industria, en espesos robledales fueron
> despojados de su envoltura exterior todos los árboles, condenados así a
> una muerte cierta, apareciendo en los ojos de quien los mira como con-
> junto extraño de fantasmas envueltos en blanco sudario; para recoger me-
> jor del tilo la flor medicinal que en algunos años produjo por exporta-
> ción a Asturias la suma de 75000 pesetas, se dio por el pie a la mayor par-
> te de los tilares aquí existentes…¿Quién podrá no apesadumbrado ante
> tamaños excesos, rayanos en un salvajismo desenfrenado?[156].

Afortunadamente o no, el sector secundario se comió al primario, y las ciudades se llenaron de aldeanos dispuestos para la industria. Luego el sector servi-

---

[155] Jesús Romeo Gorría, ministro de Trabajo, en una despedida de emigrantes en 1964 (Tomado de Manuel Rivas, *Galicia el bonsái Atlántico*, 1990).
[156] Félix de Aramburu y Zuloaga. *Monografía de Asturias*, 1989.

cios y el profundo cambio social se llevó a todas las mujeres jóvenes de los pueblos y ya sólo queda el erial que es hoy. Se detuvieron las talas, los descortezamientos, las roturaciones… El árbol se fue recuperando lentamente, y sólo ve detenido su avance por una práctica ancestral todavía vigente, convertida ahora en el mayor desafío ambiental al que se enfrenta la cordillera Cantábrica: los incendios forestales.

> Los sitios incultos tienen tanta espesura que, por lo general, son impenetrables; y si no fuera por la providencia de poner fuego en algunos parajes para quemar las árgomas, ni aun de pastos y albergues podrían servir a los animales domésticos[157].

Desde el mismo momento en que *homo sapiens* aprendió a controlar el fuego, debió utilizarlo como el mejor apero posible contra la vegetación indeseada. Y recalco lo de «indeseada», porque la vegetación ha sido seleccionada desde tiempos inmemoriales, exterminando una —la considerada inútil— y favoreciendo el desarrollo de otra, sobre todo la herbácea. Y en esta tarea el fuego ha sido una herramienta esencial; por su facilidad, por su comodidad, por su grado de efectividad y por su capacidad de extensión, hasta el punto de que la mayoría de las superficies dedicadas a pasto que se encuentran por debajo del límite altitudinal del arbolado y que no tienen su origen en accidentes topográficos (roquedos, canchales, etc.) han sido abiertos por el hombre mediante el uso continuado del fuego. La toponimia de la montaña cantábrica, insensible a las tergiversaciones, prolifera en topónimos derivados de su uso: Bustantigo, Busvidal, Buscabrero, Bustiello, Busdongo, Busmayor, Busmarzo, Bustiyerro, Bustaleguín, Bustamante…, derivados todos ellos del latín *Bustum*, participio verbal de *burere* (quemar). Pero luego tenemos otros más explícitos, como La Quemada, La Quemaína, El Quemaeru, etc., hasta llegar finalmente, incluso, a la conjunción de ambos: Busquemado.

Por alguna extraña razón, coincidente con esa pulsión inexplicable por no afrontar los problemas desde su raíz, los incendios forestales que aún hoy se producen en la montaña cantábrica se atribuyen a las altas temperaturas (a pesar de que la mayoría se producen en invierno y primavera), al aparato eléctrico de las tormentas o al más genérico «intereses ocultos» de no se sabe quién. Sin pararse a pensar en el extraordinario insulto a la inteligencia que supone atribuir la combustión espontánea de vegetación a los 22 grados de máxima que se pueden alcanzar en los períodos marzo-abril, o noviembre-diciembre, en los que se producen la mayoría de los incendios forestales. Con este razonamiento, la España me-

---

[157] Gaspar Casal. *Historia Natural y Médica del Principado de Asturias*, 1762.

diterránea se encontraría en julio con tales incendios que superarían en conjunto la temperatura del núcleo terrestre. Es una estupidez tan grande como lo de las tormentas eléctricas, cuyos rayos caen siempre en los linderos de carreteras, pistas y senderos, que ya es casualidad, y casi siempre afectando a los montes públicos justo cuando el ganado no se encuentra en él.

Los dos ingenieros de Montes que escribieron el imprescindible —y perdón por el manido adjetivo tan asociado a los libros, pero en este caso realmente lo es— estudio sobre la transformación del paisaje forestal de Cantabria, aportan infinidad de documentos y pruebas de algo por otra parte evidente: que el manejo del fuego para eliminar la vegetación se puso en práctica ya desde el Neolítico. Como científicos que son, no se dejan engañar por las apariencias, y así, cuando analizan la intensísima deforestación que se produjo en los montes de Cantabria durante el siglo XVIII, llegan a una conclusión muy relevante:

> Mucha tinta se ha vertido para hablar del desastre que para los bosques cántabros debieron de suponer las grandes cortas de robles para la Marina, las fábricas o las numerosas ferrerías que jalonaban los espacios rurales. Hacer caer la responsabilidad de la deforestación dieciochesca sobre las grandes industrias del siglo puede resultar tentador, por la abrumadora cantidad de información existente, y quizá también porque supone «culpar a los poderosos y eximir a los necesitados», hecho que parece encajar de forma satisfactoria en los esquemas de pensamiento al uso.
>
> En la deforestación de las áreas bajas de la región resultó definitivo el efecto de la ampliación de la cabaña ganadera, de modo que a principios del XIX, Miñano (1826-1829), reconocía que en la comarca de Liérganes, más importante que las Reales Fábricas, habían sido «los pasiegos que habitan las alturas, [que] han aniquilado los montes de haya y roble que tenía el pueblo, en términos de no hallarse ya un árbol para la construcción de edificios…»[158].

La intensiva roturación que sufrieron los montes en las comarcas pasiegas es algo que llama la atención a cualquiera que tenga cierto bagaje paisajístico. Si uno atraviesa, procedente de Burgos, el puerto de las Estacas de Trueba y desciende la tortuosa y recién mejorada carretera en dirección a la Vega de Pas, no dejará de experimentar cierto asombro al ver las laderas de la cordillera Cantábrica peladas completamente, intercaladas por infinidad de prados cercados con su correspondiente cabaña en el interior.

---

[158] F. J. Ezquerra Boticario y Luis Gil Sánchez. *La transformación histórica del paisaje forestal en la comunidad de Cantabria*, 2004.

Vertiente sur de Castro Valnera vista desde la carretera de las Estacas de Trueba, afectada por un incendio. Fotografía Segundo Real.

El Libro de la Montería, escrito por el Rey Alfonso XI a mediados del siglo XIV, enumera los montes y aporta algunos datos acerca de su estado y su abundancia en fauna de interés cinegético. Se definen como «montes de oso» los de Pas, Ruesga y Soba, e incluso los de Lunada, Asón y Miera, que hoy se encuentran deforestados por el uso ganadero y que entonces debían de albergar una notable masa forestal[159].

Es un paisaje de cierto tipismo (según la época del año, el exuberante cortejo florístico de brezos y retamas puede ofrecer un marco singularmente bello), muy apreciado sobre todo por la creciente valoración de los pueblos considerados hasta hace poco «malditos», o marginados, por su diferenciación ancestral respecto al resto de vecinos, como es el caso de los pasiegos en Cantabria, los maragatos en León o los vaqueiros de alzada en Asturias, pero en la práctica es una manifestación rotunda de la deforestación vinculada a la ganadería, ejecutada y mantenida con mano de fuego. Por otra parte, exactamente igual se ha hecho en todas las zonas de ganadería extensiva de la cordillera Cantábrica, con resultados a veces no tan conspicuos por cuestiones de índole socioeconómica o topográfica.

---

[159] Ídem.

La intensificación pasiega había de avanzar necesariamente a costa de los espacios comunales, normalmente mediante incendios que precedían a los cierros, en un proceso del que existen múltiples testimonios:

En 1756, los vecinos de La Cavada prendieron fuego siete noches seguidas a los montes de Riotuerto, en relación con las concesiones de orillas y cabañas a los pasiegos (A.G.S., Secr. Marina, leg. 689).

En 1767 don Juan Manuel Riaño subraya que la mayoría de los incendios se produzcan junto a las cabañas pasiegas (A.G.S., Secr. Marina, leg. 564).

En 1770 don José Antonio de Horcasitas denuncia que cada año muchos incendios queman muchos miles de árboles, siendo frecuentes los cierros en montes donde se había talado o quemado poco antes (A.G.S., Secr. Marina, leg. 689).

En 1778 el visitador real don Francisco Antonio de la Torre informa de que uno de los daños principales que aniquilan los montes es el fuego provocado por la malicia de los pastores que consiguen extender así los pastos de sus ganados, actuando con total impunidad» (A.H.P.C., Sec. CEM, leg. 54, doc. 4)[160].

En este sentido es alumbrador uno de los libros más interesantes que se han publicado en los últimos años, por su singularidad temática. Se trata de un libro de memorias de una casa campesina del occidente de Asturias, escrito por quien era el «mayorazo» o amo de la casa por entonces (mediados del siglo XIX), un tal Rosendo María López Castrillón, pero que extiende el origen de la casa y de su historia hasta 1550. Publicado en el año 2018 por el Muséu del Pueblu d'Asturies bajo la edición de quien es su director y eminencia etnográfica de Asturias, D. Juaco López Álvarez, ofrece tres testimonios muy valiosos —por imposibles de encontrar— de cómo se vivían los incendios forestales en los siglos pasados.

A 22 de enero [de 1796] sucedió la gran quema de montes desde el río Navia a Carondio, todo el río de Riello de una parte y otra: castaños, roble, montes, colmenas, nuestra cabaña de Pumares y todos cierros, a no ser las casas; daños incomprensibles.

[…]

Año de 1750, con otra quema, que se dice ser puesta en la Paicega y por los de la misma casa, quemó Riodecoba, la capilla, montes y…

[…]

[En 1856] quema grandísima del Soto de Tamagordas, desde la cabana de Riello al valle de la Fuente, puesto en la hoja en El Bao por dos

[160] F. J. Ezquerra Boticario y Luis Gil Sánchez. *La transformación histórica del paisaje forestal en la comunidad de Cantabria*, 2004.

niños de Elena y de Domingo Pacho de Tamagordas, día 7 de diciembre, y quemó toda la noche, y mucho viento, y los vecinos nada durmieron matándolo y echando agua y mantas sobre los orrios [hórreos] y casas, rezando rosarios y letanías a coro y sacando las imágenes que juzgaron quemaba todo el lugar y Soto.

Rosendo María da variados detalles acerca de estas grandes quemas, que por otra parte contradicen lo que muchos paisanos acostumbran a afirmar, que cuando antes se quemaba, se hacía con cuidado suficiente para que el fuego no se extendiera.

> Este fuego [el de 1796] lo puso de noche en el valle de la Paicega Colasón de Cernías, hijo de Patricio y hermano de Salvador, padre del abogado y hermano de los dos curas de Bullaso y Santa Olaya de Tineo. Fue con él su casero de Estela Nicolás Fernández (Castro), llevaron el fuego en un cántaro y cuando volvieron lo arrojaron en Picón, sul [debajo de] camino.

Por entonces se sabía quién quemaba, como también se sabe ahora, aunque siga imperando un silencio benevolente. Es curiosa también la manera con la que el autor del incendio compensa a los afectados, valiéndose de la posición preeminente de sus hermanos.

> … los dos curas [sus hermanos] con sobornos al juez y mi tío el escribano atroparon [reunieron] y, haciendo partijas amistosas entre sí, tocaron al Colasón 200 ducados como a los otros, y por mano del cura Juan García Allande, de Santo Millano, sin decir quién los daba, los repartió entre los agraviados; a mi abuelo le dio una onza [300 reales].

Esta indemnización aparece registrada en otro apartado del libro, cuando Rosendo María desgrana las deudas de su abuelo Fernando López Herías y Castrillón. Entre ellas está la onza de oro (300 reales) que debía al cura de Bullaso, y que este le perdonó a causa del incendio causado por su hermano.

> … por razón de lo mucho que le había quemado con los incendios puestos ocultamente en los montes por [los de] su casa de Cernías, como fue quemar la cabaña de Pumares llena de leña y folguera; 19 colmenas en el arenal del río del Rellumal […] muchos castañales en Riello y otros mil perjuicios.

Más curiosa y sorprendente aún es la expresión que utiliza Rosendo María para referirse al modo de ignición que utilizaron: «llevaron el fuego en un cántaro». Parece una metáfora ingeniosa, pero no lo es; según cuenta él mismo más adelante «los primeros fósforos de cerilla para sacar fuego viéronse en Madrid [en 1836] con admiración», por lo que hacer el fuego «in situ», como se hace ahora, no era en nada sencillo, pues antes «para sacar fuego era con yesca y eslabones». De ahí la razón de transportar la llama metida en un cántaro, a salvo de ráfagas que la apagaran.

De este incendio cuenta más adelante Rosendo María que su abuelo Fernando, que tendría 7 años por entonces, estuvo a punto de perecer en él.

ROSENDO MARÍA LÓPEZ CASTRILLÓN

LAS NUEVE VIDAS
DE LA
CASA DE LA FUENTE DE RIODECOBA
Libro de memoria de una casa campesina de Asturias (1550-1864)

EDICIÓN Y ESTUDIO PRELIMINAR DE
JUACO LÓPEZ ÁLVAREZ

MUSÉU DEL PUEBLU D'ASTURIES
2018

Portada del libro *Las nueve vidas de la casa de la Fuente de Riodecoba*. Rosendo María López Castrillón. Edición y estudio preliminar de Juaco López Álvarez. *Muséu del Pueblu d'Asturies*, 2018.

… y estando todo asombrado en fuego, montes y gentes, el niño Fernando se marchó con una niña de casa el Grillo y, sin saber por dónde, fueron a Rubieiro a meterse en un bouzón [zona inculta llena de maleza] que luego comenzó a arder por el fondo, y quemaran allí si Dios con una tormenta no mata [apaga] el fuego, y allí dormieron, y otro día bajaron a Estela sin saber por dónde, y los de Estela los trajeron a Riodecoba a sus padres, que ya fueran a Estela y otros sitios preguntando por ellos, y los buscaron y los contaban perdidos y quemados[161].

Nótese que entre las pérdidas que cita Rosendo María se incluyen 19 colmenas. En este sentido, otro testimonio interesante es el de Matías Menéndez de Luarca, que en sus respuestas al *Diccionario geográfico* de Tomás López sobre el concejo de Salime, en el mismo suroccidente astur donde habita Rosendo María, evidencia la permisividad de los poderes municipales hacia los incendios forestales y sus consecuencias sobre las colmenas.

[Salime] es abundante de castañas y miel y cera, bien que después que se permite francamente por parte de las justicias las quemas generales de montes, lo que se ejecuta de más de 10 años a esta parte libremente, se disminuyó mucho la cría de abejas.

---

[161] Rosendo María López Castrillón. *Las nueve vidas de la casa de la Fuente de Riodecoba*, 2018.

Lo que por otra parte me lleva a pensar, quizá irreverentemente, que las construcciones de piedra tan características con que se protegen los colmenares del suroccidente de Asturias (cortinos, talameiros), no lo eran tanto para protegerlos de los golosos osos pardos (o al menos no sólo), como siempre se ha dicho, sino quizá más bien de los voraces y recurrentes incendios que con frecuencia asolaban —como todavía hoy lo hacen— aquellas laderas.

No fue nunca intención de este autor plegarse a lo políticamente correcto, para bien o para mal, ni tampoco analizar los problemas ambientales del presente, aunque tengan su origen en el pasado. No puedo repetir más veces, sin peligro de cansar, mi comprensión hacia las acciones de nuestros antepasados en un entorno rocoso en su dureza, pero también mi hartazgo por la deshonestidad que supone acercarse a los problemas sin atreverse a nombrarlos. Los autores del pasado no se anduvieron con disimulos, en este sentido. Afortunados ellos, que no sentían el aliento espurio de lo «políticamente correcto».

> Pero lo que causa dolor, entristece y hiere el ánimo a los amantes del árbol, son los criminales incendios de bosques. De un tiempo acá se suceden dichos incendios con cierta frecuencia, y en el verano de 1918 causaba horror ver cómo ardían, en el término de Arenas, centenares de hectáreas, que en pocas horas quedaron reducidas a cenizas.
>
> Estos incendios, comunes en Cabrales, en otras regiones de Asturias y en muchos sitios de España, se atribuyen a los pastores, enemigos irreconciliables del árbol, ante el afán de convertir en pastizales los actuales bosques, y sin considerar —aparte de las riquezas que destruyen— que muchos de los bosques carbonizados ya no volverán jamás a ser ni bosques ni prados, pues la lluvia y el viento, descarnando la roca, les imposibilitan luego para toda clase de vegetación; hecho del que existen ejemplares bien visibles en distintos parajes de este concejo[162].

Sirva como mejor final posible para este artículo la reflexión que hace el anónimo informante del concejo de Tineo para el *Diccionario* de Martínez Marina, relacionada con la extraordinaria regresión que sufren los montes en la zona, sobre todo a partir del siglo XVIII, cuando se llevan a cabo numerosas quemas y talas con el fin de obtener nuevos pastos y eliminar fieras.

> … este es un punto que merece mucha consideración y que tiene sus dificultades. El árbol es muy útil al particular, al común y aun sea a toda la nación. Pero como ésta se compone de paisanos, y cada uno de

---

[162] Joaquín Vilar Ferrán. *Topografía médica del concejo de Cabrales*, 1921.

ellos debe ser preferido en sus propiedades y existencia, tal vez los muchos árboles dañan a la utilidad del particular y del común. O si no, búsquese un medio en que se pueda unir todo[163].

Doscientos cincuenta años después parece que no lo hemos encontrado.

5. Cualquier tiempo pasado fue más frío (O la huella del clima en la literatura)

Después de una época cálida que se prolongó desde el siglo X al XIV, y que es conocida como «Óptimo climático medieval» (propició la colonización de Groenlandia y que el cultivo de viñedos se extendiese por Inglaterra), nuestro planeta entró en una etapa de enfriamiento generalizado cuyo comienzo algunos sitúan ya en el siglo XII. Tal enfriamiento se acentuó a partir del XVI y alcanzó su pico o punto máximo en los siglos XVIII y XIX. En la segunda mitad del XIX parece que la situación comenzó a revertir y, desde entonces, la tendencia ha sido hacia un calentamiento progresivo[164].

Esto lo escribe Elisa Villa Otero, tan presente en este libro, en un estupendo artículo titulado *Crónicas del frío*, en el que expone parte de la información existente sobre el clima en este periodo y las consecuencias que acarreó en los pueblos de montaña de la Cordillera, la primera y más evidente la despoblación.

Es en esta época cuando se supone que se abandonaron asentamientos permanentes que en el mejor de los casos se convirtieron después en majadas, como sucede con Ostón, impresionante y bellísimo paraje sobre la garganta del Cares, o Culiembro, en la misma garganta, con capilla hoy desaparecida y de cuyo antiguo misal, perteneciente al parecer a un obispo que se recogió en aquel lugar apartado, dan cuenta numerosos autores protagonistas de este libro (Aurelio de Llano, por ejemplo, llegó a tenerlo entre sus manos).

La constatación, bastante reciente, de que estos recintos fueron pueblos y no majadas o invernales (lugares donde se guarda el ganado en invierno, al contrario que en las majadas donde se mantiene por el verano), se debe a Guillermo Mañana y a su exhaustiva exploración documental, pareja a la topográfica, que dio como resultado dos obras clásicas: *En torno a la Peña Santa* y *La garganta del Cares*. En ellas, Guillermo Mañana reproduce documentos jurídicos de los siglos XVI y XVII

---

[163] Juan Pablo Torrente. *Osos y otras fieras en el pasado de Asturias*, 1999.
[164] Elisa Villa Otero. *Crónicas del frío*, 2007.

sobre deslindes y propiedades que demuestran la naturaleza residencial de estos lugares, aunque no la causa de su despoblación. Elisa Villa Otero supone que su difícil localización, unido a unas condiciones climatológicas adversas, pudieron ser las causas de su abandono. Igualmente podríamos citar otros despoblados conocidos por las fuentes documentales medievales y que, por alguna razón desconocida, desaparecieron del paisaje y de la historia, hasta el punto de no quedar de ellos más que unas desordenadas piedras sobre el suelo.

Fuera o no la nieve la causante del abandono de algunos poblados, lo cierto es que la abundancia de esta fue notable, tanto en su cantidad como en su espaciación temporal. Nevaba mucho y por mucho tiempo, comenzando las primeras nevadas allá por el mes de octubre —si no caían ya en pleno verano, como le pasó a Saint-Saud el 6 de julio de 1890 en el Macizo de Ándara— y retirándose a finales de junio o primeros de julio, si no más tarde, como atestigua el reverendo inglés Joseph Townsend

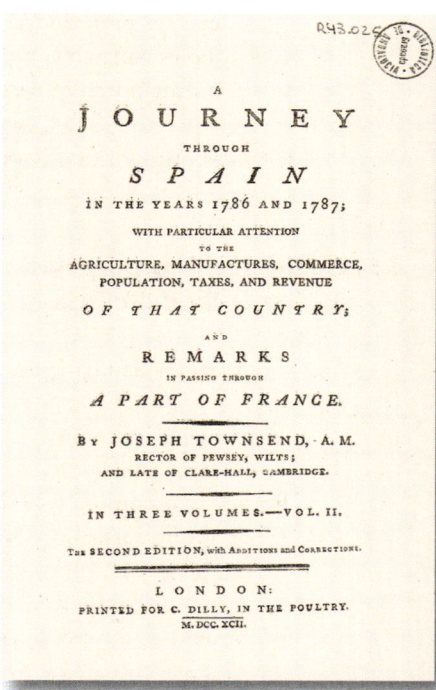

Portada del libro *Viaje a través de España en los años 1786-1787*, del reverendo inglés Joseph Townsend.

en su *Viaje a través de España en los años 1786-87*, cuando al atravesar la cordillera Cantábrica por el Puerto de Somiedo, en pleno agosto, se sorprende al ver:

> … entre estas montañas manchas de nieve, no muy lejos de las cuales se extendían campos en los que el trigo ya había madurado y se encontraba listo para recibir el golpe de la hoz.

Todavía a principios del siglo XX este régimen pluvionival permanecía casi inalterable, según refiere José Antonio del Río Sainz, escritor y periodista santanderino que escribió *La provincia de Santander considerada bajo todos sus aspectos* (1875).

> … por regla general las montañas de los Picos empiezan a cubrirse de nieve, hasta no permitir ya los trabajos en las diferentes minas que se explotan en Ándara y Tresviso, hacia el mes de octubre, para desaparecer a fin de mayo o en junio, en cuyos meses, algunos años, no puede trabajarse más que en las galerías y lugares subterráneos.

El conde de Saint-Saud lo expuso también con la acostumbrada belleza que le imprime la traducción de Odriozola.

> Aparte de algunos oasis, toda la región es ya un desierto de piedras durante seis meses, y un campo de nieves durante los otros seis, y este último campo no se funde jamás en los canalizos sombríos.

Y no es sólo que las nevadas de otoño comenzaran pronto, sino que lo hacían además con intensidad y largueza. Así, por ejemplo, cuando en 1932 Gustavo Schulze rememora para la revista *Peñalara* su escalada al Naranjo de Bulnes, efectuada 28 años atrás, comienza hablando de aquel otoño de 1907 de la siguiente manera:

> Los días de verano, de transparencias azuladas, ya habían transcurrido. Un fuerte temporal de lluvias acompañadas de huracanes violentos, rematado por una copiosa nevada, me forzó a trasladarme desde lejanas regiones de la cordillera cántabra a la zona baja de la costa.

En otro ejemplo, la mañana del 31 de octubre de 1905 Schulze comprobó sorprendido que había nieve a una altitud de 800 metros. Mucho peor fue la experiencia vivida por los 400 obreros que en 1918 trabajaban en la construcción del canal del Cares entre Caín y Camarmeña. A finales del otoño de aquel año comenzó a nevar copiosamente, obligándolos a permanecer detenidos en sus precarios refugios hasta el agotamiento de sus provisiones, sin que el tiempo mejorase un ápice. A la vista de ello, y dado que retroceder hacia Caín era imposible, decidieron salir en dirección norte hacia Los Collados, donde tenían sus almacenes y barracones. Metidos en lo más hondo de aquella tajadura que posteriormente bautizaría Diego Quiroga y Losada con gran fortuna como «la Garganta divina» —quizá por las muertes cobradas a Dios—, surcada entonces por un único y peligroso sendero, aquellos 400 hombres bien merecieron el sobrenombre de la poderosa raza de colosos inventada por los griegos con la que Mariano Zubizarreta Gavito, hijo del topógrafo que dirigió aquellas obras, los nombró para titular el libro que escribió al respecto: *La construcción del canal Caín-Camarmeña. Obra de titanes.*

> Salen a las 5 de la mañana alumbrándose con candiles: algunos agotados, se quedan en la orilla del camino dispuestos a morir; los naturales de aquellas tierras toman el mando de la columna, unos en cabeza abriendo la marcha, otros de escoba animando, obligando a seguir. La meta se antoja próxima, pero una tremenda onda expansiva, seguida de un gran

Garganta del Cares. Expedición de los viajeros Lewis Clapperton y Cecil Ogilvie, año 1894.
Colección J. Antonio Torcida.

estruendo les aterra; prosiguen, sin embargo. Poco después, encuentran miles de metros cúbicos de nieve, árboles y rocas cerrándole el paso. Se trataba de un alud (desde entonces no ha vuelto a producirse otro igual) que bajó por la canal de Estorez que nace en Amuesa, en el Macizo Central. Afortunadamente, también superaron aquella barrera.

Es evidente, no obstante, que igual que sucede ahora no habría en el pasado dos inviernos iguales, como bien pudieron advertir los botánicos suizos Edmond Boissier, Louis Leresche y Emile Levier, cuando visitaron los Picos de Europa en dos veranos consecutivos de 1878 y 1879. Su sorpresa fue grande al encontrarse en el segundo de ellos con torrentes y vaguadas llenos de nieve desprendida, así como la Peña Vieja «enteramente cubierta de nieve». Todo ello condicionaba evidentemente la floración de los campos tanto como la ilusión de sus recolectores.

Zonas enteras que habíamos encontrado brillantemente florecidas en 1878, estaban por completo cubiertas de nieve en 1879 para gran desilusión nuestra[165].

---

[165] J. A. Arias Corcho, F. Soberón y J. M. Bustamante. *Reconstrucción del itinerario de los botánicos suizos en los Picos de Europa*, 1979.

A pesar de ello, la lectura de los textos de viajeros y exploradores de la cordillera Cantábrica permite apuntar un siglo después que el ciclo de la nieve ha cambiado en dos cosas fundamentales: por un lado la cantidad de precipitación ha disminuido —eso es tan evidente como cuantificado, y no sólo por los climatólogos, sino por los contables de las estaciones de esquí— y por otro se ha desplazado al menos una estación, arrancando ahora a comienzos del invierno (y no a primeros del otoño como en el pasado), y terminando a principios de la primavera y no alargándose hasta el final como hace un siglo. En octubre de 1848, por ejemplo, Rosendo María López Castrillón registra en su pequeña historia de Riodecoba (situada en un valle medio del occidente de Asturias, no precisamente en la alta montaña de la Cordillera) una nevada tan temprana como dañina.

> Día 18 de octubre [de 1848], San Lucas, amaneció nevando y se puso más de media vara en general [0,4 m], tanto en Salime como en Carondio, y como las castañas estaban a medio sacudir y todos los árboles con hoja, los quebró y destrozó de una manera nunca vista y espantosa, que nadie lo cree sino el que lo vio, como yo y otros[166].

La temporada de nieve, en definitiva, se ha hecho más corta y espasmódica, y el tiempo más caótico e impredecible, pero paradójicamente sus efectos sobre la vida de las gentes y sus ganados es infinitamente más favorable al que experimentaban nuestros antepasados con su coherente y predecible rigor invernal. Lo cierto es que esta aparente mejoría climática llega tarde para la ganadería extensiva que languidece por razones ajenas al clima y a otros mitos, pero cuánto la hubieran querido para sí los habitantes del pasado. Temporadas de pasto en los puertos altos abiertas casi de abril a diciembre como sucede hoy en día es algo con lo que jamás hubieran soñado ellos, que algunos años habrían de contentarse con un par o tres de meses, como escribe el sacerdote Juan Bernardo de Mier en su *Descripción del concejo de Cabrales* (1801).

> … en Sotres tienen algún puerto, que se llama Las Moñas, de tanta elevación que sólo en septiembre y con buen tiempo se puede habitar en él, que hasta esa fecha lo impide la nieve[167].

El ganado hoy en día aguanta en los puertos comunales de la Cordillera hasta bien entrado noviembre o diciembre y no faltan ganaderos que no lo retiran a las cuadras ni un solo día, especialmente el ganado equino, en algunos años en los

---

[166] Rosendo María López Castrillón. *Las nueve vidas de la casa de la Fuente de Riodecoba*, 2018.
[167] Elisa Villa Otero. *Crónicas del frío*, 2007.

que no nieva más que unos pocos días en las cotas más altas, desapareciendo la nieve rápidamente a los pocos días. Y cuando nieva, ya «no lo cubre todo durante varios meses» como escribió en 1917 Florentino Martínez Torner sobre Llanuces, pueblo situado en la falda oeste de la Sierra del Aramo, en Asturias.

> Por otra parte las nieves visitan muy temprano aquellos parajes (en pleno agosto he visto yo nevar en las alturas del Aramo próximas al pueblo), y los abandonan muy tarde. A partir de septiembre el ganado no resiste la baja temperatura de las alturas, y la nieve no tarda en cubrir las cimas, avanzando hacia el valle paulatinamente, cubriéndolo todo durante varios meses, hasta marzo generalmente, llegando algunos años hasta abril[168].

Pero no solo en los escritos de viajeros y geógrafos se pueden advertir las huellas de un pasado sin duda más frío. Las fotografías que acompañaron a sus textos —en algunos casos de gran calidad y nitidez como las de Gustavo Schulze o las del conde de Saint-Saud— revelan claramente amplias superficies cubiertas de nieve intercaladas entre las agudas cumbres de los Picos de Europa en pleno mes de julio, al gráfico modo descrito por Saint-Saud.

> Desde el collado de Valdeón o mejor Remoña (1833 m) entreví al noroeste a través de las nubes un soberbio macizo nevado que aumentó aún más mi asombro geográfico y mi desconcierto, pues estimé que debía alcanzar los 2500 metros. Era el tercer macizo de los Picos de Europa, el de las peñas Santas. Y pensar que se me dijo en España: ¿los Picos de Europa? ¡Sí! ¡Dos picos elevados fáciles de alcanzar![169].

Potentes neveros se mantenían durante todo el año, sin llegar a alcanzar el grado de glaciares, pero rara vez llegarían a fundirse del todo, enlazando con la nevada de la siguiente estación. No sólo lo dicen las estupendas fotografías de Schulze, harto reveladoras de estas manchas blancas sobre la superficie gris de aquellos abruptos paisajes, sino también las numerosas menciones de cuantos se aventuraron hacia las inexploradas cumbres.

Uno de los neveros más famosos, quizá junto con el de «Cemba Vieya» donde Pedro Pidal casi pierde la vida el 17 de septiembre de 1907, es el de la falda septentrional del Espigüete, una pirámide caliza de 2.450 metros de altitud y llamativo perfil desde cualquier punto desde el que se la divise. En agosto de 1884 intentó coronarlo sin éxito Antonio de Balbuena, que narró su fracaso en un li-

---

[168] Florentino Martínez Torner. *Dos estudios geográficos y etnográficos sobre Asturias*, 2006.
[169] Conde de Saint-Saud. *Monografía de los Picos de Europa (Pirineos cantábricos y asturianos)*, 2011.

José Ramón Lueje Sánchez. Valverde y el Espigüete bajo una gran nevada.
Año 1969 (*Muséu del Pueblu d'Asturies*).

bro titulado *Caza mayor y menor (no hay metáfora)*, publicado en 1913, y donde hace mención a «una valleja muy profunda llena de nieve acumulada desde el año siguiente al del Diluvio universal». De este nevero extraían los vecinos de Valverde de la Sierra, el pueblo leonés ubicado al pie de la montaña, cargas de nieve que envolvían en mantas como si fueran fardos y transportaban en carros durante la noche a los cafés de Palencia y Valladolid, donde pagaban muy bien por ella, ante la evidente ausencia de otros medios para refrigerar. Esta desconocida como sorprendente industria del transporte de nieve existió en muchos puntos de la geografía española, a veces no vinculada estrictamente a las altas cumbres, pues a falta de neveros se construían pozos revestidos de piedra donde conservar por un tiempo la nieve caída. Pozos de este tipo los llegó a haber incluso en la Sierra del Naranco (y se mantienen todavía hoy, limpios de abandono gracias al empeño de un particular), a los mismos pies de la capital de Asturias, y a escasos 600 metros de altitud, lo que da idea de lo que nevaba en el siglo XIX. En otros casos lo que se aprovechaban eran profundas grietas o pozos naturales donde permanecía almacenada abundante nieve durante el invierno, como el «Pozo de la nieve» que cita Pascual Madoz en la Sierra del Aramo.

> Nunca se ha visto el fin del pozo, aunque en años escasos de ha profundizado más de 30 varas a pesar de surtir de nieve a todos los pueblos inmediatos y hasta los de Gijón, Avilés y Oviedo[170].

Era el único beneficio que podía rendir la nieve. Faltaban más de cien años para que aquellos desesperados habitantes de la montaña cantábrica pudieran constatar que alguno de sus descendientes llegaría a vivir algún día de ella, o que incluso varios miles de aficionados al esquí lamentarían amargamente su falta. Pero entonces la nieve solo representaba escasez, aislamiento, dificultades y peligros. Lo que se dice una vida muy dura de verdad. Elisa Villa se pregunta en su artículo *Crónicas del frío*, cómo serían realmente aquellos inviernos de la cordillera Cantábrica y cómo afectarían a la vida en aquellas aldeas de montaña. Ella misma da la respuesta, a la vez que un hallazgo sorprendente:

> Un inesperado documento en piedra suministra algo de luz en este sentido. Hace unos dos años, paseando distraídamente por Camasobres (pueblo palentino cercano al Puerto de Piedras Luengas), me acerqué hasta la iglesia, en cuyos muros exteriores llamó inmediatamente mi atención un sillar en el que se podía leer esta inscripción: Año 1713 a 16 de febrero comenzó a nevar. Hizo eso hasta 29 de abril. Este día 12 varas.
>
> El dato, visto con la perspectiva actual, es asombroso: indica que estuvo nevando ininterrumpidamente más de dos meses, y que, a finales de abril, la nieve había alcanzado una altura de… ¡diez metros! ¡Qué pesadilla, qué lucha sin descanso debieron mantener los vecinos de aquella aldea (y de tantas otras de la montaña cantábrica) para evitar que sus viviendas quedasen sepultadas! Verdaderamente, aquél debió ser un invierno dramático.

Guillermo Mañana, en su asombrosa recopilación de cuantos documentos y textos permiten imaginar la vida pasada en los Picos de Europa, ofrece más ejemplos, como el acuerdo tomado en 1674 por los habitantes de Caín, consistente en multar a quien no acudiera en ayuda de un convecino si alguna casa era destruida por «algún argayo de nieve», lo cual debía ser bastante habitual.

---

[170] Pascual Madoz. *Diccionario geográfico-estadístico-histórico de España*, 1846-1850.

Que semejante régimen condicionaba las vidas y las haciendas de las gentes, no sólo las locales como es natural, sino incluso las de quienes nos visitaban, da buena idea el testimonio del reverendo Joseph Towsend, que penetra en Asturias, como vimos, por el puerto de Somiedo en agosto de 1786, y que permaneció varias semanas en Oviedo.

> Cuando todo el mundo comenzó a hablar del invierno, encontré conveniente prepararme para volver hacia el mediodía antes de que las montañas se cubriesen de nieve, que cae ordinariamente desde comienzos de noviembre, y algunas veces incluso desde mediados de octubre. Yo no estaba, en verdad, en estado para emprender un viaje, pero el temor a verme encerrado en Asturias hasta el regreso de la primavera prevaleció sobre toda otra consideración y me hizo resolverme a marchar[171].

Cien años después, en 1875, otro viajero francés, Charles Daviller, pudo abandonar la región sin obstáculos, pero no se contuvo de referir las enormes dificultades que en aquellos pasos provocaba la abundante nieve.

> Pasamos sin obstáculo el famoso puerto de Pajares, estrecho desfiladero que separa las dos provincias. Durante la mala estación este puerto está cerrado por las nieves; incluso sucede a veces que la diligencia no puede continuar su camino y los viajeros se ven obligados a hacer la noche en la posada. Esto al menos fue lo que nos aseguró el mayoral, que nos señaló unos mojones destinados a marcar la carretera cuando la nieve está alta, lo mismo que en el Simplón o en Mont Cenis[172].

A finales del siglo XIX, como se ve, ya existían los característicos indicadores para evitar perder la trazada de la carretera. De nada sirvieron cuando fueron sepultados por toneladas de nieve en el año 1888, cuando se produjo la mayor nevada de la que se tiene conocimiento en época contemporánea, que afectó especialmente y de forma cruel al pueblo que da nombre al puerto.

> Recuerdo otra vez, un día de invierno. Caía una nevada tan grande que todos los caminos se borraron. Parecía una aldea de enanos, con sus caperuzas blancas en las chimeneas y sus barbas de hielo colgando en los tejados.
> —La nevadona. Nunca hubo otra igual[173].

---

[171] Joseph Towsend (J. A. Mases. *Asturias vista por viajeros románticos extranjeros y otros visitantes y cronistas famosos. Siglos XV al XX*, 2001).

[172] Charles Daviller (J. A. Mases. *Asturias vista por viajeros románticos extranjeros y otros visitantes y cronistas famosos. Siglos XV al XX*, 2001).

[173] Alejandro Casona. *La dama del alba*, 2006.

El puerto de Pajares. Conducción del correo en tiempos de nieves.
La Ilustración Gallega y Asturiana, 28 de enero de 1880. Colección R. Villegas.

Alejandro Casona la conoció y la reflejó en su inmortal obra *La dama del alba* por haber nacido precisamente en el pueblo de Besullo (Cangas del Narcea, en el extremo occidental de la cordillera Cantábrica) en 1903, sólo 15 años después de aquella tragedia que dejó al menos 29 muertos en Asturias. Un historiador llamado José Manuel Puente Fernández, que había oído hablar a su madre de la gran nevada de 1888, llevó a cabo un estudio sobre sus efectos que publicó en octubre de 2006 en *La Revista del Aficionado a la Meteorología*.

> Hace ya bastantes años, escuché por primera vez a mi madre decir que el año que nació mi abuelo, que era del año de los tres ochos, la nevada caída en el valle de Lamasón, en la parte occidental de la entonces provincia de Santander, había sido tan enorme que contaban los viejos cómo los hombres del pueblo habían tenido que ir a rescatar a los pastores que estaban guardando el ganado en los montes de Arria. Al llegar allí no encontraban los invernales donde esperaban hallar el ganado y a sus dueños, las cabañas estaban cubiertas totalmente por la nieve, un manto superior a los tres metros había sepultado hombres y animales.

La llamada «gran nevada de 1888» fue en realidad una secuencia temporal formada por dos nevadas consecutivas con sus correspondientes heladas, un breve pero potente deshielo posterior causante de graves riadas y, para rematar, en las zonas altas, una nueva nevada muy intensa, todo ello en un período de poco más de un mes, entre el 14 de febrero y el 22 de marzo. La capa de nieve alcanzó espesores de hasta 4 metros en los pueblos más altos (Busdongo, Pajares, Tarna, Sotres…) y de más del doble en algunos puntos de la Cordillera.

> En casi todos los indicados puntos la nieve cubre por completo las casas y son muchas las que bajo su peso se han desplomado[174].

Curiosamente, es conocida también por sus tremendos efectos sobre la costa este de los Estados Unidos, en este caso acompañada por un fuerte viento huracanado, por lo que aquel año debió ser un invierno crudo en todo el hemisferio norte. En la ciudad de Nueva York el espesor de la nieve alcanzó el metro y medio de altura, tapando las entradas a un gran número de casas y dañando o inutilizando buena parte de sus infraestructuras. El puente de Brooklyn, inaugurado tan solo cinco años antes, quedó intransitable, y el río Hudson se heló por completo, de tal manera que quienes se aventuraban a cruzarlo lo hacían caminando sobre los bloques de hielo. El temporal se cobró allí más de 400 vidas y unos daños muy considerables, que incluso obligaron a modificar la fisionomía de la ciudad de Nueva York, soterrando los cables eléctricos y telefónicos e iniciando una década más tarde las obras del metro, para permitir moverse por la ciudad al margen de las nevadas que se produjeran en la superficie.

El norte de España no era la costa este de Estados Unidos evidentemente, pero las condiciones de supervivencia aquí fueron también dantescas. Valga como ejemplo las narradas por el semanario *El Ebro* y que José Manuel Puente incluye en su estudio.

> En Bulnes cogió la nevada a 40 personas en las cuevas apartadas del pueblo, en donde la nieve medía 6 metros, habiendo permanecido en tales cuevas hasta el 3 del corriente que pudieron salir, no sin extraordinarios esfuerzos e inminente peligro de perder la vida, haciendo a la manera de los de Sotres, escaleras por encima del hielo.
>
> […] Aquellas oscuras, tétricas y pavorosas cuevas, cerradas con nieve, y sin tener otro alimento que las mismas reses y ganados albergados con sus dueños y pastores en dichas cavernas; reses y ganados que los infelices se veían obligados a sacrificar y devorar crudos, pues les era del todo punto imposible hacerse con lumbre.

---

[174] José Manuel Puente Fernández. *La gran nevada de 1888 en Cantabria y Asturias*, 2006.

Los efectos del tremendo temporal sobre los animales domésticos están muy documentados, y el que no murió por los efectos de la invernada lo hizo aplastado por la nieve que hundió cientos de cuadras y establos. Sobre la fauna salvaje no debió ser mucho mejor, si bien estaba más habituada a estos rigores. Hay pocos relatos sobre sus efectos, pero es muy interesante a cambio el ofrecido por el corresponsal en Reinosa del diario *El Atlántico*, aparecida el 3 de marzo de 1888:

> Estamos incomunicados unos barrios con otros, las escuelas públicas y privadas cerradas, y hasta por dos veces se han tenido que suspender los oficios fúnebres […] la comunicación con los pueblos inmediatos casi nula, y con los distantes más de una legua incomunicación absoluta, careciéndose de noticias. Para beber en casa hay que derretir la nieve como ha sucedido y aún sucede en esta villa […] Las cigüeñas que ya habían venido pocos días después de San Blas, según costumbre, han vuelto a emigrar o han perecido en los nidos, las perdices se dice que todas han perecido víctimas del hambre […] Los lobos que se creía habían emigrado a los montes de la costa han empezado a dejarse ver por estas cercanías y son muchos los rastros que dejan por la nieve y de los pueblos de Retortillo y Celada, próximos al monte, se les oye el continuo aullar, sobre todo de noche; desgraciado el que se encuentre con un par de prójimos de éstos[175].

En el diario madrileño *El Siglo Futuro*, en su edición del 23 de mayo de 1888, aparece la relación de daños efectuada por los alcaldes pedáneos del concejo de Cabrales. Sólo en este municipio de los Picos de Europa quedaron destruidas 330 casas y cabañas (de ellas 105 en el pueblo de Sotres, que debió quedar como las aldeas devastadas de Verdún), y murieron 229 vacas, 5.914 ovejas, 3.707 cabras y 10 caballos. Se puede calificar esta mortalidad como una verdadera hecatombe, que, es fácil suponer, hubo de resultar abrumadora en las poblaciones rurales, añadida a la visión de las casas y cuadras derruidas. El espantoso escenario que surgió tras la retirada de la cortina de nieve vino, como suele suceder, precedido por inquietantes trompetas anunciadoras del apocalipsis que se avecinaba.

> Algunos prácticos agoreros venían pronosticando un fuerte temporal de nieves, fundando principalmente su fatal augurio en la crudeza de los vientos reinantes, en el tránsito hacia el interior de inmensas bandadas de grajas, grullas y otras aves acuáticas, algunas muy raras, y muy especialmente en el desasosiego de los ganados de la cabaña[176].

---

[175] José Manuel Puente Fernández. *La gran nevada de 1888 en Cantabria y Asturias*, 2006.
[176] Ídem.

Algo de turbador tiene este párrafo como sólo puede serlo el espeso silencio que cubre un paisaje totalmente nevado. Quizás se trata de algo atávico que a través de nuestro instinto nos previene del peligro de una nieve que en su pureza blanca aparenta ser un alma inocente. Es el «silencio blanco», sobre el que una vez escribió Jack London.

> La naturaleza tiene muchas artimañas para convencer al hombre de su finitud —el incesante fluir de las mareas, la furia de la tormenta, la sacudida del terremoto, el largo retumbar de la artillería del cielo—, pero la más tremenda, la más sorprendente de todas es la fase pasiva del silencio blanco[177].

Efectos de la «Nevadona de 1888» en Pajares.
La Ilustración Española y Americana, 8 de abril de 1888.

Lo cierto es que las pérdidas humanas, no obstante, y aún a pesar del gran número de casas hundidas por la nieve, fueron pocas en comparación con los animales, y de hecho casi nulas en Cantabria (José Manuel Puente sólo cita el despeñamiento de un pastor en la zona de los Picos de Europa, en el cañón del Urdón), lo que contrasta notablemente con la mortandad que hubo en Asturias (29 personas, varios de ellos niños). Es más que probable incluso, para esta última región, que si se hiciera una investigación más exhaustiva en los archivos parroquiales llegara a revelar una mortalidad mucho mayor, pues los datos extraídos por José Manuel Puente en diversas publicaciones y noticias muestran discordancias muy extrañas, como que el peso de esa mortalidad fuera cargado en su mayor parte por el vecindario del pueblo de Pajares del Puerto (55% de todos los

---

[177] Jack London. *El silencio blanco y otros cuentos*, 1978.

muertos); o que la suma de estos y los vecinos hallados muertos en dos localidades del concejo de Ponga sumen prácticamente casi la totalidad de las muertes (25 de 29). Resulta insólitamente extraño que, contando Asturias con casi 7.000 entidades de población entre caseríos, aldeas y pueblos, las 29 muertes conocidas se produjeran tan solo en seis de ellas (en realidad, casi todas en tres). La mortalidad hubo de ser mayor necesariamente, o la suerte muy atrabiliaria y cruel, sin duda.

Pajares del Puerto, como hemos visto, se llevó la peor parte con sus 16 muertos, peaje escalofriante en comparación con las pérdidas en otras zonas. Nada hay en este pueblo que no tengan otros muchos de la cordillera Cantábrica que facilite las avalanchas, como no sea la desnudez pelada de sus laderas, que sin duda favoreció el deslizamiento de la nieve. Muchos pueblos altos ubicados al pie de laderas extraordinariamente inclinadas conocen desde antiguo el poder devastador de los aludes, y por ello algunos han regulado en sus ordenanzas locales la conservación de los bosques que puedan ejercer un efecto barrera ante ellos. No fue el caso de Pajares, pero tampoco lo ha sido de otros pueblos que no padecieron el mismo sufrimiento en 1888. Lo cierto es que en este pueblo, muy habitado en la época por su condición de nudo de comunicación para el ferrocarril y por el paso de la carretera de Asturias a Madrid, se produjeron hasta 4 avalanchas entre el 22 y el 28 de febrero, provocando un dantesco escenario en cuyos horrores navegó el corresponsal del diario *El Carbayón*.

> Y continúa nevando atrozmente, vuelvo a repetir que los más ancianos del país están asustados, pues no recuerdan haber visto jamás una nevada tan espantosa. [...] En casi todos los indicados puntos la nieve cubre por completo las casas y son muchas las que bajo su peso se han desplomado[178].

En una de aquellas avalanchas se produjo la muerte de tres mujeres de una misma casa: la madre embarazada (podríamos decir cuatro si hubiéramos sabido el sexo del bebé que no llegó a ser), su madre y su hija de 4 años. Sólo se salvó el hijo pequeño, después de pasar cuatro días entre las piernas de su madre muerta bajo los escombros. Con razón lo llamaron «el niño del milagro».

En 1999, coincidiendo con una oleada de avalanchas que se estaban sucediendo en Centroeuropa, una mujer llamada Clotilde Fernández Sánchez escribía una carta al director del periódico *La Nueva España* contando la extraordinaria historia de este niño.

> Estos días vino a mi memoria que pasaban los últimos días de febrero de 1888 cuando en el pueblo de Pajares la nevada fue tan grande que

---

[178] José Manuel Puente Fernández. *La gran nevada de 1888 en Cantabria y Asturias*, 2006.

los aludes fueron frecuentes y dejaron sepultados nueve casas, todas habitadas. Las labores de rescate se hacían muy dificultosas, ya que la nieve no cesaba de caer. Poco a poco iban sacando los cuerpos de los que habían quedado atrapados y la vida habían perdido. Después de cuatro días de duras faenas y en el momento en que se tiraba por una mujer que había quedado sepultada, los hombres, que en el rescate estaban, oyeron unos gritos: «Que me mancáis, que me mancáis». Cuál no sería la sorpresa de los mismos cuando entre el regazo de una madre se hallaba un niño, que iba a ser el único superviviente de la gran nevadona, que así sería como se conocería. Al niño se le apodaría «el niño del milagro», pues sólo él sobrevivió de su hogar, muriendo su madre embarazada, su hermana y su abuela. El padre se libró por no estar aquel día en el pueblo. Antonio Fernández Remis, ése era el nombre del niño del milagro. Tenía 5 años. Pasados los años, Antonio se casaría y gracias a Dios fue mi padre, que vivió hasta el 1 de diciembre de 1968, día que falleció en Oviedo. Yo soy su hija pequeña, que con 75 años actualmente soy la única superviviente de mis hermanos, y que aún recuerda lo que tantas veces me contó mi padre[179].

Clotilde Fernández, entrevistada después el 15 de febrero de 2013 en el mismo periódico, con ocasión de los 125 años de la tragedia, le contaba al periodista que conservaba una copia de una carta manuscrita enviada por los vecinos de Pajares a la reina regente María Cristina de Habsburgo, viuda de Alfonso XII, para pedirle ayuda en la crianza del niño. Al parecer, la Casa Real contestó afirmativamente, indicando que lo enviasen a Madrid, donde correrían con los gastos de su educación.

«Pero su padre» —le decía Clotilde Fernández a su entrevistador— «no quiso separarse de él».

Si lo hubiera hecho, habría sido la última víctima de la gran nevada de 1888, creo yo.

---

[179] *La Nueva España*, 11 de marzo de 1999.

Capítulo VIII

LAS FLORES DE LA ROCA
Y OTROS TESOROS

1. Buscadores de tesoros... Halladores de la luz del día y de la sombra de la noche (1)

> Estando en Galicia he oído mucho de la manía de buscar tesoros sepultados con esperanza de hallar hallarlos; y después que vine a este Principado de Asturias, puedo decir que lo he visto. Manía la llamo, ya porque no tiene esta esperanza más fundamento que el error y la impostura, ya que teniendo presentes las infelices tentativas de muchos que pretenden sacar de las entrañas de la tierra plata y oro con que hacerse ricos, gastando en ellos el poco dinero que tenían, quedaron más pobres, no le sirva la experiencia para el desengaño[180].

En el año 2001, la Fundación Municipal de Cultura, Educación y Universidad Popular del Ayuntamiento de Gijón editó un libro titulado *Tesoros, ayalgas y chalgueiros. La fiebre del oro en Asturias*, escrito por Jesús Suárez López; un extraordinario trabajo sobre los buscadores de tesoros, llamados en Asturias «ayalgueros» o «chalgueiros», según la zona, debido a que los tesoros que buscaban se les llamaban «ayalgas» o «chalgas».

> A los tesoros ocultos en Oriente los llaman tesoros; en Morcín, Riosa, Belmonte y Allande, los llaman ayalgas; en el concejo de Cudillero y el de Luarca, yalgas; en Teverga y Somiedo, chalgas; y chalgueiros a los que se dedican a buscarlas[181].

Las aventuras y desventuras —sobre todo más de esto último— de los buscadores de tesoros se documentan exhaustivamente en este libro. Por él desfilan personajes estrafalarios, historias de sueños desengañados, de trabajos sin recompensa y burlas inmisericordes. Esperanzas fundamentadas casi siempre en viejas leyendas de moros huidos tras la derrota de Covadonga y que habrían escondido sus riquezas en cuevas y otros lugares con la esperanza de regresar algún día a por ellas, plasmadas muchas veces en supuestos documentos antiguos que recogían el lugar exacto de estos tesoros.

> Estando en Galicia oí muchas veces (y lo creí siendo niño), que había uno u otro librejo manuscrito en que estaban anotadas las señas de

---

[180] Fray Benito Jerónimo Feijoo. 285 tomo III, carta segunda.
[181] Aurelio de Llano. *Del folklore asturiano*, 1922.

los sitios de varios tesoros. Después que vine Asturias, oí lo mismo, y en uno y otro país atribuyen la posesión de estos librejos a tal cual feliz particular que por alguna extraordinaria vía lo adquirió y lo guarda no sólo como un gran tesoro, mas como la llave de muchos tesoros[182].

Estos documentos se llamaban «gacetas», y en torno a ellos existió un lucrativo comercio que benefició a algunos avispados a costa de la credulidad de cuantos infelices esperaban encontrar en ellos el camino veloz hacia la riqueza. Se fundamentaban en descripciones genéricas que lo mismo valían para una cueva que para una estación de metro; «tantos pasos a la izquierda, tantos a la derecha, luego cava 5 metros y el tesoro de los moros hallarás» y cosas por el estilo. Casi todas ellas provenían, según sus poseedores, del Archivo de Simancas y se reputaban antiquísimas, del tiempo de la conquista musulmana.

> Yo siempre sentía decir: «Yes como la gaceta de José el de Xulián», porque mentía. Y la gaceta yera la que traía lo de los tesoros. Llamában-y la gaceta. Y decían: «Mientes como la gaceta de José el de Xulián»[183].

El libro de Jesús Suárez López es un estudio exhaustivo sobre una actividad que puede parecer absurda y menor, pero nada más lejos de la realidad, pues formó parte activa del acervo cultural y legendario de las comunidades rurales hasta bien entrado el siglo XX. En el registro fósil de la toponimia se encuentran numerosos testimonios de esta larga pervivencia, expresada en forma de un nombre (molino, castillo, cueva, etc.) seguido del etnónimo «de los moros», punto exacto donde la tradición recordaba el entierro de unas riquezas abandonadas a su suerte.

> Las leyendas que existen respecto a los lugares donde están enterrados estos tesoros conforman un largo capítulo dentro del folklore de los habitantes de muchos sitios de Asturias, y la búsqueda de éstos causa muchas decepciones a quien desea hallarlos. Los antepasados de estos habitantes cavaron y cavaron pero no encontraron nada. Estos de ahora siguen sus pasos y cavan también, volviendo una y otra vez al mismo campo, aunque sin suerte. […] Raro es el concejo que no tiene una leyenda de este tipo por la que sus habitantes no hayan buscado un tesoro, con un fracaso de un 99% de ocasiones.

En el libro de Jesús Suárez López aparecen numerosas historias relacionadas con este asunto, dichos, consejos, cuentos, canciones, acertijos, leyendas y segura-

---

[182] Fray Benito Jerónimo Feijoo. 285 tomo III, carta segunda.
[183] Jesús Suárez López. *Tesoros, ayalgas y chalgueiros. La fiebre del oro en Asturias*, 2001.

mente algunas verdades distorsionadas por el paso del tiempo y de las voces. Detrás sólo hay una historia de fracaso absoluto, burla y decepción nunca corregida, como se puede leer en el texto anterior de nuestros conocidos Mars Ross y H. Stonehewer-Cooper. Se sigue intentando una y otra vez, y si no aparece el tesoro siempre es porque no se excavó en el lugar exacto, o no se llegó a profundizar lo suficiente, o porque alguien se adelantó y fue capaz de ver lo que los forzados buscadores anteriores no atisbaron.

Entre las historias que recoge Jesús Suárez López sobresale por ejemplo una muy llamativa y cruel en este sentido, acerca del hallazgo de vasijas llenas de polvo de tierra que los «chalgueros» arrojan decepcionados. Esa misma noche cae una ligera lluvia y al amanecer del día siguiente un forastero que llega al pueblo ve brillar algo dorado a lo lejos, en el mismo lugar donde se arrojaron las vasijas, y al acercarse descubre que se trata en realidad de polvo de oro, limpiado de la tierra que lo cubría por el agua de la lluvia caída esa misma noche. Esta era la forma exacta en que la cultura popular transmitía el mensaje de cuán absurdo era perder el tiempo en buscar lo que ni siquiera se sabía identificar.

> [Año de 1841]. Santiago de Sarzol trajo del concejo de Tineo una leyenda de tesoros sobre el Rebollo y Murocos de Sarzol. En el Llano del Rebollo, en la tumba, halló una cinta de oro fino que valió 12 duros. Y picado de este lance, él y su hermano Domingo Martínez y casi todos los vecinos de Sarzol, minaron cerca de un mes en los Murocos de Sarzol, hallaron hoyos de tierra fina como tabaco de que llenaron la panera de Martínez y otras casas, diciendo era oro molido y salió tierra y sirvió de risa cuando los juzgábamos condes[184].

Así lo cuenta Rosendo María López Castrillón en *Las nueve vidas de la casa de la Fuente de Riodecoba,* pero de muchas historias como esta se nutre el libro de Jesús Suárez López, y de los escasos hallazgos fortuitos que se produjeron —casi siempre en tierras arables—, la esperanza de muchos para continuar buscando. En tiempos de miseria irredimible, el acceso repentino a un tesorillo de monedas, un collar de oro o cualquier objeto que pudiera ser comprado por algún hacendado o rico burgués era la única manera de inaugurar un capital del que casi nunca se disponía.

> Para salvar sus tesoros, los ricos solían enterrar sus riquezas en lugares alejados, esperando poder ir a recuperarlos algún día. Todo signo que pudiera contar su historia era transmitido oralmente. A veces sucede, in-

---

[184] Rosendo María López Castrillón. *Las nueve vidas de la casa de la Fuente de Riodecoba*, 2018.

El castro fortificado de Pendía (Boal). Fotografía Ángel M. Felicísimo.
Licencia Wikimedia Commons.

cluso en la actualidad, que esos tesoros son descubiertos donde uno menos se lo espera, y un labrador de esa tierra es recompensado por un hallazgo con el que jamás había soñado[185].

Los arqueólogos, desde luego, no comparten (ni compartieron, empezando por el gran José Manuel González, que localizó y catalogó buena parte de los castros prerromanos conocidos hoy en Asturias) mi visión condescendiente del asunto, ya que el daño causado al patrimonio arqueológico por los buscadores de tesoros no fue pequeño. Y es que podían ser un poco crédulos, pero también eran buenos observadores y supieron identificar correctamente lugares elevados, túmulos, restos de muros, enterramientos, fosos, o cualquier cosa con pinta de yacimiento y excavar a fondo en ellos, destrozando por completo cuanta información pudieran suministrar. Es lógico: el arqueólogo se contenta con un simple trozo de piedra, el buscador de tesoros destroza todo lo que cabría en un museo para lograr su objetivo.

Aurelio de Llano lo recoge en su libro *Bellezas de Asturias de oriente a occidente*, cuando en agosto de 1927 fue visitado por el párroco de Jove (Gijón) para co-

---

[185] Mars Ross y Horace Stonehewer-Cooper. *Las Tierras Altas del Cantábrico*, 2012.

municarle que en una huerta próxima a la iglesia un labrador había arrancado restos de construcciones antiguas con la punta de la reja de su arado.

> Inmediatamente me personé en aquel lugar y he visto que los hallazgos consisten en unas cuantas piezas circulares, de idéntica materia e iguales dimensiones que las que forman las columnas del hypocausto encontrado en el Paseo Valdés, y a las de otro que se descubrió a principios de este siglo, en La Isla, concejo de Colunga, rodeado de habitaciones pavimentadas de mosaico policromado. Todo esto fue descubierto y destruido al mismo tiempo por un bárbaro que se dedicaba a buscar monedas y alhajas romanas.

Admito, no obstante, que deslindar la romántica búsqueda de tesoros del vulgar expolio es fácil para un arqueólogo, pero no lo es tanto para un escritor, y más si empatiza demasiado con el asunto. Porque lo que a mí me conmueve al fin y al cabo es el empeño funesto (para ellos y los suyos) en buscar un tesoro una y otra vez negado, una esperanza de cueva y piedra impresa en un papel más falso que los mismos moros que los dejaron. Esa historia cruel de un esfuerzo borrado por una noche de lluvia y arrebatado al día siguiente por un forastero más perspicaz. Detrás de este relato hay un mensaje de burla, ignorancia y esfuerzo inútil nunca recompensado. Es un cuento tan cruel como los originales de los Hermanos Grimm, y no la versión edulcorada que nos contaron. para explicarles a los niños, o a quien escuche, que el destino de un campesino no era más que morir sin hacerse rico y trabajar siempre para el provecho de otros. Quien inventó las historias, si alguien las inventó y no fueron un día verdad, bien conocía la triste ignorancia de los pobres, y es que no hay candiles ni lámparas bastantes que alumbren la riqueza a quienes no tienen los medios para verla.

El fenómeno de los buscadores de tesoros no fue, evidentemente, exclusivo de Asturias y Galicia, pues existieron en otras partes de la Península, sino en todas, como es de suponer. Pero la abundancia de cuevas en un paisaje de naturaleza tan rocosa como la cordillera Cantábrica tuvo que hacer de este fenómeno algo bastante frecuente. Y, sorprendentemente, mucho más cercano al presente de lo que se pudiera imaginar.

En su libro, Jesús Suárez López recoge las memorias de tres buscadores de tesoros a los que todavía pudo entrevistar. Uno de ellos era José Manuel Rodríguez Carreño, nacido en 1913 y natural de Illas, un municipio cercano a Avilés. En la trascripción final de su conversación recoge una reflexión que desgraciadamente muchos otros en la historia no llegaron nunca a alcanzar. No está mal para finalizar el artículo, ni para un hombre que pasó buena parte de su vida creyendo en falsos documentos que describían tesoros escondidos por los moros.

Bueno, pues la riqueza a mí ¿pa qué me sirvió? Nunca la tuve, tampoco la necesité. Hoy no la necesito tampoco. Vivo, sin trabajar ya porque no puedo. No me casé, porque a mí la suerte en eso no me ayudó mucho. Pero vamos al caso, ¿qué falta tenía yo de riqueza? Tengo dinero pa si tengo que gastarlo, tengo bienes, que hay bastante extensión de tierras aquí, salud, tenemos todos. Y otra: el accidente de Villaquejida, que me hizo cambiar la vida completamente. Así es que soy feliz, feliz, feliz. Y yo pensaba que la felicidad venía de las «chalgas», pero no señor, no es el dinero el que da la felicidad. Lo que da la felicidad es el sentirse feliz la persona. Y pa sentirse feliz no tiene que ser de la parte de fuera, tiene que salir de dentro. La felicidad sale de dentro. Y esa emana de alguien que nos la da, y nos la da gratis. Lo que pasa es que la da a todo el mundo, pero muchos la rechazan o no la saben ver. Pero todo ello, lo de allá, lo de acá y lo de alrededor, no viene de fuera, sale de dentro. Y el tesoro, yo lo tengo conmigo, debajo de la camisa que me dio mi madre. ¿Y sabes cuála ye la camisa que me dio mi madre?

—La piel.

—Pues sí[186].

2. Buscadores de tesoros… Halladores de la luz del día y de la sombra de la noche (2)

> A José Suárez, que durante 20 años trabajó en esta cueva. 1914-1934.
>
> Julmont de Córdoba

Las placas y las inscripciones suelen conmemorar gestas, hechos extraordinarios o aventuras colosales. Rara vez recuerdan vidas anodinas, fracasos rutinarios, leyendas de deshonor y burla. Por eso, una placa dedicada a un buscador de tesoros, a un pastor y minero que dedicó la mayor parte de su vida a excavar en el interior de una cueva, cuya boca de entrada se encuentra a 1.600 metros de altitud, a despecho de su ruina y la de su familia, es un acto extraordinario y llamativo, digno sin duda de este libro hecho de naturaleza y seres humanos.

Se llamaba José Suárez («José, el de Julián»), y murió en 1939 después de pasar parte de su vida excavando en el interior de una cueva situada en el puerto de La Bachota, justo en la divisoria que separa los ríos Huerna y Pajares, cabeceros del río Lena que, unido luego al Caudal, forma uno de los principales afluentes del río Nalón, el más largo de Asturias.

---

[186] Jesús Suárez López. *Tesoros, ayalgas y chalgueiros. La fiebre del oro en Asturias*, 2001.

Paraje de la Veguina l.l.arga y placa. Fotografía del autor.

Ellos [José Suárez y ocasionalmente tres de sus hermanos], pa empezar en concreto, encontraron lo que antiguamente se llamaba una gaceta, que yo supe lo que significaba, pero no exactamente lo que era. Entonces esa gaceta lo que no sé es dónde la encontraron. Y ellos fueron, fíjate tú, desd'equí a La Bal.l.ota, a Veguina Llarga. Entonces ellos iban a trabajar las vacaciones. Cuando tenían vacaciones na mina iban p'allí[187].

El puerto de La Bachota es una formidable extensión de pastizal de alta montaña, situado a una altitud superior a 1.600 metros, en pleno sector central de la cordillera Cantábrica. Dentro de él hay un paraje llamado Veguina l.l.arga, («vega pequeña y larga», con la grafía del asturiano de la zona, pronunciada algo así como «tsarga»), delimitado por un afloramiento rocoso con una pequeña oquedad y dos cabañas, una de ellas adosada a la peña. La oquedad está situada ligeramente elevada, y junto a ella se adivina —sólo visible a punta de prismático— una pequeña placa de mármol partida en dos.

---

[187] Jesús Suárez López. *Tesoros, ayalgas y chalgueiros. La fiebre del oro en Asturias*, 2001.

En el libro de Jesús Suárez López aparecen numerosos textos y trascripciones relativos a la actividad de los «chalgueros». Entre ellos están los testimonios de Carmina Suárez Fernández, sobrina de José Suárez, y Leonor González Abella, vecina de aquel. Es, sin duda, un relato fiel de lo que hubo de ser el esfuerzo cotidiano de aquellos hombres en la búsqueda de los supuestos tesoros.

> … Los hombres marchaban p'allí en fines de semana. ¿Y tú sabes lo que ye plantate desd'equí andando ahí polos valles esos d'Erías y tóo eso y cruzar allá y plantate na Bal.l.ota? Que a lo mejor salían de trabajar, porque entonces se trabajaban los sábados, y a lo mejor salir el sábado a la noche sin linternas y sin nada y plantase en La Bal.l.ota y trabajar el domingo to'l día, y a la noche salir p'acá y llegar aquí casi pola mañana y arrancar a trabayar a las cuatro la tarde, que mi padre trabajaba en la Hullera Española, en Moreda. Y desd'equí desde Casorvida mi padre tenía cuatro horas de camín, cuatro horas y media diarias p'acá y cuatro horas y media p'allá.

La ilusión (o la obsesión, ¿dónde está el límite, en ocasiones?) que anima un proyecto es un motor de energía inigualable. José Suárez y sus hermanos empleaban todos los días unas 4 horas y media de ida y 4 horas y media de vuelta en ir al trabajo cada día, y los fines de semana otras 4 horas más para subir a Veguina l.l.arga, a donde estaba la cueva, y excavar y excavar, como escribieron Ross y H. Stonehewer-Cooper. Excavar a la búsqueda de un sueño, una intuición, o una creencia nunca otorgada.

> Y dedicó la vida, la mayor parte de la juventud, después que se casó y tenía unos cuantos fiyos y eso, a metese en un pozo allí en el puerto, y escarbar a por el tesoro. […] La cueva tien muchas dimensiones. Tien unas dimensiones tremendísimas. Creo que tien unas galerías tremendas. Y en esas galerías ellos había veces que hasta se perdían. Además, tú imagínate trabajar con un carburo, carburo o lámpara de la mina, la típica lámpara de la mina, la de aceite. Y, claro, fíjate qué verían. Y veces de perdese ellos dentro[188].

Cómo no poner una placa homenaje a este hombre perseverante y tenaz. Muchos de ellos (casi nunca mujeres) están hechos de esta pasta: contumaces héroes dignos de mejores empresas para los ajenos, ruina de su familia para los propios.

> Ahí vivieron muy mal, muy mal, por la gaceta dichosa de la cueva, porque perdió el trabajo, y nun trabayaba, y namás que el tesoro y el te-

---

[188] Ídem.

soro… y sin ganar ná… ¿de qué se vive con tantos fiyos? Esto de la cueva ye en el puerto, lláman-y Veguina l.l.arga, la cueva de José el de Julián, que allí se arruinó por busca'l tesoro y no encontró ná. Namás que arruinó la familia, que se arruinaron por culpa de buscar el tesoro que nunca encontró[189].

Y su sobrina, que era pequeña entonces, pero recuerda perfectamente el sufrimiento de aquellas madres y esposas por la carencia de los recursos despilfarrados y por la vergüenza de la burla a que eran sometidos, se lo expresó a Jesús Suárez López con su lengua humilde, su voz humilde, su pasado humilde…, pero con una frase poética y hermosa que alumbra un párrafo desolador y sórdido en su evocación de un mundo rural que era del todo menos idílico: «No tenían más que la luz del día y la sombra de la noche».

> … porque, claro, pasaron por locos, pasaron por tontos y por oveyas, como decían entonces. Porque, claro, a mi tío José criticábanlo porque tenía siete u ocho fiyos, no había qué comer, porque éramos de familia muy humilde, y somos, pero bueno, era familia muy humilde, con hijos, mineros, que no tenían más que la luz del día y la sombra de la noche. Y, claro, ponese y marchar unas vacaciones enteras a trabajar allí, llevar algo de comida p'allá, que no lo había pa en casa, pa los rapacinos. Y, claro, la gente eso lo criticó muchísimo[190].

Y entonces aparecieron los de «Julmont», un grupo espeleológico de Córdoba que, allá por los años 70, entraron en la cueva y la exploraron en profundidad. Y por alguna razón, que la sobrina de José atribuye al agradecimiento implícito por haber encontrado ellos mismos el tesoro, le colocaron una placa a la entrada de la cueva y oficiaron una misa por él.

> Y vinieron los de «Julmont», un grupo. Yo recuerdo que, claro, ni la más remota idea, van treinta años ya o treinta y uno que vinieron. Yo hoy aunque los vea ya ni los conozco. Sé que eran dos o tres señores, que nos pusieron unos focos, claro, entós ya, fíjate, había focos y tal. Y bajamos allá. Y se dijo una misa allí por ellos[191].

Quizá aquellos espeleólogos cordobeses sólo pretendían rendir aquel homenaje por el mismo respeto y conmiseración que yo siento, o por el senti-

[189] Ídem.
[190] Ídem.
[191] Ídem.

miento de vergüenza histórica de pertenecer a una misma civilización de miseria y sordidez hoy despreciada y olvidada por nuestra sociedad de nuevos ricos, o por la misma furtiva solidaridad con los engañados, los crédulos, los benditos, los desesperados.

> Y él atábase con una cuerda y metíase por allí p'abajo. Y encontró una pileta que tenía hasta un sitio de agua. Y allí bebía él, y la pileta siempre estaba igual, nunca menguaba. Pero después quiso buscar más el tesoro y disparó con dinamita y desapareció el agua, nunca más volvió[192].

Quizá simplemente pretendían ofrecer un sentido homenaje por lo más recóndito de nuestra humanidad, guardar un rastro de silencio por los descabalgados de la historia y mostrar a la posteridad lo más señero de la gloria patria (si esa patria es la misma que la mía: la fatiga de los antepasados).

O quizá es verdad que encontraron el tesoro y la leyenda se hizo cierta, y acertaron a identificar el oro donde otros no llegaron a ver más que el polvo de la tierra.

> Y él allí pasó la vida, pasó muchos años. Él había quedáu del trabajo sin un ojo, perdió el ojo, y las perras que-y dieron compró una tierra. Y empeñó la tierra, y empeñóse en el comercio, y nun sacó ná. El tesoro no lo encontró[193].

3. Lo que la naturaleza esconde

> Encontraron lo primero una cabeza de un animal muy raro, muy raro. No era de caballo, no era... bueno, el típico animal de por aquí conocido no era. Y que había unos huesos como de fémur o de pierna, o eso, pero muy grandes, muy grandes, muy escomunal, sin saber en concreto de que era ese animal.
> Creo que tenía unos dientes de marfil buenísimos. Diz [mi padre] que grandes los dientes, lo nunca visto, y que decía que no era de caballo, porque diz que yera muy alargá. No era de caballo, no era de vaca, no era de perru...[194].

Según el recuerdo de Carmina Suárez Fernández, en la cueva de Veguina l.l.arga, su padre y sus tíos encontraron unos restos óseos que en seguida identificaron

---

[192] Jesús Suárez López. *Tesoros, ayalgas y chalgueiros. La fiebre del oro en Asturias*, 2001.
[193] Ídem.
[194] Ídem.

Chuzo para cazar osos encontrado en una repisa rocosa.
Fotografía cortesía de Íñigo Fernández.

como impropios de la fauna local. Una cabeza con unos dientes muy grandes, nunca vistos, y unos huesos de pierna de tamaño enorme. Los llevaron a Los Pontones (Lena), a que los viera alguien entendido, pero desaparecieron. Seguramente hoy adornan alguna colección particular. ¿A qué animal podían pertenecer aquellos huesos? Aquella cabeza más grande que la de un caballo, de enormes dientes, muy destacados, fémur de gran tamaño...

¿Qué mayor fascinación puede sentir un escritor claustrofóbico amante de la fauna y de lo antiguo en general? Exacto: la espeleología. Ahora mismo, en nuestro planeta azul, sólo los mares, los grandes barrancos del Himalaya y algunos espacios de selva impenetrable pueden considerarse inexplorados. Y por supuesto el subsuelo. Lo único que nos queda en la península ibérica por explorar.

Lo que la naturaleza esconde en nuestra codillera Cantábrica, por ello, se encuentra casi todo por debajo de la capa más superficial del suelo, si bien la superficie puede deparar todavía agradables sorpresas, pero desde luego no hallazgos revolucionarios, qué duda cabe. Todo está ya muy pisoteado y mirado, aunque lo extraviado sea todavía mucho. En 2015 se publicó una noticia de que se había encontrado un rifle Winchester de 1874 apoyado en el tronco de un árbol en el Parque Nacional de la Gran Cuenca (*Great Basin National Park*), en Estados Unidos. Durante más de 130 años había permanecido allí, sin ser encontrado por nadie, aunque se hallaba evidentemente bastante deteriorado.

Algo semejante sucedió aquí en 2006, con mucha menor cobertura mediática desde luego, cuando un guardabosques del Parque Natural de Las Ubiñas-La Mesa encontró en una repisa rocosa de difícil acceso la punta de un «chuzo», larguísima lanza utilizada desde la antigüedad para cazar osos, inmortalizada por Ambrosio de Morales en su relato de la visita que hizo a la iglesia de Abamia en el siglo XVI para conocer el sepulcro de Pelayo:

El día que yo estuve allí era domingo, y parecía que estaba allí el real del Rey Don Pelayo, pues había alrededor de la iglesia más de doscientas lanzas hincadas de los que venían a misa. Y dan su razón de traerlas que, como vienen a misa por aquellas brañas, pueden encontrar un oso, de que hay hartos, y quieren tener con qué defenderse de él[195].

Con estas larguísimas lanzas, los cazadores se apostaban en lugares elevados por donde pudiera escapar el oso durante la montería y poder asaetarle sin riesgo. La punta del «chuzo» se encontraba en excelente estado de conservación, a pesar de haber estado muchísimos años a la intemperie, pues con esa técnica dejó de cazarse osos al menos desde el siglo XVIII probablemente.

Hallazgos no tan espectaculares, pero indudablemente curiosos por lo casual y lo fortuito, son los que tuvieron lugar en ese mismo parque natural por quien esto escribe. En un prado ya casi abandonado, y mientras seguía atentamente las huellas de un oso pardo impresas en el suelo, encontré una moneda de 8 maravedíes de la época de Isabel II (año 1848). Puede uno imaginarse las décadas que habrá pasado pisoteada por los cascos de las vacas (¡o las plantas de los osos!), por el lodo superficial del agua de lluvia, o las inclemencias del tiempo. Hay que reconocer que no es fácil que tus ojos se posen sobre una moneda tan pordiosera de poco brillante. Lo más curioso es que dos años después volví a encontrar otra moneda en un lugar no muy alejado, en este caso de la época del hijo de Isabel II, Alfonso XII, emitida en 1886. Si ya es raro encontrar una, no digamos dos. Supongo que la consecución de ambos hallazgos inhabilita para siempre la posibilidad de conseguir algún premio mayor de la lotería u otros sorteos. Hubiera preferido, la verdad, que mi peculiar suerte fuera destinada a logros más lucrativos, pero a veces pienso que semejante casualidad solo puede ser portadora de algo bueno.

En fin, seguramente no será lo único llamativo que se ha encontrado en los montes de la Cordillera (en 1992 un montañero que hacía una ruta por los Picos de Europa encontró una punta de lanza de cobre de 4.000 años de antigüedad), y no hace falta ser muy osado para imaginar la cantidad de objetos extraviados, perdidos por alguna razón a lo largo de los avatares de la historia, que se pueden encontrar en la superficie de los millones de hectáreas de monte que tenemos en España. Y no sólo en el suelo; en mayo de 2021 el Museo Arqueológico Provincial de Asturias presentaba una espada de la Edad de Bronce que había sido descubierta en 1878 al remover los cimientos de una vieja construcción en la zona de Sobrefoz, en el Parque Natural de Ponga, desaparecida después largo tiempo hasta que fue encontrada de nuevo al rehabilitar el tejado de una vivienda en Can-

---

[195] Ambrosio de Morales. *Viaje de Ambrosio de Morales por orden del Rey don Felipe a los reinos de León, y Galicia y Principado de Asturias*, 1977.

gas de Onís. Lo cierto es que estos hallazgos fortuitos, a pesar de su singularidad, poseen escasa relevancia histórica, todo hay que decirlo.

No obstante, es evidente que lo importante de nuestro pasado, sea histórico o prehistórico, sea cultural o material, sea sobre la especie humana o sobre cualquier otra, se encuentra sin duda bajo la tierra, en yacimientos ya conocidos por haber sido habitados desde tiempos antiguos, o en los muchísimos desconocidos en los que por una u otra razón reposan restos de gran interés para los investigadores. En este segundo caso, el problema radica en localizarlos.

El artículo anterior sirve para demostrar que excavar en puntos muy concretos de la superficie, incluso cuando hay indicios externos que puedan indicar la presencia de algo interesante, resulta bastante poco exitoso en general. Transitar (a pie, a gatas o arrastrándose) por el interior de la tierra resulta sin duda más productivo, por la cantidad de metros de subsuelo explorados de una sola vez y por la posibilidad cierta de que otros humanos del pasado hubiesen hecho lo mismo, ya fuera voluntariamente, ya impelidos por la gravedad o arrojados por congéneres poco amistosos. Las cuevas de la cordillera Cantábrica albergan sin duda numerosos esqueletos humanos, y no digamos de fauna, tanto salvaje (actual y extinta) como doméstica. Simas, cuevas, grietas y demás hendiduras naturales han servido desde tiempo inmemorial para arrojar en ellas ganado doméstico muerto por cualquier causa que impidiera su aprovechamiento. Y, del mismo modo, accidentalmente o no, fauna salvaje de todo tipo que se ha precipitado por ellas y dejado allí sus huesos.

Los estudiosos de la fauna extinta se abastecen de estos restos, en menor medida de la que quisieran debido a la reserva de los espeleólogos a comunicar sus hallazgos por temor al cierre de los accesos por la Administración, o a ser denunciados por acceder a las cuevas sin permiso. Aun así, el estudio de muchas de las especies de fauna que poblaron en tiempos pasados la cordillera Cantábrica avanza gracias a lo encontrado en el subsuelo. Consultando el magnífico blog que al respecto tiene Diego Álvarez Laó, paleontólogo de la Universidad de Oviedo, permite ver que la lista de especies presentes se amplía cada vez más, así como la información relativa a su biología.

El episodio de la cueva de «La Paré los Cinchos» —que usted podrá leer en el capítulo siguiente—, con el hallazgo simultáneo de los esqueletos bien conservados de un lince boreal y un varón prehistórico, o el no menos truculento de la torca «La Topinera», donde además de otro lince de datación muy temprana se encontraron los restos de un guarda forestal asesinado por los maquis en 1945, y los de una adolescente nacida a mediados del siglo XX de la que nadie sabe nada, es un buen ejemplo de todo ello. No obstante, con respecto a los humanos, pozos, simas y cuevas profundas no fueron nunca muy frecuentados, pues la gente nunca tuvo mucha simpatía por ellos ni por otros lugares más oscuros (parece ser que en el comienzo de la minería resultaba enormemente difícil convencer a la población local para trabajar en el interior de las minas, por su temor reverencial a las tenebrosas entrañas de la tierra).Y no es de extrañar, a juzgar por las truculentas historias que cruzan de parte a parte la cordillera Cantábrica acerca de mujeres —siempre son mujeres— caídas en pozos, grietas y simas, y cuyos adornos y corales aparecen siempre después en alguna fuente más abajo, que se ve que a los antiguos les fascinaba el flujo de las corrientes subterráneas. Aun así, como lugar de refugio puntual y aun de habitación, al menos en su espacio más exterior, las cuevas han sido utilizadas desde tiempos inmemoriales, al margen de los usos prehistóricos, evidentemente, y hasta tiempos muy recientes. Un buen ejemplo es la llamada «Cuarmada», a la que ya nos hemos referido en el artículo sobre Gustavo Schulze, aquella formidable estructura habitacional fotografiada por el alpinista en la que se alojó cuando, perdido en la garganta del Cares, fue encontrado al anochecer por un pastor. O el magnífico libro de Francisco Ballestero Villar (*Pastores y majadas del Cornión*), en el que da cuenta de las

Macizo de las Ubiñas, desde los puertos de la Bachota. Fotografía de Javier Habladorcito. Licencia Wikimedia Commons.

innumerables cuevas de la zona occidental de los Picos de Europa que fueron utilizadas como refugio para el ganado y los pastores hasta mucho después incluso de que se construyeran cabañas y corrales en las majadas.

Otro dramático ejemplo de su empleo como refugio provisional lo tenemos en la toponimia y en la cada vez más perdida memoria de los vaqueros que suben a los puertos de La Bachota, en la montaña central asturiana, donde se guarda la historia de dos mujeres de Babia que, sorprendidas por un temporal, se refugiaron en una cueva, muriendo de hambre y frío al no retirarse la nieve en mucho tiempo, y cuya tragedia —o leyenda— dio nombre al peñasco en el que se refugiaron (el Siirru de las Babianas).

Además de todo esto, no habrán sido pocas las simas y grietas que —accidentalmente o no— se habrán tragado a seres humanos, y así se supone para algunos casos de desaparecidos en la montaña, cuyos cadáveres jamás fueron encontrados, como el de un niño perdido en la zona de los Lagos de Covadonga durante una excursión escolar en 1987, y cuya infructuosa búsqueda causó además la muerte de siete personas y tres perros que participaban en ella, al estrellarse el helicóptero en el que viajaban. O el de un soldado valenciano desaparecido once años después mientras practicaba el montañismo en la misma zona, con la misma terrible casualidad de que durante las labores de búsqueda —en este caso al año siguiente— fallecerían también los tres ocupantes del helicóptero militar que trataba de hallar algún rastro de él. O el de un ganadero de Ponga (concejo limítrofe con los Picos de Europa) tragado también en 2004 por el esófago de una montaña que no precisa de antiácidos y parece insaciable a la vez que avergonzada, ocultando unos restos fáciles de desaparecer entre las grietas y simas de los paisajes kársticos de estas zonas.

Lo cierto es que fuera de algunos tristes y macabros hallazgos que de vez en cuando se producen, la aparición de restos humanos que puedan aportar información de interés sobre el pasado histórico no va a ser muy frecuente. No obstante, puede que algún día aparezca una pequeña grieta oculta por la vegetación y que una hoja de haya se mueva imperceptiblemente excepto para unos ojos alertas, y permita repetir un hallazgo extraordinario e ignorado a partes iguales como sólo puede serlo en España: una auténtica mina de huesos en medio de las montañas.

4. Una mina de huesos en medio de las montañas (las minas de Texeo)

Andaba el Sr. Van Straalen buscando con varios amigos una oquedad de la caliza que había sospechado fuese producida por la mano del hombre, y desesperaba ya de encontrarla, cuando se fijó de pronto en que las hojas de un árbol corpulento se agitaban extraordinariamente a pesar de

Minas de cobre de Texeo. Fotografía del autor.

la calma absoluta que reinaba en la atmósfera. Acercose para descubrir la causa de tal rareza, y vio que al pie del árbol existía una chimenea por donde salía violentamente una columna de aire fresco. Reconocida la chimenea se encontraron las primeras labores antiguas[196].

Así contaba el ingeniero belga Alphonse Dory y de Villiers la manera en que un compatriota suyo llamado Alejandro Van Straalen descubría unas minas de cobre que habían sido explotadas 4.000 años antes por los habitantes indígenas de la región. Sucedía en el mes de septiembre de 1888 en un lugar llamado «Texeo», o más concretamente «la Campa les Mines», señal inequívoca de que lo que la memoria había perdido —pues nadie en aquel momento tenía conocimiento de estas minas— lo conservaba aún la toponimia, ese registro fósil del olvido. El hallazgo tuvo lugar en la vertiente oriental de la sierra del Aramo, un alineamiento calizo perpendicular a la cordillera Cantábrica «que separa la cuenca de Mieres y Riosa, a Levante, de la de Quirós, a Poniente», como escribe Dory y de Villiers con esa elegante prosa que tantas veces ofrece el siglo XIX.

---

[196] Alphonse Dory de Villiers. *Las antiguas minas de cobre y cobalto del Aramo*, 1893.

Alphonse Dory publicó en 1893 un opúsculo titulado *Memoria sobre las minas de cobre y de cobalto de Rioseco,* que constituye un compendio magistral sobre minería, geología, paleontología e historia, escrita con rigor ameno y no mortífero, cosa inusual si fuera hoy en día. Gracias a este trabajo se puede constatar la colosal magnitud de los trabajos, que uno jamás hubiera imaginado para una explotación prehistórica de cobre. Estrechas cavidades a modo de simas daban paso a espaciosas galerías ocasionalmente reforzadas con columnas labradas en la propia roca, que se mantuvieron inalterables en el tiempo hasta el punto de que tanto Van Straalen como después Dory y de Villiers, entre otros, pudieron circular por ellas hasta establecer completamente toda su extensión y complejidad.

> Asombra el considerar los prodigios de paciencia que han debido desplegar esos mineros primitivos para labrar en el mineral los pilares que sostienen los hastiales en los sitios peligrosos; algunos de estos pilares y los arcos que en ellos se apoyan se ven hoy desde la superficie del terreno, y están admirablemente trazados. Nuestros mineros no atacarían con mayor energía este mineral, tan duro en ocasiones que mella al acero mejor templado, y, en cambio, los rudos trabajadores de la edad de piedra no disponían para el ataque de la roca más que del cuerno y los huesos, la cuarcita y la caliza, que era preciso arrancar, redondear, desgastar y pulimentar hasta adaptarlas a la medida de las manos de quien iba a emplearlas.

La acción de aquellos esforzados antepasados no extrajo, sin embargo, más que una parte del cobre disponible, así que Alejandro Van Straalen registró de inmediato la explotación y la puso en funcionamiento, comenzando las primeras labores modernas que vinieron a desfigurar el yacimiento y a mostrar para la posteridad los desarticulados fragmentos del pasado que fueron apareciendo. Así, de la explotación de las primitivas galerías se acabarían extrayendo numerosos restos humanos, además de útiles, astas de ciervo y demás herramientas que utilizaban para extraer el mineral.

> Dieciséis esqueletos humanos, dos de ellos completos; martillos de piedra de variadas magnitudes, picos de cuerno, agujas de piedra para el arranque, cuñas teas de madera resinosa para el alumbrado, ramas cubiertas de piel engrasada o con resina sirviendo para el mismo uso, dos bateas de madera, fragmentos de cuero, una avellana labrada, un cuchillo de hueso etc.

La relación es amplia y da la medida de la importancia del yacimiento, que no fue en absoluto despreciada en su origen, pues además del citado Alphonse Dory,

Retrato de Alejandro Van Straalen publicado en la *Revista Industrial-Minera Asturiana* (Oviedo), del 15 de diciembre de 1920.

el propio director de la *Revista Minera* donde este publica su artículo y a la vez profesor de la Escuela de Ingenieros de Madrid, Román Oriol, calificaba el hallazgo de «excepcional», solamente comparable, aunque en menor escala, a los descubrimientos de Herculano y Pompeya, pero con la circunstancia de referirse «a una época más antigua en la vida de la Humanidad». Teniendo en cuenta que probablemente no más de 10 de cada 1.000 habitantes de la Asturias actual conocerá que en el centro de la región existen estas minas prehistóricas, está claro que o Román Oriol se equivocaba y no merecían semejante comparación, o el siglo XX no supo ponerlas en valor.

La relación de Dory de Villiers es exhaustiva y meticulosa, y ofrece singularidades inesperadas y aún conservadas, como las teas que los primitivos mineros utilizaban para el alumbrado.

… palitos de 10 ó 12 centímetros de largo y con una sección cuadrada de 5 o 6 milímetros fijados en pelotas de arcilla adheridas todavía a las paredes de las galerías, […] y ramas resinosas rodeadas de piel untada de grasa o de resina, que al inflamarse debían producir una luz algo más viva.

O los picos realizados con astas de ciervos y que eran empleados para picar en las partes más blandas. Curiosamente, los estudios posteriores demostraron que estas astas procedían mayoritariamente de desmogues —es conocido que estos herbívoros renuevan totalmente la cuerna cada año, tirando la vieja al suelo— y no de cuernas arrancadas a ejemplares muertos por cualquier causa.

Los antiguos sabían dar indudablemente a las partes leñosas de los animales un temple especial para apropiarlas a los usos a que las destinaban. Al lado del asta, que debió pertenecer a animales de poca alzada, se encuentran otras de rumiantes de estatura elevada, cuya especie ha desaparecido o se ha retirado a otras regiones del Globo.

Además de todo eso, Dory de Villiers consignó una serie de objetos diversos que fueron hallados, algunos de carácter bien pintoresco, cuando menos.

> Una avellana que ha debido servir como adorno y esta tallada con mucho esmero; un cuchillo de hueso de 16 centímetros de longitud y 3 de anchura que parece ser de hueso humano y tiene un lado muy cortante, terminado en punta por ambas extremidades; [...] una fuente cuyo pilón estaba formada por un cráneo humano, donde caía el agua del caño; [...] una cruz romana acompañada de dos rayas paralelas horizontales; débese seguramente a los segundos explotadores cuando reconocieron las labores ejecutadas por sus antecesores, y debieron trazarla para que les sirviera de punto de referencia.

Y hasta un esqueleto de oso de gran tamaño, animal que, a lo que parece, invariablemente se encuentra en toda cueva que se precie.

> ... en la galería hoy llamada del oso se ha encontrado el esqueleto bastante completo de un oso grande, pues una costilla mide 585 milímetros, pero desgraciadamente no se ha hallado la cabeza. Es probable que sea posterior a las explotaciones y haya muerto en el sitio donde se ha encontrado, porque no se han descubierto otros restos de animales.

Pero fue sobre todo la gran abundancia de restos humanos lo que más llamó la atención. Casi todos ellos eran de jóvenes varones, por lo que los primeros que investigaron el yacimiento lo atribuyeron a accidentes por el trabajo minero, se suponía que en condiciones forzadas. Esto lo deducían por lo escaso y cerrado de los accesos a la mina, lo que habría facilitado la vigilancia de estos prisioneros por unos pocos guerreros. De esta manera se consideraba a estos antiguos mineros como los primeros protagonistas de accidentes mortales de los que se tenía conocimiento, preludio de lo que habría de acontecer con profusión a lo largo de los siglos XIX y XX a ambos lados de la cordillera Cantábrica.

Pero no parece que fuera del todo así. O al menos algunos estudiosos no lo interpretan igual, pues les resulta insólito y poco plausible que se produjeran fallecimientos por derrumbes en galerías que se mantuvieron plenamente intactas hasta su descubrimiento cuatro mil años después. El hallazgo de restos humanos en diversas campañas arqueológicas en 1987, 2006 y 2007, «bajo las mismas bóvedas milenarias y no en galerías hundidas», como expresamente señala el director de estas excavaciones y arqueólogo de la Universidad de Oviedo, Miguel Ángel de Blas Cortina, en un libro editado en 2010, así como los testimonios recogidos entre los mineros que trabajaron en la última etapa de la explo-

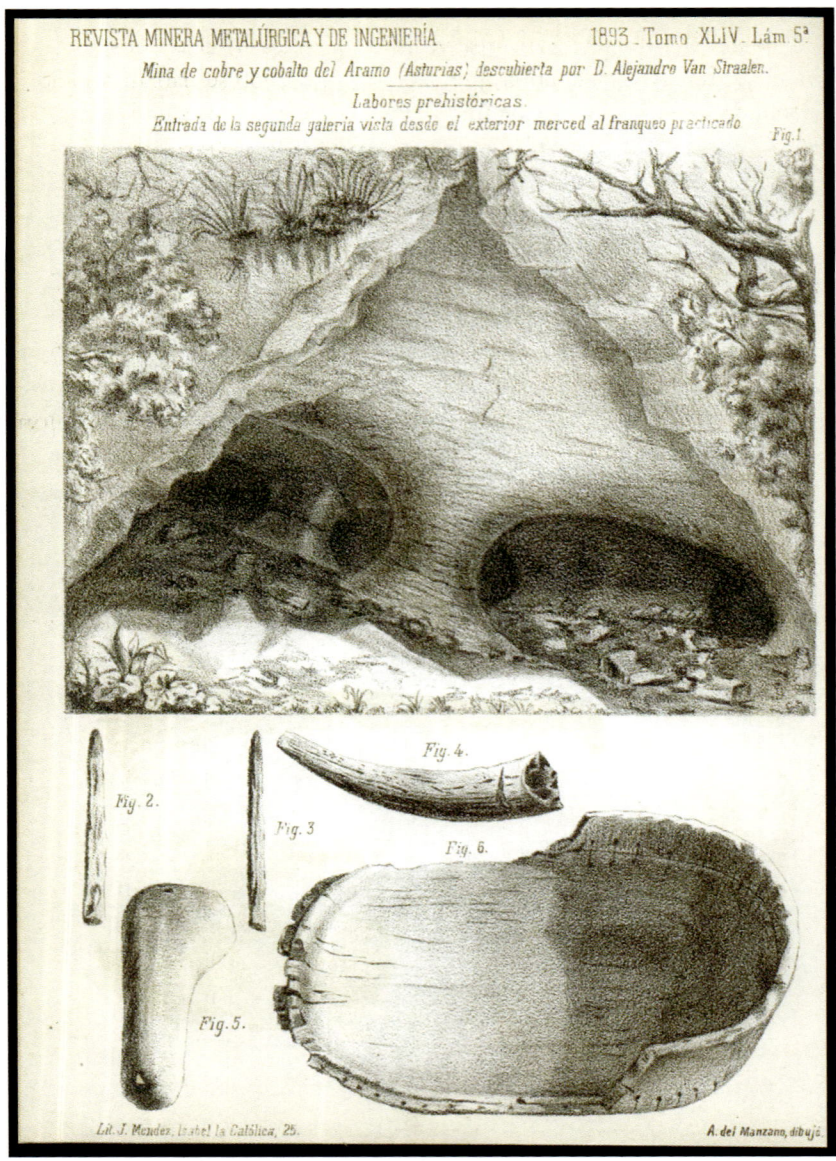

Revista Minera, Metalúrgica y de Ingeniería (Madrid), 1893.
Lámina con ilustraciones de la mina de cobre y cobalto de Aramo.

tación (que cerró en 1955), parecen sugerir que la razón de tantos restos humanos puede ser debida a otra causa.

> José Antonio García Álvarez, vecino de Nixeres (Riosa), nos relataba el 27 de octubre de 2005 que hacia 1952 o 1953 se habían topado, retirando estériles después de una descarga de explosivos para la extracción del mineral, una cavidad en la que se agrupaban 16 o 17 esqueletos humanos. Insistió en que estaban completos y depositados cerca unos de otros, también en que allí el techo estaba en su lugar, los esqueletos perfectamente expuestos al aire, sin materiales que los cubrieran, ni derrumbes que explicaran una muerte por hundimiento de las labores[197].

Otros testimonios recogidos por Miguel Ángel de Blas, el arqueólogo que más ha investigado este yacimiento, abundan en este tipo de hallazgos en oquedades no derrumbadas, sin hallar nunca nada que justifique la teoría del desplome como causa frecuente de las muertes. Es algo al fin y al cabo coherente con la geología de la zona donde se llevó a cabo la explotación, con paredes calizas bien consistentes que impiden los derrumbes y desprendimientos, y numerosas simas y cavidades que atraviesan como un queso *Gruyère* todo el subsuelo, favoreciendo además la ventilación suficiente para impedir la existencia del gas grisú, precisamente los dos agentes —el temido gas y los derrumbes— causantes de la inmensa mayoría de los accidentes en las minas de carbón.

En una de las últimas campañas arqueológicas llevadas a cabo por la Universidad de Oviedo, los investigadores encontraron un esqueleto completo en una galería que había sido cerrada. La datación por carbono 14 ofreció una antigüedad de entre 3.800 y 4.600 años, y los huesos no presentaban ninguna lesión por golpes o aplastamiento, lo que consolidó la teoría de que todos los cadáveres encontrados no habían muerto en realidad por accidente, sino que habían sido enterrados allí de forma expresa. Es decir, la propia mina se había convertido en la cámara mortuoria de aquellos primeros mineros.

El propio Alphonse Dory debía participar de ambas impresiones, a juzgar por el texto en el que se apoyan unos y otros para defender sus teorías, y que en su caso parece querer integrar ambas:

> Los cuatro primeros esqueletos fueron hallados en una galería que por ese motivo, la denominan «de los esqueletos»; dos de ellos estaban cogidos por un hundimiento en el que encontraron la muerte, pues uno conservaba el martillo junto a su mano, los otros dos estaban sentados

---

[197] M. Á. de Blas Cortina. *Cobre y oro: minería y metalurgia en la Asturias prehistórica y antigua*, 2010.

con las piernas juntas y la rodilla a la altura de la barba, teniendo también uno de ellos el martillo cerca de su mano. En esta postura enterraban a sus muertos los hombres primitivos…[198].

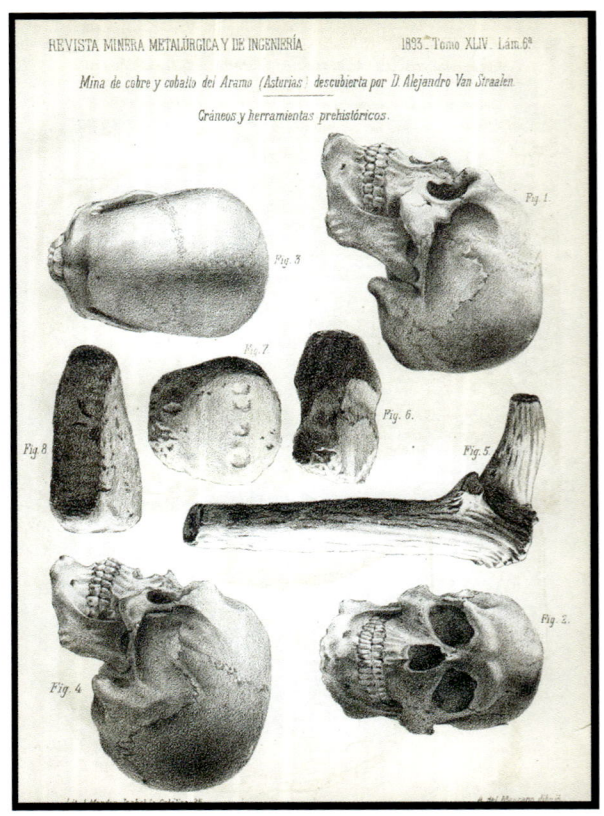

Revista Minera, Metalúrgica y de Ingeniería (Madrid), 1893. Lámina con ilustraciones de los restos humanos aparecidos en la mina de cobre y cobalto de Aramo.

Lo cierto es que el número de muertos dentro de la mina es muy difícil de calcular. El propio Miguel Ángel de Blas Cortina trató de hacer una recopilación desde el año en que fueron descubiertas las minas, y a los 16 esqueletos computados por Dory añade aquellos —sobre todo cráneos— de los que se tiene constancia, resultando una horquilla entre 19 y 26. La dificultad de acotar estriba en la dispersión de muchos de estos cráneos y la confusión en su recolección, sin que sea posible asegurar que algunos de los registros existentes se solapen y se refieran en realidad a los mismos huesos.

Y eso sin tener en cuenta los restos fósiles en manos de colecciones particulares, sobre todo de capataces y trabajadores de las minas, como los reseñados por Pedro Fandós Rodríguez, José Antonio de San Antonio y Txema Ordóñez Fernández, del GRUCOMI (Grupo Coleccionista Minero Investigador), y los consignados por José Luis Cabo Sariego, autor de un exhaustivo blog sobre el yacimiento. Téngase en cuenta que la abundancia de restos humanos era tal que, todavía durante los últimos años de explotación de la mina, los obreros —principalmente mujeres— que se encargaban del lavado del mineral, encontraban numerosos restos humanos entre los estériles que debían separar, como relata José Luis Cabo Sariego.

---

[198] Alphonse Dory de Villiers. *Las antiguas minas de cobre y cobalto del Aramo*, 1893.

… recogían gran cantidad de huesos largos, mandíbulas verdosas con dientes muy blancos, la parte superior de algunos cráneos etc. Afirmaban que podían llenarse hasta cestos con los huesos que iban saliendo en las cintas del escogido[199].

Quien se acerca hoy a las minas de Texeo (también llamadas de Rioseco por el nombre del poblado que se construyó en la base) y emprenda el sinuoso y empinado camino hacia las bocaminas, podrá ir viendo los numerosos restos de la explotación todavía visibles (lavaderos, chimenea, etc.), incluyendo el cable construido para el transporte del mineral y los cangilones tomados por la vegetación. Como monumento al pasado industrial ya merecería un lugar de honor, y como vestigio de lo que eran unas minas prehistóricas un lugar en los libros de estudio. Como símbolo de toda una actividad económica —la explotación mineral—, un emblema de todas las comarcas mineras de un lado y otro de la Cordillera.

Pero como alegoría para el presente, simplemente es una colección de huesos arrojados en una escombrera de estériles.

5. La cueva de la (Reina) Mora

Cueva de la Mora, formada por ocho grandes salas, con una profundidad de 271 metros en los que la naturaleza simuló grandiosos arcos, columnas, pétreas cascadas, estalactitas de gran belleza y caprichosas formas, hasta el punto de haber sido denominada una de las salas como «sala de las vírgenes» por recordar sus formas las de una reunión de pudorosas figuras femeninas. Por ello no es extraño que una de las leyendas que hacen referencia a esta cueva, y que posiblemente la dio nombre, identificando las caprichosas formas de una estalagmita con la figura de una mujer, diga que en ella está eternamente prisionera una princesa mora de gran belleza que se queja de su prisión implorando su libertad, en los ecos, que, de los ruidos y voces de los visitantes, multiplican las profundidades de la gruta[200].

Como corolario del capítulo, fiel reflejo y resumen de todo lo que significa el mundo del subsuelo y el patrimonio histórico y natural, es de sumo interés terminar con una cueva de bellísimo nombre y que sintetiza buena parte de este libro, integrando ella sola exploradores extranjeros, leyendas locales, naturaleza en estado puro, paisaje y paisanaje, expolio y abandono, y, por encima de todo, la poesía de los

---

[199] José Luis Cabo Sariego. www.*riosahistoria.blogspot.com*
[200] Manuel Pereda de la Reguera. *Liébana y Picos de Europa*, 1972.

Famosa cueva de La Mora, en La Hermida.
La Ilustración Española y Americana, 3 de septiembre de 1895. Colección R. Villegas

topónimos y de los nombres: la cueva de la Reina Mora o «las flores de la roca», como llamaban a las estalactitas que había en su interior.

«La leyenda asturiana ama las cavernas», escribió Saint-Saud. Bien lo sabía él, que con el gentilicio «asturiana» quería referirse seguramente a todos los pueblos de la Cordillera, pues esta cueva se encuentra en términos de Cantabria, en la ladera septentrional de Peña Ventosa, próxima al desfiladero de La Hermida y el pueblo de Lebeña. Como suele suceder en casi todos estos casos, su existencia ya era conocida por las gentes del lugar, aunque no será hasta finales del siglo XIX cuando se produzcan las primeras exploraciones con fines recolectores, en las que se encontraron huesos humanos y de osos pardos, además de una aguja de hueso, un hacha de piedra, y un gran fragmento de asta de ciervo.

El 22 de agosto de 1895 la reconoció Manuel Bustamante Gómez, personaje popular de la época («el gran Bustamante», como lo llama Saint-Saud en sus diarios), acompañado de un grupo de amigos, encontrando más huesos de oso y otros animales, además de un esqueleto humano cuidadosamente enterrado, pero tan endeble que se deshizo al tocarlo. El periódico *La Atalaya*, de Santander, dio cuenta de esta noticia en su edición de 26 de agosto de 1895.

> Es indudable que la Cueva de la Reina Mora no ha servido de habitación al hombre, pues no se encuentran instrumentos, ni restos de alimentos, ni señales de fuego que lo indique; sin embargo, en uno de los recintos hallaron un esqueleto humano cuyos huesos se deshicieron al tocarlos. Lo hallaron tendido de forma natural en la superficie, paralelo a la pared, por lo que creyeron que hubo conocimiento al colocarle. No encontraron más restos humanos, pero sí de osos y de otros animales a los que les faltaban los cráneos[201].

Aunque aparecía sin firma, el arqueólogo Joaquín González Echegaray (*La cueva de la Mora, un yacimiento paleolítico en la región de los picos de Europa*, 1957), le concedía la autoría de esta exploración, es de suponer que con conocimiento de causa, al propio Manuel Bustamante.

El 3 de septiembre de ese mismo año se formó otra expedición de once personas de la que formaba parte nuestro conocido ornitólogo inglés Hans Gadow y su esposa Clara Maud. Ambos visitaron la cueva acompañados de un nutrido grupo constituido por «personas dignísimas, bien conocidas en toda Liébana: el relojero, el tendero y algunos amigos del guía»[202]. Este era un tal Francisco Llorente, que había entrado en la cueva con anterioridad junto a su padre y que, según Hans Gadow, era toda una autoridad en cualquier tema concerniente a Liébana.

Durante la exploración de la cueva, de la que salieron cuando apenas les quedaba combustible en sus lámparas, encontraron numerosos huesos que estimaron pertenecientes a osos, cabras, ovejas, terneros, vacas, perros y hombres. «Ninguno de ellos, a excepción de los osos, podían haber habitado en la cueva». El hallazgo más interesante, no obstante, fueron varios esqueletos humanos que encontraron en lo que llamaron el «Gabinete de baño» —por un pequeño estanque de agua que había—, pero que por desgracia no se habían conservado nada bien en la cal húmeda, por lo que eran muy quebradizos, y además estaban parcialmente aplastados por las piedras caídas del techo.

Hans Gadow refleja en su libro la enésima leyenda relativa a las riquezas enterradas por los moros en las cuevas; que, a juzgar por la abundancia que hay de ellas, los musulmanes que vivieron por apenas un puñado de años en la franja cantábrica debían de ser más ricos que los califas de Damasco.

> Muchos creían que aquellas cuevas eran refugio de los moros y que en ellas se escondían valiosos tesoros pertenecientes a una mujer mora de buena posición social.

[201] *La Atalaya*. Edición de 26 de agosto de 1895, www.prensahistorica.mcu.es
[202] Hans Gadow. *Por el norte de España*, 2015.

POTES (SANTANDER).—IGLESIA DE SANTA MARÍA DE LEBEÑA, DECLARADA MONUMENTO NACIONAL.

Paisaje de Lebeña.
La Ilustración Española y Americana, 15 de octubre de 1895. Colección R. Villegas.

Después de explorada la cueva, nada más salir se encontraron con un grupo de gente que los estaba esperando en actitud amenazadora, según el relato del naturalista inglés. El hombre que los lideraba —«el presidente de la comarca», como lo llama Gadow—, un hombre anciano, se situó al lado de la entrada de la cueva y pidió silencio en nombre del alcalde de Lebeña, entregando una carta a un muchacho que inmediatamente se dispuso a leerla. Según Gadow, estaba bien escrita, en un estilo cuidado y fluido, sin errores sintácticos ni gramaticales, lo cual debió sorprenderle. Desgraciadamente, el anciano presidente no le permitió conservarla, pero según dejó escrito en su libro, decía algo así:

> Me ha sido notificado por las autoridades administrativas de Lebeña, que cuidan de la buena marcha del distrito de acuerdo a su carácter honorífico, su tradición y sus inalterables leyes, que un grupo de forasteros de la ciudad de Potes y otros lugares han invadido la cueva de la Mora, nuestra inalienable propiedad, para buscar tesoros y destruir su belleza natural. Cualquier piedra, fósil, incrustación, cualquier flor de la roca

[como llamaban a las estalactitas], que sea brutalmente arrancada deberá ser repuesta y no se permitirá que nadie se lleve ni la más pequeña partícula de esta cueva. El alcalde y el presidente no están dispuestos a dar permiso, a no ser que éste sea solicitado previamente, para visitar esta cueva a la que la naturaleza ha provisto de tanta belleza, y éste será concedido solo a aquellos que aseguren que su comportamiento será adecuado y que no llevarán ningún tipo de herramientas. Estas son condiciones requeridas legalmente y la población de Lebeña está dispuesta a controlar su cumplimiento.

Hans Gadow pidió disculpas al presidente, le presentó a su mujer y comenzó a hablar con él sobre caza. Se fue calmando poco a poco, recordando los tiempos de su juventud, cuando se dedicaba a la caza de osos, pero según el naturalista británico, «cuando pasamos a hablar de leones y hienas se retiró de la conversación». Gadow debió quedar gratamente sorprendido de la firmeza de las gentes de la zona por proteger su patrimonio.

La gente de Lebeña estaba dispuesta a todo para guardar los tesoros de su cueva. Nuestros compañeros habían cortado muchas estalactitas, pero no habían pretendido hacer ningún mal con ello, por el contrario lo que habían visto les había extasiado. Sentimos mucho oír, algún tiempo después, que tras nuestra partida una multitud de gente acudió allí desde Potes: entraron en la cueva por la fuerza y se llevaron cestos llenos de estalactitas, que repentinamente habían adquirido un alto valor en el mercado.

La historia de nuestro patrimonio natural contada, pues, *avant la lettre,* por Hans Gadow. La carta que hace leer el anciano presidente (y que desgraciadamente no le dejó conservar, como se lamentaba), aunque no sea literal, es uno de los más humildes y sencillos alegatos administrativos que se hayan hecho contra el expolio. Inútil al fin y al cabo, como el propio Gadow cuenta, cuando multitud de gente entró más tarde arrancando «las flores de la roca» para su posterior venta. Inútil, porque a las leyes y a los alegatos jamás acompañaron las medidas efectivas para hacerlos cumplir. Desgraciadamente, una triste constante en la historia de España, pues jamás hemos sabido proteger lo que con hermosas palabras defendemos.

Capítulo IX

EL RASTRO DEL INMORTAL

1. El «vakner», o el yeti de la fauna cantábrica

> Padecí muchos trabajos y fatigas en ese viaje, en el cual me topé con gran cantidad de bestias salvajes y muy peligrosas. Nos encontramos con el vakner, bestia salvaje, grande y muy dañina ¿Cómo, me decían, has podido salvarte, cuando incluso compañías de veinte personas no pueden pasar?
>
> Fui después al país de Holani, cuyos habitantes se alimentan también de pescado y cuya lengua yo no comprendía. Me trataron con la mayor consideración, llevándome de casa en casa y admirándose de que hubiese escapado del vakner[203].

Durante los últimos años del siglo XV, un obispo armenio llamado Mártir realiza una peregrinación a Santiago de Compostela atravesando el norte de la península ibérica. Una vez visitado el sepulcro del venerado santo, continúa hasta Finisterre y regresa de nuevo a Bilbao. En algún punto entre estas tres localidades (las únicas que pueden identificarse claramente en su manuscrito), el obispo dice encontrarse con un animal al que llama «vakner», una bestia salvaje grande y dañina a la que los nativos parecen temer como a la peste.

¿Qué animal era el «vakner»?

Lobo no parece, pues uno solo jamás causó tal terror, y de ser varios se referiría a ellos en plural; y además una manada de lobos, por muy numerosa que fuese, nunca fue enemigo para «una compañía de veinte personas». Un oso pardo pudiera ser, pero no se conoce ningún caso en la literatura o en la tradición en que un oso atemorizara a una comarca entera; en el capítulo correspondiente hemos visto el carácter en general pacífico y solitario de este animal.

¿Qué clase de fiera pudo ser, entonces, el «vakner»?

Mártir dejó constancia de su viaje en un breve relato redactado en armenio, descubierto por el orientalista francés Antoine-Jean Saint-Martin, que lo tradujo al francés en 1827. A finales de siglo, en 1898, Emilia Gayangos de Riaño tradujo a su vez esta versión de Saint-Martin al castellano, enfatizando la parquedad descriptiva de su autor original, que dificultaba enormemente su interpretación.

> … toda ella [la obra de Mártir] se resiente de brevedad excesiva, sistema común de los viajeros de la Edad Media que han dejado escritos sus itinerarios; pero á pesar de la sobriedad, no faltan noticias curiosas.

---

[203] Mártir, obispo de Arzendjan. *Relación de un viaje por Europa…*, 1898.

Su laconismo, ciertamente, no hace justicia a la largueza de su recorrido. Mártir partió de su ciudad natal, la localidad armenia de Arzendjan (hoy Erzincan, y perteneciente a Turquía) en octubre de 1489 y pasó después por Constantinopla y Venecia, antes de llegar a Roma, donde fue recibido varias veces por el papa Inocencio VIII, que le proporcionó cartas de recomendación para su viaje. Desde allí continuó con lo que sería un largo periplo de más de seis años por gran parte de Europa occidental, incluido el camino de peregrinación a Santiago de Compostela, que hizo por la costa cantábrica. Pero además de ser breve su relato, es descuidado y muy impreciso, lo que dificultó la labor de traducción del bienintencionado Saint-Martin, que trató continuamente de aclarar los topónimos ambiguos, o mal escritos, dejados por el autor.

Antoine-Jean Saint-Martin.
Grabado de 1820. Licencia Wikimedia Commons.

Tampoco se explayó mucho en sus detalles, ni se recreó en los paisajes. Describir el trayecto de Portugalete a Oviedo, por ejemplo, y de aquí a Santiago de Compostela, pasando por Betanzos, le lleva el espacio que ocuparían unas dos líneas de este mismo libro. De Santiago va después a Finisterre («la extremidad del mundo»), y a continuación viene su narración sobre el encuentro con el «vakner» en el «País de Holani», donde sus habitantes se alimentan de pescado y cuya lengua no entiende. Saint-Martin ubicaba este «país» entre Galicia y Asturias, y sugirió en su traducción la villa de Llanes, más por proximidad fonética que por otras cosas, a no ser —admite— que el obispo se encuentre ya en las Provincias Vascas y se refiera a su endiablada lengua. Pero el traductor mismo se extrañaba de que este comentario no lo hubiera hecho en el viaje de ida, y lo hiciera precisamente en el de vuelta. Emilia Gayangos de Riaño, en su traducción española, opinaba sin embargo que dicho «País de Holani» se encontraría más propiamente en Asturias:

> El texto dice: «J'allai ensuite au pays de Holani», como si quisiera indicar región y no lugar concreto; pero á renglón seguido afirma lo contrario, diciendo que lo trataron bien allí, «me conduisant de maison

en maison», circunstancia aplicable racionalmente á una población sola y determinada.

Considerando la vaguedad con que está generalmente redactado el texto y la escasez de nombres geográficos, opino que ambas versiones merecen estimarse, aun cuando aparezcan contradictorias. Porque la primera indica que ha pasado á otro país diferente de Galicia, que no puede ser sino Asturias, confirmándolo las palabras, «dont les habitans se nourrissent aussi de poissons, et dont je n'entendais pas la langue» (el bable). La segunda versión demuestra claro que se refiere el autor á un solo pueblo, y creo que sea ésta la que deba aceptarse para su interpretación en el presente caso.

La traductora consideraba que «Holani», con la «H» aspirada, derivaría, sin duda, de Julián o «Iulianus», santo que ha formado numerosos topónimos en Galicia y Asturias, tales como San Julián, Santullano o incluso Illano, localidad situada en el valle Medio del río Navia, y a la que Emilia Gayangos de Riaño proponía como candidata a ser el «País de Holani».

Estudiando detenidamente el trayecto que en aquellas localidades recorre el obispo armenio, me parece que puede asignarse su estancia al pueblo de Illano en Asturias, inmediato á la frontera de Galicia, poco distante de la costa.

Puede que su interpretación sea correcta y que Mártir escribiera en lengua armenia la localidad tal cual le sonó en boca de sus hablantes, lo cual pudiera resultar un topónimo relacionado con «Iulianus», pero no resulta nada probable que ese lugar fuera Illano, que nunca estuvo, ni está hoy, entre los itinerarios de paso conocidos del Camino de Santiago, si bien es verdad que se encuentra a medio camino entre el itinerario primitivo del sur y el tramo costero del norte que va entre la villa de Navia y Ribadeo. Pero no hay razón alguna para desviarse hacia Illano en ninguno de los dos itinerarios.

Sin embargo, otros investigadores, haciéndose eco de las sugerencias del arqueólogo Luis Monteagudo, apuntan la posibilidad de que «Holani» estuviera en realidad en Galicia y proponen varias localidades, sin que a decir verdad sea posible identificar ninguna de manera completamente segura. Lo cierto es que el mismo esfuerzo por identificar la misteriosa localidad hicieron los primeros traductores por dilucidar a qué especie animal se refería Mártir con el «vakner». Con idéntico fracaso, todo hay que decirlo.

Antoine-Jean Saint-Martin sugería que la palabra «vakner» —que no es armenia— podía referirse a un oso o a un toro salvaje, «que se encuentran efectivamente en bastante gran número en las montañas de Galicia y Asturias», y se basaba para ello en la semejanza de la palabra «vakner» con la del nombre vernáculo empleado para «vaca». Saint-Martin sería un gran orientalista, pero en zoología andaba un poco perdido el hombre, pues el toro salvaje (uro) o *Bos primigenius* ya no era conocido en la península ibérica seguramente desde la época de los romanos (en el siglo VI ya sólo se conocían en los grandes bosques del Este de Europa; el último ejemplar, una hembra vieja, murió en 1627 en los bosques de Jaktoрów, en Polonia).

Emilia Gayangos de Riaño, más próxima al conocimiento de la fauna local, propuso otra teoría:

> El traductor [Saint-Martin] ignora á qué animales fieros deba aplicarse esta palabra. Habla de osos y de toros salvajes, inclinándose á los últimos, y supone que habrá en la lengua del país alguna voz para designarlos, derivada del nombre de la vaca. Estimo inadmisible su opinión y supongo que el autor ha querido aludir al lince ó lobo cerval, sin que sea fácil encontrar otra fiera en aquellas montañas, cuyas cualidades respondan mejor que las del lince á las exclamaciones del texto.

Esta opinión la suscribió también, entre otros, José García Mercadal en su libro *Viajes de extranjeros por España y Portugal*, pero a decir verdad no hay tampoco razón para pensar que un lince —por más que fuera seguramente boreal, y no el más pequeño lince ibérico— pudiera impedir el paso a «compañías de veinte personas».

No sabremos nunca qué era el «vakner» que atemorizaba a las gentes cantábricas del siglo XV. Con más razón que lo anterior algunos sugieren lobos rabiosos, cuando su agresividad se acentúa y se vuelven fieros y atrabiliarios —o linces con la misma enfermedad, como el padre Sarmiento propuso para la misteriosa bestia de Gévaudan en Francia, devoradora de más de 100 personas entre 1764 y 1767—. O incluso personajes tan caros a la idiosincrasia gallega como el *«lobishome»* u hombre que se transforma en lobo.

Todo puede ser seguramente. Menos lo posible.

2. Una especie de tigre en la literatura (o dos)

> Me han dicho que en estas montañas [de Asturias] no sólo hay lobos, sino también osos y una especie de tigre. En invierno todos estos animales se hacen extremadamente feroces[204].

---

[204] Joseph Townsend (José Antonio Mases. *Asturias vista por viajeros románticos extranjeros y otros visitantes y cronistas famosos. Siglos XV al XX*, 2001).

Si hay algo que sin duda puede apoyar la creencia de que el «vakner» fuera un lince de gran tamaño es, además de su carácter sanguinario —que los textos y la memoria ancestral nos han trasmitido con profusión—, la certeza de que en toda la franja cantábrica efectivamente los había en el siglo XV.

José Piñeiro Maceiras, en un artículo titulado *El lobo cerval, notas etnográficas*, se refiere a una poco conocida memoria redactada por Bernardo de Luazes, Oidor y Alcalde mayor de la Real Audiencia del Reino de Galicia, que en fecha anterior a 1645 escribió lo que sigue:

> Produce este Reyno todo género de animales y infinitas martas, tan finas que no se diferencian de las sebellinas, de que se hace gran caudal en Castilla; ai muchos lobos cervales de tan hermosas pintas que en todas partes se estiman en mucho, y otros buenos para aforros...

Los linces nunca fueron llamados así en los numerosos textos que tenemos de antes del siglo XX, sino que eran conocidos como «lobos cervales», distintos de los lobos verdaderos (o «lobos vaqueros», como discrimina un informador del *Diccionario Geográfico-histórico...* de Martínez Marina), haciendo alusión a su especialización en la caza de corzos y crías de ciervos. Todo ello coincide plenamente con la

Lince boreal. *El Museo Universal* (Madrid), 2 de junio de 1861.

Juan José Congregado, agente forestal del Principado de Asturias, en la cueva de La Paré los Cinchos, en el Parque Natural de Las Ubiñas-La Mesa. Sostiene en la mano el cráneo de lince boreal descubierto en ella. 15 de septiembre de 2012.

biología del lince boreal actual en su hábitat europeo, frente a la mayor especialización del lince ibérico en el conejo, presa inexistente de manera natural al norte de la cordillera Cantábrica. Además, y como prueba bastante razonable de la discriminación entre ambas especies, los investigadores Miguel Clavero y Miguel Delibes de Castro, recopilando las citas escritas sobre linces en España entre los siglos XVI y XIX, señalan que el nombre de «lobo cerval» sólo se daba en el norte peninsular y nunca en las áreas históricas de distribución del lince ibérico, donde, quizá por su menor tamaño, era conocido como «gato cerval» o «gato (de) clavo».

A pesar de ello, que en la península ibérica hubieran coexistido dos especies de lince (el boreal y el ibérico) no fue un hecho claramente demostrado hasta tiempos muy recientes. La antigua población de lince europeo habría convivido con la del lince mediterráneo que ha sobrevivido hasta hoy, y parece bastante razonable, a la vista de las evidencias, que esta convivencia pudo haber alcanzado hasta bien entrado el siglo XIX. Actualmente, sin embargo, sólo se mantienen pequeñas poblaciones de *Lynx pardina* o lince ibérico habitando algunos montes del centro y sur peninsular, después de sufrir una regresión espectacular que lo ha colocado al borde de la extinción.

No existe, por otro lado, un consenso claro sobre cuál sería el ámbito de distribución de cada una de estas dos especies, pero se puede sospechar que la cordillera Cantábrica actuaría de frontera natural, superponiéndose ambas especies a la largo de esta franja no del todo homogénea, como sucede con todas las especies que ocupan áreas de gran extensión, pero que reúne sin embargo unas características ecológicas que la diferencian claramente de las zonas más continentales, donde la vegetación mediterránea es la dominante. Lo cierto, en este sentido, es que todos los esqueletos completos, fósiles o subfósiles, que han sido encontrados en los yacimientos de Cantabria, País Vasco y Navarra se corresponden con *Lynx lynx* o lince boreal, nunca hasta ahora con *Lynx pardina* o lince ibérico. Lo que no quiere decir que no existieran linces mediterráneos en la franja norte; sólo que hasta ahora no se han encontrado sus huesos. Pero es que a la vista de la información aportada por los radioemisores colocados en ejemplares jóvenes de lince ibérico, parece que la dispersión y la movilidad de estos es muy superior a la que se creía, con desplazamientos de centenares de kilómetros e incluso más, como demostró un ejemplar liberado en Montes de Toledo en diciembre de 2014, que fue a morir atropellado en Portugal casi dos años después tras recorrer alrededor de 3.000 km. Lo que hace pensar que, si no llegaron a convivir ambas poblaciones en la franja norte, sí al menos pudieron penetrar en ella con mucha frecuencia ejemplares dispersos de lince ibérico. E igualmente en el caso contrario. Son las fluctuaciones típicas de especies en zonas de contacto.

Porque el problema es que en los montes de la cordillera Cantábrica hay numerosas citas de presencia de «lobos cervales», sobre todo en la literatura del siglo XIX, pero sin aportar más información que los estragos causados por estos en el ganado, lo que hace imposible discriminar la especie. Necesariamente hay que acudir a los esqueletos. Y en la cordillera Cantábrica no abundan precisamente.

Por eso el 16 de agosto del 2010 será recordado como un hito en la historia de la zoología de Asturias. En esa fecha, un grupo de espeleólogos exploran una cueva situada en la «Paré los Cinchos», una sima de difícil acceso situada a 1.870 metros de altitud en el Parque Natural de Las Ubiñas-La Mesa, y encuentran un esqueleto completo muy bien conservado perteneciente a una especie que desconocen. Uno de los espeleólogos coge la calavera redonda, del tamaño aproximado de un puño, y la deposita sobre la palma de su mano, haciéndole una foto que después cuelga en un foro preguntando si alguien conoce a qué animal pertenece. El revuelo que se forma es considerable: se ve a las claras que se trata del cráneo de un lince. Sale a la luz uno de los hallazgos paleontológicos más relevantes de los últimos tiempos, pero no sólo en lo que respecta a la fauna extinta de la región, ya que la misma cueva albergaba también la tumba de un joven macho de la especie *Homo sapiens,* muerto unos 2.000 años antes de Cristo.

El 15 de septiembre de 2012, un equipo formado por personal investigador del Instituto de Recursos Naturales y Ordenación del Territorio de la Universidad de Oviedo (INDUROT) y el Departamento de Geología de esa Universidad, auxiliados por cinco miembros del Colectivo Asturiano de Espeleólogos y un agente forestal del Parque Natural de Las Ubiñas-La Mesa, extraen el esqueleto completo, depositándolo en el Departamento de Geología de la Universidad de Oviedo. El estado de conservación es perfecto y el aspecto de los huesos sugiere una antigüedad relativamente escasa, incluso inferior a un siglo, lo que causa una notable excitación en los escasos, para qué negarlo, interesados en el asunto. ¿Sería lince boreal o ibérico? ¿Permitiría su datación clarificar hasta dónde llegaría la especie en los montes de la Cordillera y aún en toda la franja norte peninsular? (En la cueva de Serpentako, en Navarra, tenemos hasta ahora la datación más cercana que existe de un lince boreal: mediados del siglo XVI).

El examen morfológico no dejaba lugar a dudas: se trataba de un macho adulto de lince boreal —especie de mayor tamaño que su primo el ibérico—, de di-

Torca La Topinoria, en el macizo oriental de los Picos de Europa. Esqueleto completo de lince boreal aparecido en el año 2020. Fotografía de Juan A. Martín (G.E. Flash), espeleólogo que aparece en la imagen.

mensiones, además, notables para las medidas que conocemos hoy en los ejemplares de la misma especie que habitan Centroeuropa, Escandinavia, Siberia y Asia Central. Presuntamente había muerto a consecuencia de la caída en la sima, ya que presentaba fracturas en el cráneo y en el húmero izquierdo.

Era la constatación más evidente de que en los montes de la cordillera Cantábrica, en su franja asturiana, había existido lince boreal, algo que no se ponía en duda a la vista de los yacimientos cántabros y vascos, pero que no terminaba de ofrecer una prueba concluyente en las montañas asturianas. A decir verdad, en los años 90 del pasado siglo había aparecido un cráneo de lince en una cueva de los montes de la Sierra del Sueve, un alineamiento calizo muy próximo al mar, en la zona centro-oriental de Asturias. Su estado de conservación era sumamente frágil, y la datación ofreció una antigüedad muy grande, superior a los 4.000 años antes de Cristo.

Pero el esqueleto hallado ahora en la cueva de la «Paré los Cinchos» presentaba un estado de conservación extraordinario. Y aparecía, además, en el corazón del área donde más citas de pervivencia de la especie se han registrado hasta hoy mismo: el sector central de la cordillera Cantábrica en torno al Macizo de Peña Ubiña, Quirós o las sierras del Aramo y Lena. La datación resultará, sin embargo, decepcionante: se trata de un lince boreal contemporáneo del Imperio romano, pues se sitúa entre los años 87 y 311 después de Cristo. Las excepcionales condiciones de conservación que se dan en el interior de las cuevas, donde la corrupción de los cadáveres se ralentiza a ritmo casi geológico por la ausencia de fauna cadavérica, habían ofrecido un efímero espejismo en el desierto de la ignorancia que tenemos sobre el lince boreal.

En cuanto a los restos humanos del joven varón que llevaba ya muerto 2.000 años cuando el lince se estrelló en el fondo de la sima… desvelaron un episodio que bien justifica el título elegido para el Capítulo V: «Animales salvajes y otras bestias». Según los arqueólogos César García de Castro Valdés y Gabino Busto Hevia, a la vista de que el examen antropológico no reveló ninguna enfermedad ni lesión relevante, el cadáver se encontraba completamente desnudo, y que para bajar al lugar donde se encontró forzosamente hubo de ser ayudado a pasar antes unos pasos muy difíciles, imposibles para un solo hombre portando iluminación y sin medios para asegurarse, según pudo comprobar *in situ* la expedición encargada de la retirada de los restos, aquel joven de entre 18 o 19 años, concluyen ambos arqueólogos, tuvo que ser necesariamente forzado a superar todos los obstáculos, para ser luego abandonado a su suerte en la última plataforma accesible de la caverna.

> El único modo de garantizar su inmovilidad allí hubo de ser la atadura de brazos y piernas con cuerdas vegetales, a la que siguió su colo-

cación en la plataforma, sitio en el que le sobrevino la muerte. Sólo de esta manera se explica la posición sedente en la que se encontró el esqueleto. En el caso de que la intención de sus acompañantes hubiera sido el depósito de una ofrenda, sin sacrificio cruento, la muerte hubo de producirse probablemente por hipotermia, lo que explica, a su vez, la ausencia de pruebas de desnutrición en los restos óseos, que necesariamente habrían de aparecer si las condiciones ambientales hubieran permitido una supervivencia de semanas. Pero también resulta factible pensar en una muerte más rápida, provocada por desangramiento, a causa de una herida abierta en el tejido blando y sin afectación ósea[205].

Y así, con aséptica profesionalidad científica de arqueólogo, lo cuentan César García de Castro Valdés y Gabino Busto Hevia en el documento editado por la Consejería de Educación y Cultura de Asturias *Excavaciones arqueológicas en Asturias 2013-2016*. ¿Fue una ofrenda? ¿Una venganza? ¿Un cruel castigo?

Lo que es cierto es que pudo haber sido el «Ötzi» de la cordillera Cantábrica (recuerden: la momia de un hombre que vivió hacia el 3.300 a. C., encontrada en 1991 por dos alpinistas en los Alpes de Ötztal, en la frontera entre Austria e Italia, y que ha ofrecido una visión sin precedentes de los europeos de la Edad de Cobre gracias a las pertenencias que portaba), pero desgraciadamente nuestro hombre murió ligero de equipaje, como el inmortal poeta.

Así que el mismo laberinto calizo de simas y cavidades donde reposaron durante centenares de años los huesos de nuestros antepasados, humanos y salvajes, nos seguirá interrogando sobre la forma de vida más antigua —y en este caso concreto, a la vez tan moderna en su crueldad—. Cualquiera que conozca el puerto de Agüeria y la línea de cumbres que va de los Huertos del Diablo (2.140 m) a Peña Ubiña (2.417 m), pasando por las paredes septentrionales del Picu'l Fontán (2.417 m) y el Prau (2.365 metros), se preguntará qué hacían a casi 1.900 metros de altitud, en otrora aquellos tiempos indudablemente más fríos, los hombres y los linces.

En un paralelo escalofriante a este hallazgo —y extraordinario también, por su semejanza cruel—, se encuentra el descubrimiento de la torca «La Topinoria». Se trata de una cavidad natural de unos 180 metros de profundidad, situada en la ladera norte del pico Samelar, en pleno macizo oriental de los Picos de Europa, y a medio camino entre los pueblos de Beges y Sotres. En el año 2018, unos espeleólogos que la exploraban localizaron un puñado de huesos humanos, junto con tres trozos de correaje de cuero. Enseguida se pensó que aquellos restos podían ser los de Eloy Campillo, un guardabosques del Parque Nacional ajusticiado en 1945 por

---

[205] César García de Castro Valdés y Gabino Busto Hevia. *Hallazgo y extracción de un esqueleto humano de la Edad del Bronce en la cueva de La Paré los Cinchos (Puertu Güeria, Quirós, Asturias)*, 2018.

los maquis de la llamada «Brigada Machado», bajo la acusación —equivocada— de haberlos delatado a la guardia civil. La memoria de su desaparición permanecía muy presente entre sus descendientes, especialmente en su hija Mercedes Campillo, única superviviente de los cuatro que había tenido Eloy, por lo que desde el primer momento lucharon por la recuperación de la totalidad de los huesos presentes en la sima. La prueba del ADN confirmó que los restos eran los de Eloy Campillo, los cuales pudieron al fin ser entregados a su hija Mercedes y enterrados en la tumba familiar de Sotres, en un corolario parcialmente feliz para una tragedia más de las muchas debida a la más espantosa de todas las guerras, que es la civil (pues la lucha de los republicanos huidos a las montañas durante la posguerra no fue más que una prolongación de aquella guerra).

El análisis forense de los restos supuso también un perturbador descubrimiento: entremezclados con los huesos de Eloy había otros pertenecientes a una niña de entre 12 y 14 años, de piel blanca, ojos verdosos y pelo castaño oscuro, fallecida entre 1950 y 1960, según el estudio genético de sus restos. La investigación llevada a cabo entre los vecinos de Bejes y Sotres por la Sociedad de Ciencias Aranzadi, implicada en la búsqueda e identificación de Eloy Campillo, no permitió dar razón de la existencia de esta niña en la torca, si bien es cierto que en las minas de Ándara residieron familias que no eran de la zona, y sobre las que posiblemente los vecinos del lugar no hubieran tenido conocimiento de ninguna desaparición. Lo terrible del asunto es que los forenses encontraron signos de fractura craneal de tipo perimortal (es decir, producida en un momento muy próximo a la muerte), lo que indicaba un fallecimiento violento, bien por la caída en la sima o por el golpeo de un objeto en la cabeza con anterioridad. Para completar más el enigma, el estudio de isótopos estables del carbono y del nitrógeno indicaba una dieta rica en alimentos de origen marino, algo casi exclusivo por entonces de los habitantes de zonas costeras.[206]

Será difícil saber quién fue aquella niña, ni la razón por la que acabó en la torca de «La Topinoria» compartiendo la misma suerte que Eloy Campillo. Quizá se perdió y se precipitó como otros tantos en las siniestras simas, torcas y soplaos de los Picos, o tal vez fue asesinada de un golpe y después arrojada allí, como sugiere por otra parte el informe forense al encontrar llamativo que no se observaran fracturas (con la excepción del esternón) en los otros huesos analizados.

Para terminar con el paralelismo a que me refería, si el hallazgo en la «Paré los Cinchos» de un esqueleto de lince boreal permitió documentar los restos de un joven prehistórico, en la torca de «La Topinoria» fue la aparición de huesos humanos lo que propició hallar después la osamenta completa de un lince boreal,

---

[206] Fernando Serrulla Rech (Coordinador): *La recuperación e identificación de los restos de Eloy Campillo*. 2021.

cuya sorprendente datación, dada a conocer en marzo de 2024, lo convierte en el ejemplar más reciente encontrado hasta la fecha en toda la Península Ibérica: 210 años de antigüedad, con un margen de error de 30 años, según los datos aportados por la paleontóloga Aurora María Grandal d'Anglade y la genetista Gloria González Fortes, de la Universidad de La Coruña, en una presentación que tuvo lugar el 5 de marzo de 2024 en el Museo de Preshistoria y Arqueología de Cantabria (MUPAC), y cuyos datos recojo del blog del biólogo y agente forestal Juan Manuel Pérez de Ana.[207]

Esta sorprendente revelación, tan reciente que se incorpora al libro cuando está a punto de entrar en la imprenta, sitúa al lince boreal o euroasiático a finales del siglo XVIII o principios del XIX en los Picos de Europa, algo que en sí mismo no es contradictorio con lo que se conoce de las fuentes literarias, pero viene a confirmar que el «lobo cerval» de la literatura fue casi con seguridad *Lynx lynx* o lince euroasiático y no *Lynx pardina* o lince ibérico, como se llegó a creer, pues con este son ya 8 los hallazgos que lo confirman[208].

Lo que la datación no termina de clarificar, por sorprendente y cercana que resulte, es si la especie llegó a pervivir realmente hasta el siglo XX, como aseguran todavía muchos y veremos a continuación.

3. Crónica de una muerte nunca encontrada

Así que el lince boreal o eurasiático vivió en los montes de la franja norte peninsular. Eso es indiscutible, pero, ¿hasta cuándo lo hizo? La desaparición de una especie en una zona concreta, por pequeña que sea, raramente es abrupta, sino más bien secuenciada. Lo estamos viendo en directo con el urogallo cantábrico, lo que es a la vez un extraordinario y triste privilegio: el de asistir a la desaparición de una subespecie en el tiempo de una vida humana. Los ejemplares desaparecen de forma lenta pero inexorable, y las áreas desocupadas se van extendiendo como una mancha de aceite, hasta quedar uno o varios núcleos resistentes, que, invariablemente —y salvo milagro—, acabarán extinguiéndose finalmente. La aparición esporádica de ejemplares en lugares inopinados ofrece una distorsionada imagen de pervivencia que en realidad sólo es una constatación más de la agonía final de la especie.

Algo semejante ocurriría con el lince boreal, cuyos últimos ejemplares se moverían errantes por la montaña cantábrica a lo largo del siglo XIX, y, sólo haciendo un ejercicio de credulidad respecto a algunos testimonios, hasta bien entrado el siglo XX, ya como los últimos estertores del derrumbe final.

---

[207] *https://parquenacionalpicosdeeuropa.blogspot.com/*
[208] Ricardo Rodríguez-Varela et al. *Ancient DNA reveals past existence of Eurasian lynx in Spain*. 2015

Algunos biólogos tratan de delimitar esta secuencia temporal, y a la vez analizar la veracidad de un puñado de testimonios sorprendentes que alargarían la presencia de la especie hasta los años 80 del pasado siglo XX. No es un trabajo fácil. Por un lado se enfrentan a las escasas pruebas materiales que existen, ejemplares disecados y supuestamente cazados; por otro lado, a las citas bibliográficas recogidas en libros, diccionarios o tratados antiguos; y, finalmente, a las citas de avistamientos proporcionadas por los testimonios orales.

Veamos uno por uno.

Las citas y menciones incluidas en libros y diccionarios escritos en el pasado nos sirven para determinar, casi con total seguridad, que hubo linces en la cordillera Cantábrica, aunque sin poder discriminar la especie (si boreal o ibérico), y sin poder asegurar tampoco en qué momento se extinguió del todo.

Carlos Nores, Adrián Vigil, Gausón Fernande y Alberto Álvarez Peña, en un artículo publicado en la revista *Asturies: Memoria encesa d'un país,* en 2015 («Nueves anuncies sol llobu cerval n'Asturies»), encuentran hasta 32 reseñas históricas de «lobos cervales» referidas a Asturias entre los siglos XVIII y XIX; algunas se repiten a lo largo de este último siglo en los mismos lugares y casi con las mismas palabras, y otras aluden de forma genérica a su presencia en determinados concejos, sin referirse nunca a sitios concretos.

No sólo en Asturias se han hecho estas recopilaciones, también en Galicia (el último ejemplar muerto se cita en la sierra do Caurel, en Orense, donde supuestamente fue cazado un ejemplar viejo en 1975), el País Vasco (donde nuestro conocido Alfred Brehm lo cita como presente en 1880), o en Navarra (donde se tiene constancia de la última captura en 1936), hasta llegar al libro de José Piñeiro Maceiras, *El lince del noroeste y las montañas galaico-leonesas*, en el que compiló decenas de citas y avistamientos de «lobos cervales» desde la segunda mitad del siglo XX hasta la actualidad, sobre todo en los provincias de León, Zamora, Lugo y Orense.

Analizadas con rigor todas estas fuentes, sin embargo, la mayoría no resultan muy útiles para elaborar un mapa de distribución de la especie, ni para hacerse una idea de hasta qué fecha pervivió en los montes de la Cordillera. Y esto por varias razones. Una, por falta de conocimiento, pues era poco o nada el que se tenía en la época sobre las especies de fauna silvestre; dos, por falta de rigor, pues la información se obtenía normalmente por campesinos que se la suministraban a personas no del todo familiarizadas con la fauna salvaje; y tres, por falta de interés, pues las informaciones sobre la fauna ocupan siempre un lugar bastante residual, salvo raras excepciones, en aquellos libros o diccionarios donde aparecen.

Podemos verlo con ejemplos claros:

El *Diccionario Histórico-geográfico…* de Tomás López, un conjunto de cuestionarios que el insigne geógrafo real envió a finales del siglo XVIII a sacerdotes de las parroquias y a otros funcionarios civiles, como base para redactar un futuro diccionario que nunca llegó a ser publicado, en la parte relativa a la provincia de Asturias sólo aparece citado el lince en el concejo de Villaviciosa, municipio bien conocido de la costa cantábrica, pero sólo para decir de él que, a pesar de que «los animales silvestres de los montes son jabalíes, corzos, liebres, zorros, fuinas, nutrias, martas de pelo exquisito, tal vez algún lobo, no hay osos ni «tigres»; lo cual da a entender o que los hubo y ahora no los hay, o que los sigue habiendo en otras zonas, pero no en Villaviciosa. Ningún informante más de Tomás López tuvo a bien pronunciarse sobre el particular.

Más agradecido es el *Diccionario Histórico* de Martínez Marina, que menciona al lince en 12 municipios de Asturias: Santa Eulalia de Oscos, Cangas del Narcea, Somiedo, Quirós, Proaza, Santo Adriano, Morcín, Lena, Langreo, Parres, Caso y Llanes. No obstante, cualquiera que conozca un poco la geografía asturiana advertirá que algo muy raro debía suceder —casi sobrenatural— en Santa Eulalia de Oscos a finales del siglo XVIII y primeros del XIX para que hubiera allí linces («muchos», dice, además, el informante de ese concejo que le suministró la información a Martínez Marina) y que no los hubiera en los concejos limítrofes y con la misma continuidad ecológica (San Martín de Oscos, Villanueva de Oscos o Taramundi). Lo mismo sucede para el caso del Valle del Trubia, con linces en Proaza y Quirós, pero no en un concejo tan abundante en fauna salvaje todavía hoy como Teverga (de hecho, un billete de la talla de fieras confirma el pago de «un lobo cerval grande» en 1815 en dicho municipio). O que se citen linces en concejos de media montaña o zonas medias de la región como Parres, Langreo o Santo Adriano, y falten en territorios tan aptos para la fauna salvaje como los de la cordillera Cantábrica: Aller, Ponga y Cangas de Onís, por ejemplo.

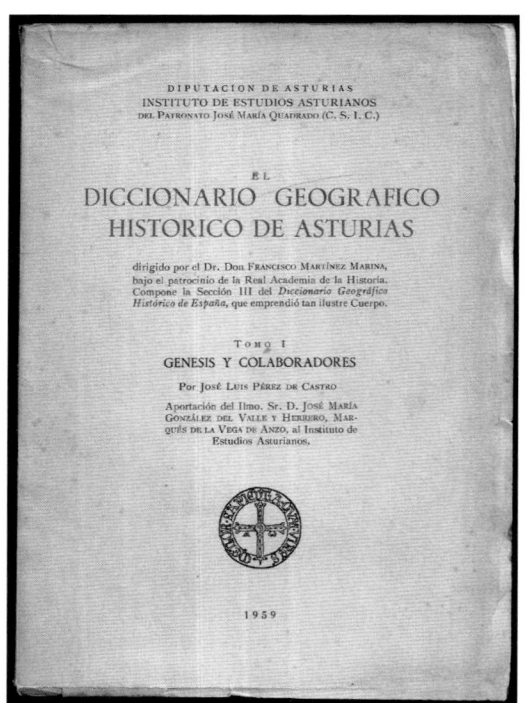

Portada del *Diccionario Geográfico Histórico de Asturias* de Martínez Marina. Año 1959.

Prueba más evidente aún y reveladora de esta ausencia de rigor y sistematización la vemos en el famoso *Diccionario Geográfico-estadístico-histórico de España y sus posesiones de Ultramar,* de Pascual Madoz, publicado a mediados del siglo XIX, y que sin embargo sólo cita al lince en Morcín, un concejo de la montaña central asturiana.

Y ya totalmente desconcertante es que en el único libro, digamos, especializado en la materia, que se publicó en 1859, *Apuntes sobre la fauna asturiana,* de Pascual Pastor y López, no incluya al lince entre las especies de fauna salvaje de la región.

Igualmente, Hans Gadow tampoco cita al lince boreal, mientras que al ibérico lo restringe ya a la mitad meridional, y esto sí que es una información bastante estimable en sí misma, porque Gadow, como es conocido, era un ornitólogo catedrático de Zoología de Cambridge muy interesado en la fauna y en la flora de los lugares que visita. Como todos los demás, dependía al fin y al cabo de los informadores nativos, pero a diferencia del resto, se supone que establecería un filtro y que sin duda hubiera mostrado interés y consignado la palabra «lince», «lobo cerval» o «tigre», en caso de habérsela oído pronunciar a alguno de sus informantes.

De cualquier modo, lo que demuestran estas obras, por encima de todo, es que el lince debía ser ya escaso y estar en claro declive en la primera mitad del siglo XIX. Las citas recogidas alcanzan todavía las primeras décadas del siglo XX, especialmente en un par de «Topografías médicas», que era como se llamaban en la época a las monografías que se escribían sobre algún concejo determinado, y en el capítulo dedicado al concejo de Lena de la monumental obra *Asturias* (1897), de Horacio Bellmunt y Fermín Canella, donde el autor incluye entre la fauna del municipio al «sanguinario lince que esparce el terror en su carrera»[209]. En la *Topografía médica del concejo de Sobrescobio,* de José María Jove y Luis Alonso Muñiz (1932), se cita también la especie en este territorio hoy integrante del Parque Natural de Redes, y en la de José de Villalaín sobre Corvera de Asturias (1925) incluso se llega a referir a la captura de un ejemplar:

> … como las montañas altas están cercanas suele verse de tarde en tarde algún ciervo, y aún algún lince, como el matado hace 2 años por el notable cazador señor Alberca[210].

Escribí antes que no es un trabajo fácil el de los zoólogos que investigan la pervivencia del lince boreal en la Cordillera. Y añado que, además, debe de ser bastante frustrante. A cualquier persona común le puede parecer un trabajo estéril y una pérdida de tiempo tratar de demostrar la presencia de una especie supuestamente ya extinta en un territorio. Estar a punto de conseguirlo y fra-

---

[209] Juan Menéndez Pidal, Asturias (El Concejo de Lena), de Bellmunt y Canella, 1895-1900.
[210] José de Villalaín. *Topografía médica del Concejo de Corvera de Asturias,* 1925.

casar invariablemente no parece, además, el mejor motivo para seguir intentándolo: hasta cuatro veces tuvieron en sus manos la prueba científica de lo que estaban buscando.

La manera por la que llegaron a la primera oportunidad es un ejemplo bastante explícito de la interesante labor que guía a estos enamorados de la fauna, del paisaje, de la etnografía y de la historia, justo de lo que va este libro y razón por la cual aparecen en él. Corren tiempos de especialización agresiva y ocio compartimentado, de montañeros que saben mucho de cumbres pero nada acerca de la razón de sus nombres, de los paisanos que las hollaron antes con sus cabras, de los rebecos y gorriones alpinos que las frecuentan o de las hoscas trincheras republicanas que las circundan. Por eso siento simpatía por esta clase de locos. Tipos como los biólogos Carlos Nores y Víctor Vázquez, que, después de encontrar en una topografía médica una cita sobre un tal «señor Alberca» que había cazado un lince en 1923 en Corvera de Asturias, logran contactar con él 61 años después en su domicilio de Madrid, y obtener información sobre esta captura, quizá la última conocida de un lince en Asturias.

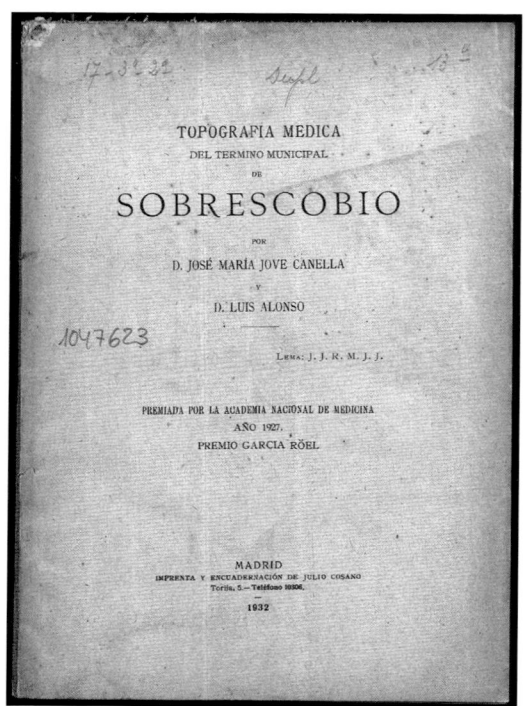

Portada del libro *Topografía médica del concejo de Sobrescobio*. Madrid 1932.

Este señor Alberca era un ingeniero Industrial que había tenido su primer destino profesional en la Real Compañía Asturiana de Minas de Arnao, en la costa central asturiana, donde había coincidido con el médico asturiano José Villalaín, el autor de la topografía médica antes citada. Según este hombre, se trataba de un animal «con rayas y pintas», y lo identificó de inmediato como un lince por haberlo visto en ilustraciones. Lo había cazado cerca de Santiago del Monte —emplazamiento del actual aeropuerto de Asturias—, en el concejo de Castrillón, el más extraño lugar que uno hubiera imaginado para el último lince de Asturias. Debido a los daños que le provocaron los disparos, no lo disecó ni tampoco le hizo ninguna fotografía. No lo pudo sospechar entonces, pero si lo hubiera hecho estaría ocupando un lugar central en la pequeña historia de la fauna extinta de esta región.

La segunda decepción vino muchos años después, en el año 2002, cuando miembros de la «Fundación Belenos» (entidad sin ánimo de lucro dedicada a difundir y dar a conocer el patrimonio etnográfico y cultural de Asturias) encontraron un ejemplar disecado en un pueblo llamado Peranzanes, situado en la cara sur de la cordillera Cantábrica, en la comarca leonesa de El Bierzo. La investigación llevada a cabo por Gausón Fernández, uno de los miembros de la fundación, llegó a desentrañar la enrevesada historia de este ejemplar, encontrado en la basura cerca de un bar de Mieres, en Asturias, a cuyo dueño se lo había regalado a su vez una mujer de San Vicente de la Barquera, en Cantabria, que aseguraba que unos cazadores de aquella zona lo habían matado y se lo habían regalado a su padre. Tenía el pellejo embadurnado por una espesa costra de polvo, humo y grasa, lo que hacía difícil comprobar con exactitud la especie, hasta que por fin pudo limpiarse y se descubrió que se trataba de un lince rojo de Norteamérica o *Lynx rufus*, determinación confirmada después por una muestra de ADN mitocondrial. Así que no era, evidentemente, un lince cantábrico.

La tercera decepción se produjo justo 10 años más tarde, en 2012. En el boletín de octubre de la organización ecologista FAPAS (Fondo Asturiano para la Protección de la Fauna Salvaje) se anunciaba el hallazgo de un lince ibérico disecado en una casa particular del concejo de Llanes, cuya propietaria afirmaba que había sido cazado por su padre en la sierra del Cuera —una sierra prelitoral que se interpone entre los Picos de Europa y el mar— en el año 1953. Como suele suceder, el descubrimiento había sido una pura casualidad, pues en la casa habían contratado a un jardinero que, al ver el ejemplar disecado, le hizo una fotografía que acabó llegando al FAPAS. Un estudio posterior del ejemplar confirmó que la especie era *Lynx pardina* o lince ibérico, pero ni siquiera eso sirvió para clarificar la situación de ambas especies, pues la propietaria, al consultar los hechos con testigos más directos, aseguró que el ejemplar había sido cazado en realidad en la provincia de Badajoz, y no en Asturias.

En el verano del año siguiente, se encontró de nuevo otro ejemplar disecado en el Museo de la Naturaleza de Carrejo, en Cantabria, procedente del Gabinete de Historia Natural de la Universidad Pontificia de Comillas. Según algunas noticias había sido cazado en el Valle del Saja (Cantabria) en los años 20 del pasado siglo. Este ejemplar tenía una larga piel invernal de color ceniciento y no tenía rabo. Ahora había esperanzas serias de encontrar al fin un ejemplar de lince «histórico» y no arqueológico, esperanzas que en seguida se esfumaron cuando las pruebas genéticas demostraron que era de nuevo un *Lynx rufus* o lince norteamericano.

Esta es la última decepción hasta ahora.

Pero la parte más concluyente —y aún más desoladora— de todo este tenaz esfuerzo, es la constatación de que los testimonios orales no siempre son todo lo válidos y concluyentes que a primera vista parecen. Existe un caso palmario en este sentido que se repite invariablemente en todos los estudios o artículos que se escriben sobre el lince en el entorno de la cordillera Cantábrica, y es la cita que se atribuye a un biólogo estadounidense llamado Tony Clevenger, quien, recién llegado a España en 1985 para participar en unos trabajos sobre el oso pardo, tuvo la inmensa suerte, al parecer, de avistar un lince —se supone que ibérico— en los Ancares lucenses.

Y escribo «al parecer» porque, según se dice, cuando Tony Clevenger llegó a España y creyó haber visto un lince, dio por hecho que la especie abundaba por toda la Península ibérica, incluida el área donde se encontraba. Cuando se le hizo saber que ese avistamiento era el primero en muchos años comprendió que lo que vio igual no era del todo, y con total seguridad, un lince, y que, quizás, se debería matizar esta cita, si bien no he encontrado constancia documental de que Clevenger se retractara de ella. En cualquier caso, ya sea por derecho propio o ajeno, esta observación ha pasado a la historia como la última fidedigna del noroeste peninsular. Supongo que debe ser lo que tiene ser estadounidense.

Porque, dicho esto, ¿qué diferencia hay entre un testimonio oral y una observación? O mejor dicho, ¿qué diferencia hay entre un paisano que asegura haber visto un lince y otro que asegura haber visto un lince? Exactamente la diferencia que hay entre un paisano y un biólogo estadounidense. Ahora bien, no quiero decir con esto que las decenas —o centenares, si ampliásemos el radio de estudio— de observaciones proporcionadas por personas de muy variada cualificación deban ser tenidas por el mayor de los aprecios. Sencillamente digo que no concuerdan.

Reconozco, no obstante, que algunas citas son desconcertantes por su rigor. Las he tomado de este espléndido artículo ya citado («Nueves anuncies sol llobu cerval n'Asturies». Carlos Nores Quesada, Adrián Vigil, Gausón Fernande Gutierri, Alberto Álvarez Peña. *Asturies: Memoria encesa d'un país*, 2015).

Una de ellas la recogen en Tineo en el año 1998, de un informante que tiene por entonces 71 años y que afirma que en su juventud: *«esi bichu que llaman el lince matéilu you en el año 36 o 37»*; y posteriormente describe a la perfección lo que hoy sería fisiológicamente y sin ninguna duda un lince. Otra la recogen en el concejo de Ribadesella, en el oriente costero de Asturias, de un cazador que tenía 84 años en 2011, y que reproduzco por su interés:

> … el último lince debimos matarlo nosotros en el Sueve, en La Biescona —un monte de hayas muy conocido por estar situado a escasa al-

titud y ser el orientado más al norte de toda Asturias—, a mediados de los años 50 estábamos cazando jabalíes y salió. Era algo más pequeño que un raposo —zorro— grande. La cola gris pardo, rallado. Las orejas con pelo encima del rabo pequeño. Había un cazador de Villaviciosa con nosotros, no lo habíamos visto nunca ese bicho, dice: «gato no es, pues tiene que ser lince», dijo.

Otro testimonio extraordinario es el que recogen en el concejo de Onís en el año 2015, referido por un informante de 74 años, y que, hacia el mes de septiembre o primeros de octubre del año 1957, estando en compañía de otro pastor por la Vega de Ario, en el Parque Nacional de los Picos de Europa, vieron en un sierro «unos bichinos enredando en una huerta al lado de una cueva en La Jallada, cerca del Jogón de Aliseda, donde hay un resquilón que siempre tiene nieve». En un primer momento creyeron que eran crías de zorro, pero al acercarse vieron que eran linces, los cuales se escondieron rápidamente en una cueva. Los pastores cerraron la boca de la cueva y fueron a por un cepo, que colocaron en la única salida.

> La primera noche ya cayó la «gata grande» que la cogimos en el cepo por la pata de alante, «viémonos negros pa matala», se tiraba a nosotros que aquello era una fiera, tenía unos colmillos grandes como medio dedo índice, después cayeron los otros dos, uno cada noche, los 2 gatinos [cachorros de lince]; ya eran grandes, igual tenían medio año. Eran grises como estos gatos que hay grises […] para los pequeños que eran, eran muy fuertes, mayores que los gatos monteses, tenía unas orejas ritas para arriba y medio rabo. Mataban los corderos, los metían en canchales dónde hay piedra grande y no podían correr y los degollaban y les chupaban la sangre y no los comían más; decían que eso no era el zorro, el zorro no hace eso. Después los corderos los aprovechábamos nosotros.

Las pieles las vendieron después a un hombre que «compraba chatarra, compraba *pelleyas* [pieles], compraba *llana* [lana], trapicheaba n'eso». Triste final para las últimas pieles de lince en los Picos, si lo fueron, vendidas como chatarra.

En el testimonio se recoge también lo que parece ser un rasgo característico que se atribuye al lobo cerval: su carácter sanguinario, en el verdadero sentido de la palabra. La pasión por las vísceras de los animales cazados no es un rasgo solamente suyo, pues los lobos es lo primero que comen, pero evidentemente continúan después por la carne y hasta por los huesos.

En un billete de la talla de fieras —recuerden: ese pago que la Junta General del Principado de Asturias hacía a quienes presentaran la piel de un carnívoro sal-

José Ramón Lueje Sánchez. Ganado lanar en la Vega de Ario, Picos de Europa, a mediados del siglo XX (*Muséu del Pueblu d'Asturies*).

vaje— fechado en 1775 (y publicado por los biólogos Juan Pablo Torrente y Luis Llaneza), un vecino de Santa Marina de Pajares, en el concejo de Lena, cuenta que los lobos cervales «se entran por los corrales y sin comer res alguna degüellan cuántos encuentran». Quizá por ello Juan Menéndez Pidal, cuando escribió en 1897 el capítulo referido al concejo lenense para la excepcional obra *Asturias* (Bellmunt y Canella), se refirió al animal como «el sanguinario lince que esparce el terror en su carrera».

El mismo rasgo aparece descrito en un documento que sorprende a los investigadores por su innegable valor probatorio, una serie de noticias y cartas publicadas en el periódico *El Carbayón. Diario asturiano de la mañana* entre octubre de 1884 y junio de 1885, acerca de una sanguinaria fiera que estaba causando el mayor de los estragos en las montañas de Lena, Quirós, Riosa y Morcín, en el marco de la sierra del Aramo, una sierra perpendicular a la Cordillera y cuyas estribaciones últimas llegan casi hasta Oviedo.

La primera noticia que da el periódico (24 de octubre de 1884) daba cuenta de los daños, pero no se había identificado aún a la fiera:

> Continúa causando grandes estragos en los ganados la fiera que vaga por los concejos de Lena, Mieres, Quirós y Riosa, y que últimamen-

te se ha presentado en Morcín y en la Ribera de Arriba. Aún no se puede afirmar de qué animal se trata, pues unos dicen que se trata de una pantera, otros dicen que una hiena, y algunos pretenden que es un lobo cerval. Lo cierto es que continúa matando reses y cebándose solamente en sus entrañas.

El 28 de mayo de 1885 un suscriptor del periódico, natural de Piedracea, un pueblo de las montañas de Lena, envía una carta quejándose de la inacción pública frente a los estragos causados por lo que ya es identificado, a todos los efectos, como un «lobo cerval».

> Estamos, señor director, los ganaderos de Lena, Quirós y Riosa, bajo una segunda y gran calamidad. Después de los malos temporales y consiguientes escaseces de alimentos y enfermedades de nuestros ganados, la insaciable fiera que hace un año anda entre nosotros nos los está acabando de matar. Durante el invierno y huyendo de la nieve á zonas más templadas, nos había dejado en paz, no sin haber devorado durante el pasado verano y otoño 87 reses vacunas en estos tres referidos concejos. Pero hace un mes volvió á aparecer y tan voraz, que sólo en dos semanas va con 14 muertes de reses vacunas en el radio de una legua, desde la Mortera de Alba, parroquia de Salcedo de Quirós, hasta La Cobertoria, majada y cordillera entre las parroquias de Llanuces y Pola de Lena, en la divisoria de estos dos concejos. Hasta ahora todas las mataba de noche huyendo del día, por lo que jamás se la veía ni se sabía más que por los destrozos que causaba, qué clase de fiera fuese. Ahora, más osada ya, caza de día sin asustarse ni intimidarse con la presencia del hombre, y es vista y se sabe con precisión a qué especie pertenece, según todos los informes de los varios que la vieron en la presente semana.

Lo que viene a continuación es una de las fuentes más fidedignas y sin ninguna duda más postreras de las que acreditan la presencia del «lobo cerval» en nuestros montes, sobre todo porque en aquellos tiempos no existía la posibilidad de acceder al conocimiento fiable de cómo era físicamente un lince, por lo que quién lo tuviera que describir difícilmente podría confundir o imaginar sus rasgos.

> La pudo observar detenidamente y como a unos 50 pasos. Refiere que es como un perro de extraordinario tamaño, un poco menos corpulento que el lobo: el color de su piel es pardo claro con pencas negras, y por la falda blanco, muy semejante al corzo; la cola es corta, gruesa y negra al terminar; las patas y pisadas redondas con grandes uñas, que posa dobladas sobre la palma, levantando en los rastros la tierra o nieve con

ellas. La cabeza es corta de hocico, y muy ancha; las orejas largas y tiesas, rematadas con un pincel de pelos negros. Tiene gran pecho, muy ancho del cuarto delantero y por atrás más largo y las piernas cortas.

Así resulta la relación del referido testigo, que está en un todo conforme con la de otros que también la vieron, pero de largo y con menos precisión que éste. Por las señales, y el modo de matar y alimentarse con solo el intestino, la sangre y el hígado, se determina con precisión ser el lobo cerval o lince.

[...]

Estos datos de cuya verdad yo le respondo, y acerca de los cuales también pueden preguntar al Ayuntamiento de Lena, que haría mejor en ocuparse en ésta y otras cosas de interés vital y público, que en el pugilato electoral[211].

Está claro, a la vista del final de la carta, que en algunos aspectos 150 años no son nada. Sin embargo, parece que el Ayuntamiento y otras instituciones se tomaron el asunto en serio, a juzgar por la noticia publicada menos de un mes después (13 de junio de 1885).

El lunes próximo se dará en los montes del Aramo hasta el Cordal de los Llanos y Sierra de Telledo, una gran batida con objeto de cazar la fiera que hace bastante tiempo viene ocasionando grandes daños en los ganados de muchos pueblos de la provincia. Asistirán gentes de los concejos de Morcín, Riosa, Teverga, Proaza, Quirós, Mieres y Lena, creyéndose que no bajarán de 1.500 hombres los que se reúnan.

Los alcaldes y comisiones de cazadores inteligentes dirigirán á los ojeadores y escopetas de sus respectivos concejos á fin de que vaya la cacería bien ordenada y no haya que lamentar desgracias.

Hemos oído hablar del asunto á un aficionado que va á tomar parte en la montería, y cree éste que aunque no llegue á matarse la fiera o lobo cerval, que es lo que más se desea, no por eso dejará de ser la batida infructuosa, pues se sabe que por aquellos sitios merodean dos osos y cinco lobos que han causado también perjuicios de consideración. Está montería revestirá una importancia como no la ha tenido ninguna otra en Asturias, y procuraremos tener a nuestros lectores al corriente de lo que ocurra[212].

Desgraciadamente, nada más encontré en los ejemplares digitalizados de *El Carbayón*. Ignoro si la montería tuvo éxito o siquiera lugar, o si acaso terminó, a

---

[211] *El Carbayón. Diario asturiano de la mañana.* Biblioteca virtual de prensa histórica. Ministerio de Cultura y deporte. www.prensahistorica.mcu.es
[212] Ídem.

Francisco Ruiz Tilve. Montes del Aramo. 2 de febrero de 1964 (*Muséu del Pueblu d'Asturies*).

pesar del procuro de los «alcalde y cazadores inteligentes», como aquella otra monumental batida que se llevó a cabo en los montes de Portugal fronterizos con Galicia en 1760, con el fin de cazar también un misterioso lince que presumiblemente había devorado a más de ochenta criaturas humanas, lo que comparativamente con el caso de Asturias quizá justifique el volumen de intervención que se produjo. Y es que el gobernador del distrito portugués de Chaves reclutó para esta acción un ejército de 12.000 hombres entre soldados de Infantería, Caballería, Milicias y campesinos, solicitando a su homónimo gallego de Monterrei otros mil infantes más para complementar una operación militar que ya hubiera querido dirigir el mismísimo Napoleón. El resultado fue la muerte de una persona, un caballo, dos lobos ordinarios y siete zorros, como explica gráficamente José Piñeiro Maceiras, en su artículo «El Lobo cerval, notas etnográficas».

Aquel lince devorador de hombres de Portugal, como la misteriosa fiera de Gévaudan, en Francia, o el «vakner» del obispo Mártir, permanecen aún encerrados en la nebulosa de los sueños, y seguramente nunca aparecerá nada que los despierte definitivamente.

4. Un fantasma recorre la cordillera Cantábrica

Un fantasma recorre la cordillera Cantábrica. Son muchas las personas que afirman haberlo visto, pero no hay nadie que haya podido fotografiarlo o mostrarlo, ni siquiera muerto. No hay ningún ser humano que haya aportado hasta ahora ni una sola prueba material que demuestre su existencia, pero son tantos los que aseguran haberlo observado que resulta desconcertante esta evidente contradicción. De tal calibre es, que hasta los más curtidos y escépticos hombres de ciencia se sienten perplejos. Podríamos decir que se trata de nuestro particular «yeti». El mayor enigma de la criptofauna cantábrica. ¿Hay lince todavía en los montes de la Cordillera?

No pretendo desde luego tratar este tema (ni ningún otro de los que aparecen en este libro) desde perspectivas sensacionalistas y tergiversadoras; para eso ya están algunos periódicos. Por eso a la pregunta anterior la única respuesta posible desde la ciencia y la confianza en la prueba empírica es: NO. Un rotundo NO. En los últimos años proliferan las cámaras de fototrampeo (cámaras que se activan mediante sensores de movimiento). Llevan años registrando el paso de animales silvestres desde que organizaciones no gubernamentales ligadas a la conservación de la naturaleza las comenzaron a emplear allá por los años finales del pasado siglo. Ninguna de estas cámaras ha registrado el paso del lince. Nadie se ha encontrado nunca ningún ejemplar muerto, ni siquiera atropellado. Ninguna carretera de las muchas que hay en el norte peninsular ha ofrecido para la ciencia el sensacional descubrimiento de que en la cordillera Cantábrica hubiese pervivido una especie de carnívoro que se creía ya extinta. Ninguna base blanda ha impreso la notable huella de un lince, que se mueven habitualmente por caminos y sendas, no por el aire, y aunque quisiéramos aceptar que tal vez puedan pasar desapercibidas por su semejanza —en forma, que no en tamaño— con las del gato montés, lo cierto es que algún biólogo entendido hubiera podido reconocerlas de haber efectivamente existido. ¿Por dónde se mueven entonces nuestros linces boreales, que muchos ven pero que ninguno encuentra?

Sencillamente es insostenible. La pregunta es… ¿cómo valorar entonces las innumerables citas de avistamientos actuales que han recogido los que se han interesado vivamente por este asunto?

La criptozoología constituye el intento esforzado por demostrar la pervivencia de especies desconocidas o consideradas extintas. Ya saben; yetis, chupacabras, megalodones, pulpos gigantes y cosas de esas. No es fácil imaginar que no sea preciosamente la disciplina —si se puede llamar así— que goce de más prestigio dentro de la zoología. Aun así, atraídos por esta aparente contradicción entre avistamientos frecuentes y falta absoluta de pruebas, algunos biólogos lo intentan.

En su artículo sobre el lince ya citado, Nores, Vigil, Fernández y Álvarez Peña extienden una relación de todos los avistamientos de los que se tiene constancia. De los años 70 hacia acá son muy numerosos aún (en torno a 50), y repartidos por todo el territorio. La mayoría son de ganaderos y cazadores, pero los hay también atribuidos a guardas forestales, e incluso a un ingeniero técnico forestal. ¡Más de 50 supuestos avistamientos de un animal del que no existe prueba fiable de su existencia desde hace más de 100 años! Es verdaderamente sorprendente. Y si se ampliara el esfuerzo y el territorio a prospectar, serían aún mayores las citas, eso casi seguro. No sé si pasa lo mismo con otras especies extintas. No creo que nadie haya hecho la prueba de preguntar a los paisanos si han visto cabras monteses o perdices nivales, pero estoy seguro de que si se hiciera darían resultados tan positivos como con el lince.

Porque, al fin y al cabo, ¿cuál es el valor de estas citas y avistamientos recientes? El que cada uno le quiera dar. La mayoría son coherentes con la descripción física y ecológica de la especie, pero eso no quiere decir gran cosa. En la relación que hacen los autores citados aparece incluso una persona que ha visto este fantasma indetectable por dos veces en los últimos 10 años, mientras que cazadores y guardas con 60 y más años de monte a sus espaldas —la mayoría tenidos por gente prudente— admiten no haber visto señal alguna de linces en toda su vida. Por eso soy escéptico en el uso de los testimonios orales para obtener información sobre fauna. Los paisanos no siempre son fiables, a veces sencillamente por razones ajenas a su voluntad (lo que les pareció ver no es lo que estaban viendo). A la hora de recoger información es importante la forma en que se aborda al informante. Por ejemplo, si lo que se pretende es recoger testimonios orales acerca de la posible existencia de perdices nivales, no es lo mismo acercarse a un paisano y preguntarle si alguna vez ha visto una perdiz de color blanco por el monte, así en seco, que acercarse a él y explicarle previamente cuál es el objeto de tu investigación, describirle detalladamente cómo era la perdiz nival y su importancia y el interés que tiene para ti su testimonio. En el primer caso, con seguridad nadie afirmará haber visto nunca una perdiz blanca; en el segundo, siempre habrá alguno que asegure haberla visto. No sabría explicarlo mejor, pero no creo estar del todo equivocado.

Lo cierto es que, a juzgar por las citas y los comentarios, en los últimos 70 años se han cazado linces, se han atropellado, se han vendido sus pieles, se han capturados en cepos y hasta se han disecado, y jamás hasta ahora nadie ha podido presentar una prueba fiable. Así, se habla de un lince muerto en los años treinta en Lindes (Quirós), otro cazado en Cudillero en 1934, un tercero disecado en Riospaso (Lena) en fecha anterior a los años ochenta, y un cuarto cazado en Cecos (Ibias) hacia los años setenta y cuya piel fue vendida. Ninguno de estos ejemplares ha dejado rastro, lo mismo que unos supuestos linces atropellados en los puertos del Connio (Cangas del Narcea) y La Cobertoria (entre Lena y Quirós), en fecha indeterminada. A veces el testimonio es tan asombroso que parece imposible que no hubiese quedado una prueba de él.

En el estupendo blog de Juan Manuel Pérez de Ana («Sierra Sálvada»), un biólogo que trabaja de agente forestal en el País Vasco, encuentro la siguiente historia relativa a lo que probablemente parece el último y más fiable avistamiento de lince en la cordillera Cantábrica; en concreto, además, en uno de los sectores protagonistas de este libro: los Picos de Europa. Juan Manuel Pérez de Ana cita un libro escrito por Erik Pérez Lorente, prestigioso escalador y guía de alta montaña, además de uno de los mejores conocedores de los Picos de Europa, titulado *Cinco montañas clásicas asturianas: Naranjo, Torrecerredo, Peña Santa, Peña Santa de Enol y Peña Ubiña: una visión personal*, publicado en 1993, en el que el autor hablaba del hallazgo de un lince muerto en 1978, mientras abría una vía de escalada en la cara sur de la Peña Santa:

> Era de mediana envergadura, como un perro mediano, de piel amarilla con puntos negros, sin rabo, con finos bigotes y orejas puntiagudas…, aquellas orejas y el corto rabo fue lo que nos convenció de que era un lince.

El autor del blog, tan sorprendido como yo, y como cualquiera que admita que puede ser el último avistamiento razonable que se haya hecho de un lince boreal en la cordillera Cantábrica, escribió a Erik Pérez Lorente para que complementara aquella observación. La respuesta que recibió del escalador es tan rotunda en lo descriptivo como frustrante en lo investigado.

> Estimado Juanma:
> Tienes que comprender que al lince (mi compañero y yo estábamos seguros de que era un lince) lo vimos 5 minutos, lo observamos mejor, pues estaba muerto obviamente. Era al amanecer, en una vía que al principio va muy metida en una canal. Serían las 7 AM o así. Mi recuerdo es muy vivido de dónde estaba, cómo estaba colocado y su forma, pero afinar tanto como para darte un peso… Yo he tenido muchos perros grandes, varios mastines y varios schnauzers grandes y medianos, y te diría

que pesaba lo que pesaba una perra schnauzer mediana que tuve 12 años, y que pesaba unos 25 kg. Lo que sí recuerdo es que tenía esos pelos característicos en las orejas. Pasó en el 78, imagínate, hace más de 34 años. ¡Yo tenía 18 años! Y mi amigo también, pero como amantes de la naturaleza, la escalada, nos gustaban los animales sin ser, ni mucho menos, expertos en fauna, y eso nos llevó a pensar, sin dudarlo ni un momento, que era un lince. No te podría decir si ibérico o europeo. Lo he mirado en fotos cuando alguien me ha preguntado, y me parecía que era el más pequeño, pero… Me acuerdo que pensamos en llevárnoslo, incluso bajar con él y no hacer la vía, pero pudo más la intención de hacer historia en aquella vía, la actitud deportiva que el interés faunístico. Craso error según lo miro hoy, pero cada tiempo tiene sus prioridades. No le hicimos fotos, porque mi amigo Genaro Sánchez dijo que no saldrían por la poca luz. De todas formas, pasé por allí más veces años después y no vi huesos u otros restos. No recuerdo mucho más. Lo que sí recuerdo fue la gran impresión que nos causó. Lo comentamos muchas veces con unos y con otros de la universidad, biólogos y naturalistas de campo aficionados y siempre nos decían que si no habría sido un gato montés, nosotros contestábamos que no, que claramente nos había parecido un lince. Pero poco más te puedo decir. Si recuerdo que tenía un hilillo de sangre en la comisura de la boca, y por eso nos imaginamos que había caído de las paredes laterales de la Canal y se había matado ¿Quién sabe? La sangre era reciente, como de hacía unas pocas horas, no un gran charco, solo un hilillo. Había escalado esa vía gente el día antes, los conocíamos, hablamos con ellos: no habían visto nada. Así fue la cosa. Si hubiera sido hoy, me habría bajado con él en la mochila, un rápel y a la oficina del Parque Nacional a entregar el cadáver, pero entonces estábamos más a hacer un curriculum deportivo (esa vía entonces era una de las más difíciles de los Picos de Europa junto con la Oeste del Naranjo). Con el tiempo te das cuenta de lo que tiene importancia y prioridad, cuando eres un rapaz no tienes la misma perspectiva. Ya me dirás si te puedo aportar algo más.

Reconozco que no deja de producirme escalofríos este testimonio: su veracidad es tangible, casi carnal; no puedes confundirte en rasgos como el mechón de pelos en las orejas o el rabo corto cuando estás en una estrecha canal y con el animal muerto frente a ti, todavía fresco, y le calculas un peso con mucho superior a los 15 kg que puede pesar un buen macho de lince ibérico. Pienso inmediatamente en aquellos pastores que vieron crías de lince en la Vega de Ario en 1957, o los cazadores que afirmaron matar al último lince de la sierra del Sueve, y no puedo evitar pensar que cuántos testimonios creemos imposibles, interesados o simplemente falsos, y pueden ser ciertos y desgraciadamente nunca lo sabremos. En cualquier caso, me resulta inconcebible que no le hubieran hecho una fotografía; hubieran pasado a la historia como los últimos que vieron al extinto animal.

Sólo se me ocurre pensar que, encontrándose precisamente en la canal del Pájaro Negro —expresivo y singular nombre debido a Enrique Herreros, que se topó hasta en dos ocasiones con sendos pájaros negros muertos en ella—, y destrozadas por los paganos del montañismo todas las viejas leyendas que negaban la accesibilidad de la cumbre santa, de donde brotaba una fuente que nadie bebería jamás, quizá se avinieron inconscientemente a preservar la última fábula que nos queda, el único mito salvaje que no hemos conseguido arrinconar. Quizá llevados por el débil magnetismo de una cumbre tantas veces hollada, dejaron de lado sabiamente la prueba irrefutable de una gran verdad. Pensándolo bien, cuánto mejor para este libro y para los devotos de lo imposible no haber ensuciado la expectativa con una vulgar foto de un lince boreal recién caído, depositado sobre la llambria caliza de una canal bautizada con el nombre de dos chovas muertas, y cerca de una cima de la que en realidad solo brotan los culos de los montañeros cuando se sientan a descansar. Mejor no quebrar nunca esa dicotomía que convierte la búsqueda irreductible de los últimos linces en algo acientífico, una suerte de homeopatía zoológica, o el ocultismo llevado al campo de la biología.

Por eso algunos biólogos todavía lo intentan, quizá llevados por una vieja nostalgia de redescubrimiento, o por una resistencia hacia una profesión vestida cada vez más de bata blanca y menos con botas de monte. Me gusta pensar que en el fondo exploran los últimos caminos de lo salvaje, ese espacio romántico donde la sucia mano del hombre aún no se ha posado.

Por eso prefiero escribir entonces que van tras el rastro del inmortal.

P. D.: En los dos últimos meses de 2015 y primeros de 2016, se colocaron unas cámaras trampa con cebo atrayente (orina de lince ibérico) en los montes de Lena y Quirós. Se trataba de un proyecto dirigido por el profesor de la Universidad de Oviedo Carlos Nores con la participación de otros biólogos y la colaboración de la Guardería Forestal de la zona. No quedó registrado ningún lince en ellas. Es la primera y seguramente última demostración «científica» —en el sentido de poner todos los medios empíricos posibles para demostrar una hipótesis— de que no hay linces en Asturias.

ÍNDICE BIBLIOGRÁFICO

Abercrombie, G. F.: *Los Picos de Europa, 1933*, Alpine Journal, 1934.

Álvarez, Pedro: *Los lebaniegos*, Santander: Imprenta Cervantina S. L. 2011.

Anónimo. *La Atalaya. Diario de la Mañana*. Edición de 26 de agosto de 1895, Biblioteca Virtual de Prensa Histórica, Ministerio de Cultura y Deporte, www.prensahistorica.mcu.es

Anónimo: *Topografía médica del concejo de Caso*, 1945.

Anónimo: *Tratado de la caza de los lobos y zorras y medios más seguros de exterminarlos*, Madrid: imprenta de D. Miguel de Burgos, 1829.

Aramburu y Zuloaga, Félix de: *Monografía de Asturias*, Gijón: Silverio cañada Editor, 1989.

Arias Corcho, J. A; Soberón, F., y Bustamante, J. M.: «Reconstrucción del itinerario de los botánicos suizos en los Picos de Europa», *Mémoires de la Société Botanique de Genève*, n.º 1, 1979

Ballesteros Villar, Francisco: *La vía Pidal del Naranjo de Bulnes*, Oviedo: Editorial Laria, 2008.

Ballesteros Villar, Francisco: *Pastores y majadas del Cornión*, León: Ed. Everest, 2002.

Ballesteros Villar, Francisco: *Las historias del Naranjo de Bulnes,* Oviedo: Ed. Laria, 2004.

Bas Costales, Xuan F.: *La pesca en el Eo. Cultura y tradición ribereña,* Ayuntamiento de San Tirso de Abres, 2007.

Blas Cortina, Miguel Ángel de [et alia]: *Cobre y oro: minería y metalurgia en la Asturias prehistórica y antigua*; coordinador Fernández–Tresguerres, J. A. Oviedo: Real Instituto de Estudios asturianos, 2010.

Bellmunt, Octavio, y Canella, Fermín: *Asturias*, Gijón: Fototipia y Tipografía de O. Bellmunt, 1895-1900.

Buck, Walter, y Chapman, Abel: *España inexplorada (Unexplored Spain),* (Londres, 1910). Traducción de M.ª Jesús Sánchez Raya y Aurora López Sánchez–Vizcaíno, Sevilla: Junta de Andalucía, 1989.

Buck, Walter, y Chapman, Abel: *España agreste,* Sevilla: Ediciones Espuela de plata, 2011.

Cabo Sariego, José Luis: www.*riosahistoria.blogspot.com*

Canales Ruiz, Jesús: «El salmón: un poco de historia». *Anales del instituto de Estudios agropecuarios*, Volumen V. Diputación Provincial de Cantabria, 1981-1982.

Canals Vilaró, Salvador: *Asturias: información sobre su presente estado moral y material,* Madrid: 1900.

Casal, Gaspar: *Historia Natural y Médica del Principado de Asturias*. Madrid: 1762.

Casariego, Jesús Evaristo: *Tratado sobre montería y caza menuda*, Oviedo: Banca Masaveu, 1977.

Casona, Alejandro: *La dama del alba*, Madrid: Cátedra, 2006.

Castroviejo, José María, y Cunqueiro, Álvaro: *Viaje por los montes y chimeneas de Galicia. Caza y cocina gallegas*, Madrid: Espasa-Calpe, 1962.

Conde de Saint–Saud, Jean Marie Hippolyte Aymard d'Arlot: *Por los Picos de Europa. Desde 1881 a 1924*. Traducción y notas de José Antonio Odriozola Calvo. Salinas: Ayalga Ediciones, 1985.

Conde de Saint–Saud, Jean Marie Hippolyte Aymard'Arlot: *Monografía de los Picos de Europa (Pirineos cantábricos y asturianos).* Traducción de Carmen Laguna Caviedes y Luis Bocos Arias. Torrelavega: Ed. Cantabria Tradicional S. L., 2011.

Corujo López Villamil, Ignacio: «Víctor, el de Camarmeña». *Club alpino español. Anuario 1929-1930,* Madrid: Ed. Talleres Voluntad, 1930.

Covarsí, Antonio: *Narraciones de un montero y práctica de caza mayor,* Madrid: Establecimiento tipográfico de Antonio Marzo, 1910.

De la Escalera Guevara, Pedro: *Origen de los Monteros de Espinosa, su calidad, ejercicio, preeminencia y exenciones,* Madrid: 1735

Delibes, Miguel: *La caza en España,* Madrid: Alianza Editorial, 1993.

Díaz Antón, Paulino: *www.escabrales.com*

Dory de Villiers, Alphonse: «Las antiguas minas de cobre y cobalto del Aramo», *Revista Minera,* n.º 1463, 1893

El Carbayón. Diario Asturiano de la Mañana. Biblioteca Virtual de Prensa Histórica, Ministerio de Cultura y Deporte, www.prensahistorica.mcu.es

Ezquerra Boticario, Francisco Javier, y Gil Sánchez, Luis: *La transformación histórica del paisaje forestal en la comunidad de Cantabria,* III Inventario Forestal Nacional (1997-2006), Ministerio de Medio Ambiente, 2004.

Fernández de la Mora, Gonzalo: «El agua en la era de Franco», Madrid: *El País,* 8-6-1992.

Fernández Rodríguez, Jesús: *Diario de un pastor trashumante,* Madrid: RENFE, 1999.

Fernández Sánchez, Joaquín: *El hombre de los Picos de Europa: Pedro Pidal, marqués de Villaviciosa, fundador de los Parques Nacionales,* Madrid: Ed. ICONA (Organismo Autónomo Parques Nacionales), 1999.

Fernández Zabala, José: «Picos de Europa. Un paseo por el macizo central». Revista de alpinismo *Peñalara,* n.º 22, 1915.

Fontan de Negrin, Ludovic: *En los Picos de Europa, Asturias,* Bilbao: G. H. Editores, 1986.

Foronda y Aguilera, Manuel de: *De Llanes a Covadonga. Excursión geográfico-pintoresca,* Madrid: El Progreso Editorial, 1893.

Fuertes Arias, Rafael: *Asturias industrial: estudio descriptivo del estado actual de la industria asturiana en todas sus manifestaciones,* Gijón, 1902.

Gadow, Hans Friedrich: *Por el norte de España (In Northern Spain), 1897,* Torrelavega: Editorial Librucos, 2015.

García de Castro Valdés, César, y Busto Hevia, Gabino: «Hallazgo y extracción de un esqueleto humano de la Edad del Bronce en la cueva de la Paré los Cinchos (Puertu Güeria, Quirós, Asturias)», *Excavaciones arqueológicas en Asturias 2013-2016.* Oviedo: Edita Consejería de Educación y Cultura, Ediciones Trabe SL, 2018.

García Díez, José Antonio: *Osos: lances y percances,* Zamora: edita A. Saavedra, 1988.

García Fernández, Jesús: *Sociedad y organización tradicional del espacio en Asturias,* Gijón: Silverio Cañada Editor, 1988.

García Llorente, Eduardo: *El oso en los montes lebaniegos*, Institución Cultural de Cantabria. Volumen VI. Diputación Provincial de Santander, 1974.

García Mercadal. José: *Viajes de extranjeros por España y Portugal desde los tiempos más remotos hasta comienzos del siglo XX*, Valladolid: Junta de Castilla y León, Consejería de Educación y Cultura, 1999.

Gay, Jacques Étienne: «Viaje botanico de Durieu de Maisonnnave por Asturias, emprendido en el año 1835», Oviedo: *Boletín del Instituto de Estudios Asturianos. Suplemento de Ciencias*, n.º 6, 1958.

Gómez López, Francisco: *www.escabrales.com*

González Echegaray, Joaquín: «La cueva de la Mora, un yacimiento paleolítico en la región de los picos de Europa», *Altamira. Revista del Centro de Estudios Montañeses*, núms. 1, 2 y 3, Santander: Diputación Provincial de Santander, 1957.

González Prieto, Luis Aurelio: «El conde de Saint-Saud, un espía en los Picos de Europa», Oviedo: *La Nueva España*, 22 de mayo de 2013.

Gutiérrez Claverol, Manuel, y Luque Cabal, Carlos: *La minería en los Picos de Europa*, Oviedo: Trea, 2000.

Herreros, Enrique: «La leyenda negra de los Picos», Madrid: *ABC* de 25 de enero de 1961.

Íñiguez, Alfredo: *http://cimbfred.blogspot.com/*

Labrouche, Paul: «Les Pics d'Europe», *Bulletin Pyrénéen*, n.º 54, 1905.

La Voz de Liébana: *Liébana y los Picos de Europa*, Santander: Establecimiento tipográfico de la Atalaya, 1913.

London, Jack: *El silencio blanco y otros cuentos*, Madrid: Alianza editorial, 1978.

López Castrillón, Rosendo María: *Las nueve vidas de la casa de la Fuente de Riodecoba. Libro de memorias de una casa campesina de Asturias (1550-1864)*, Gijón: Muséu del Pueblu d'Asturies, 2018.

López Díaz, José María: *embalsedesalimepueblosyaldeasbajoelagua.blogspot.com*

Llano Roza de Ampudia, Aurelio de: *Bellezas de Asturias de oriente a occidente*, Oviedo: Imprenta Gutenberg, 1928.

Llorente Fernández, Ildefonso: *Recuerdos de Liébana*. Madrid: Imprenta y Fundación de M. Tello, 1882.

Madoz, Pascual: *Diccionario geográfico-estadístico-histórico de España y sus posesiones de Ultramar*, Madrid: 1846-1850.

Martínez Torner, Florentino: *Dos estudios geográficos y etnográficos sobre Asturias*, Museo Etnográfico de Quirós, Ayuntamiento de Quirós, 2006.

Mártir, obispo de Arzendjan: *Relación de un viaje por Europa con la peregrinación á Santiago de Galicia, verificado á fines del siglo XV por Mártir, obispo de Arzendjan*. Traducido del armenio por M. J. Saint-Martin y del francés por Emilia Gayangos de Riaño, Madrid: Establecimiento Tipográfico de Fortanet, 1898.

Mases, José Antonio: *Asturias vista por viajeros románticos extranjeros y otros visitantes y cronistas famosos. Siglos XV al XX*, Gijón: Ediciones Trea, 2001.

Mateos, J. J.: *www.sites.google.com/site/filosofiaencandas*

Merinero, María Jesús, y Barrientos, Gonzalo: *Asturias según los asturianos del último setecientos (respuestas al interrogatorio de Tomás López)*, Oviedo: Gobierno del Principado de Asturias, 1993.

Morales, Ambrosio: *Viaje de Ambrosio de Morales por orden del Rey don Felipe a los reinos de León, y Galicia y Principado de Asturias,* ed. Facsímil, Madrid: Antonio Marín 1765. Oviedo: Biblioteca Popular Asturiana, 1977.

Morán, Santiago, y Lozano, Ramón: *El Cares. Río, sendas, canales y garganta*, León: Ediciones Lancia, 2004.

Mortera Piorno, Hugo, y de la Hoz Regules, Jerónimo: «Distribución de los peces de aguas continentales de Asturias», *Naturalia Cantabricae*, n.º 8, Oviedo: Instituto de Recursos Naturales y Ordenación del Territorio, 2020.

Nores, Carlos: «Los pioneros de la ornitología en Asturias». *Naturalia Cantabricae*, n.º 2, Oviedo: Instituto de Recursos Naturales y Ordenación del Territorio, 2003.

Nores Quesada, Carlos; Vigil Morán, Adrián; Fernande Gutierri, Gausón, y Álvarez Peña, Alberto: «Nueves anuncies sol llobu cerval n'Asturies», *Asturies, Memoria encesa d'un país,* 2015.

Notario, Rafael: *El oso pardo en España*, Madrid: Ministerio de Agricultura, 1970.

Pastor López, Pascual: *Apuntes sobre la fauna asturiana bajo sus aspectos científico e industrial,* Oviedo: 1859.

Pereda de la Reguera, Manuel: *Liébana y Picos de Europa*. Institución Cultural de Cantabria. Centro de Estudios Montañeses. Diputación provincial de Santander, 1972.

Pérez de Ana, Juan Manuel: *www. parquenacionalpicosdeeuropa.blogspot.com*

Pidal y Bernaldo de Quirós, Pedro: «El parque nacional de Covadonga. La educación de las gentes», *ABC*, 25 de abril de 1923, www.abc.es/archivo/periodicos

Pidal y Bernaldo de Quirós, Pedro: *La caza del oso en Asturias*, Oviedo: KRK Ediciones, 2002.

Pidal y Bernaldo de Quirós, Pedro, y Fernández Zabala, José: *Picos de Europa. Contribución al estudio de las montañas españolas*, Madrid: Club Alpino Español, 1918.

Piñeiro Maceiras, José: «El lobo cerval, notas etnográficas», *Boletín Argutorio* n.º 30, 2013

Portolá Puyols, Felipe: *Topografía médica del concejo de Ponga*, Madrid: Hijos de Tello, 1915.

Posse, Juan Antonio: *Memorias del cura liberal don Juan Antonio Posse con su discurso sobre la Constitución de 1812,* Madrid: Centro de Investigaciones Sociológicas, 1984.

Puente Fernández, José Manuel. «La gran nevada de 1888 en Cantabria y Asturias». *La Revista del Aficionado a la Meteorología* (RAM), n.º 456, 1.ª etapa. Octubre de 2006.

Prado y Vallo, Casiano de: *Valdeón, Caín y la Canal de Trea. Altura de los Picos de Europa*. Gijón: Librería Cornión, 1985

Puche Riart, Octavio: «Casiano de Prado». *Pioneros de la arqueología en España. Del siglo XVI a 1912*. Museo Arqueológico Regional de la Comunidad de Madrid. 2004

Romeo Gorría, Jesús, ministro de Trabajo (Manuel Rivas, *Galicia, el bonsái Atlántico*, Aguilar, 1990).

Segovia, Alberto de: *Osos y lobos de nuestras montañas*, Madrid: Imprenta y Papelería Sierra, 1917.

Serrulla Rech, Fernando (Coordinador): *La recuperación e identificación de los restos de Eloy Campillo*. Madrid: Ministerio de la Presidencia, Relaciones con las Cortes y Memoria Democrática, 2021.

Reig, Abilio: «Los viajes ornitológicos de Alfred Brehn a España», revista *Quercus*, mayo 2004.

Rodríguez Cubillas, Isidoro: *Naranjo de Bulnes. Un siglo de escaladas*, Madrid: Ediciones Desnivel, 2000.

Rodríguez-Varela, Ricardo, et al. *Ancient DNA reveals past existence of Eurasian lynx in Spain*. Journal of Zoology. 2015

Ross, Mars, y H. Stonehewer-Cooper, Horace: *Las Tierras Altas del Cantábrico (The Highlands of Cantabria)*, Santander: Ed. Kattigara, 2012.

Sánchez Albornoz, Claudio: «A través de los Picos de Europa. Una ruta histórica», *Peñalara. Revista Ilustrada de Alpinismo*, núms. 419 y 420, 1979

Sáñez Reguart, Antonio: *Diccionario histórico de las artes de la pesca nacional,* Madrid: Viuda de Ibarra, Hijos y Compañía, 1791-1795.

Schulz, Guillermo: *Descripción geológica de la provincia de Oviedo,* Edición facsímil de 1858, Oviedo: Alvízoras Libros, 1988.

Suárez López, Jesús: *Tesoros, ayalgas y chalgueiros. La fiebre del oro en Asturias*, Gijón: Fundación municipal de cultura, educación y Universidad popular, 2001.

Torrente, Juan Pablo: *Osos y otras fieras en el pasado de Asturias*, Oviedo: Fundación Oso de Asturias, 1999.

Troche y Zúñiga, Froilán: *El cazador gallego con escopeta y perro*, Santiago de Compostela, 1837.

Urey, Diane F.: «La atracción del abismo en "Cuarenta leguas por Cantabria" y dos novelas de Galdós». *Anales galdosianos, 2007-2008*, Alicante: Biblioteca Virtual Miguel de Cervantes, 2016.

Uría Ríu, Juan: «El "mueyu", "capra pyrenaica" asturiana extinguida a comienzos del siglo pasado». *Archivum. Revista de la Facultad de Filosofía y Letras*. Tomo 9. Oviedo: Ed. Universidad de Oviedo, 1959.

Urquijo, Alfonso de: *Altos vuelos, precursores insólitos del turismo cinegético en la España del XIX,* Madrid: Aldaba Ediciones, 1989.

Valbuena, Antonio de: *Caza mayor y menor (no hay metáfora)*, Madrid: Hijos de Tello. 1913.

ValledeLiebana.info (reportajes de Liébana): *www.valledeliebana.info*

Valverde, José Antonio, y Teruelo, Salvador: *Los lobos de Morla*, Sevilla: Al Andalus Ediciones, 2001.

Varios Autores: *Paisajes y paisanajes de Asturias. Organización del espacio y vida cotidiana tradicional*, Gijón: Ediciones Trea, 2001.

Vázquez, Víctor M.: *Historia natural y cultural del lobo en el Principado de Asturias: discurso de ingreso como miembro de número permanente del Real Instituto de Estudios Asturianos*, Oviedo: Real Instituto de Estudios Asturianos, 2004.

Vial, Federico: *Una ascensión a las Peñas de Europa*, *www.valledeliebana.info*

Vilar Ferrán, Joaquín: *Topografía médica de Cabrales*, Madrid: Establecimiento tipográfico de El Liberal, 1921.

Villa Otero, Elisa: «¿Quién fue Gustav Schulze?», *Boletín del Grupo Montañero Vetusta*, n.º 68, diciembre 2007.

Villa Otero, Elisa: «Crónicas del frío», revista *Vetusta*, n.º 75, diciembre 2007.

Villa Otero, Elisa; Iñiguez, Alfredo, y Longo, Jesús: «Unknown AC First in Picos de Europa», *The Alpine Journal*, 2012.

Villa Otero, Elisa, y Longo, Jesús: «Don Jaime, el inglés de Tresviso», Cangas de Onís *Boletín Peña Santa*, n.º 5, 2008.

Villa Otero, Elisa, y Longo, Jesús: «Viajeros en los Picos de Europa III. Pioneros británicos», *Peñalara. Revista Ilustrada de Alpinismo*, n.º 534, 2010.

Villa Otero, Elisa; Martínez García, Enrique; Truyols Santonja, Jaime, y Schulze Christalle, Peter: *Gustav Schulze en los Picos de Europa (1906-1908)*, Oviedo: Cajastur, 2006.

Villalaín Fernández, José: *Topografía médica del concejo de Corvera de Asturias*, Madrid: Imprenta Ciudad Lineal, 1925. Biblioteca Digital Real Academia Nacional de Medicina. *www.bibliotecavirtual.ranm.es*

Viu y Moreu, José de: *El Pirineo (1832)*. Zaragoza: Ed. Prames. Temas aragoneses. 2015.

II Xornadas de literatura oral. O mito que fascina: do lobo ao lobishome: Asociación de Escritores en Lingua Galega, 2005.

Zubizarreta Gavito, Mariano: *La construcción del canal Caín-Camarmeña y de la senda del Cares: Obra de titanes.* Oviedo: M. Zubizarreta, 2000.